科技创新与美丽中国：西部生态屏障建设

国家科学思想库
决策咨询系列

科技支撑西部气候变化应对

中国科学院气候变化应对专题研究组

科学出版社
北京

内 容 简 介

西部地区在国家发展全局中具有特殊重要的地位，是气候变化的敏感区、脆弱区，面临较高的气候变化风险，这对西部地区防灾减灾和气候变化应对工作提出了更高要求。

本书是在中国科学院重大咨询项目"科技支撑中国西部生态屏障建设战略研究"的资助下，采用文献评估、研讨会商等多种方式，在总体研判气候变化领域全球科技发展态势的基础上，围绕西部生态屏障区气候变化事实特征与风险进行全方位、系统性评估，在此基础上凝练提出了西部生态屏障区气候变化应对领域未来需要或拟解决的关键科学问题和重点发展方向，同时也提出了具有前瞻性和战略性的对策与建议，提出着重强化国家战略科技力量，在西部地区加强全国重点实验室、国家科学数据中心和国家实验室等的建设。

本书可为科技工作者、政府部门等提供参考，也可作为大众了解气候变化及其应对的重要读物。

图书在版编目（CIP）数据

科技支撑西部气候变化应对 / 中国科学院气候变化应对专题研究组编. 北京：科学出版社，2024.10.（科技创新与美丽中国：西部生态屏障建设）. ISBN 978-7-03-079701-8

Ⅰ．P467

中国国家版本馆 CIP 数据核字第 202475DS64 号

丛书策划：侯俊琳　朱萍萍
责任编辑：常春娥　程雷星　高雅琪 / 责任校对：樊雅琼
责任印制：师艳茹 / 封面设计：有道文化
内文设计：北京美光设计制版有限公司

科学出版社 出版
北京东黄城根北街16号
邮政编码：100717
http://www.sciencep.com
北京中科印刷有限公司印刷
科学出版社发行　各地新华书店经销

*

2024年10月第 一 版　　开本：787×1092　1/16
2024年10月第一次印刷　　印张：16 3/4
字数：210 000

定价：168.00元
（如有印装质量问题，我社负责调换）

"科技创新与美丽中国：西部生态屏障建设"战略研究团队

总负责

侯建国

战略总体组

常　进	高鸿钧	姚檀栋	潘教峰	王笃金	安芷生
崔　鹏	方精云	于贵瑞	傅伯杰	王会军	魏辅文
江桂斌	夏　军	肖文交

气候变化应对专题研究组

组　长　王会军

成　员　（按姓氏拼音排序）

　　　　　陈海山　南京信息工程大学
　　　　　陈活泼　中国科学院大气物理研究所
　　　　　陈生云　中国科学院西北生态环境资源研究院
　　　　　丁明虎　中国气象科学研究院
　　　　　段明铿　南京信息工程大学

范　怡	南京信息工程大学
高清竹	中国农业科学院农业环境与可持续发展研究所
关大博	清华大学
郭东林	中国科学院大气物理研究所
黄　磊	国家气候中心
姜　彤	南京信息工程大学
姜大膀	中国科学院大气物理研究所
金炜昕	清华大学
李茂善	成都信息工程大学
李庆祥	中山大学
刘　竹	清华大学
刘晓东	中山大学
居　辉	中国农业科学院农业环境与可持续发展研究所
罗　勇	清华大学
马洁华	中国科学院大气物理研究所
马丽娟	国家气候中心
马伟强	中国科学院青藏高原研究所
马耀明	中国科学院青藏高原研究所
钱伊恬	南京信息工程大学

申彦波	国家气候中心
孙建奇	中国科学院大气物理研究所
孙善磊	南京信息工程大学
王　涛	中国科学院大气物理研究所
王会军	南京信息工程大学
王朋岭	国家气候中心
王世金	中国科学院西北生态环境资源研究院
吴绍洪	中国科学院地理科学与资源研究所
吴通华	中国科学院西北生态环境资源研究院
徐希燕	中国科学院大气物理研究所
闫宇平	国家气候中心
杨莲梅	中国气象局乌鲁木齐沙漠气象研究所
杨晓光	中国农业大学
姚俊强	中国气象局乌鲁木齐沙漠气象研究所
尹志聪	南京信息工程大学
俞　淼	南京信息工程大学
袁　星	南京信息工程大学
张　杰	南京信息工程大学
张　通	北京师范大学

张瑞波	中国气象局乌鲁木齐沙漠气象研究所
张涛涛	南京信息工程大学
张扬建	中国科学院地理科学与资源研究所
张永香	国家气候中心
张元明	中国科学院新疆生态与地理研究所
赵　锦	中国农业大学
郑大玮	中国农业大学
仲　雷	中国科学技术大学
周波涛	南京信息工程大学

总　序

"生态兴则文明兴，生态衰则文明衰。"党的十八大以来，以习近平同志为核心的党中央把生态文明建设纳入"五位一体"总体布局和"四个全面"战略布局，放在治国理政的重要战略地位。构建生态屏障是推进生态文明建设的重要内容。习近平总书记在全国生态环境保护大会、内蒙古考察、四川考察、新疆考察、青海考察等多个场合，都突出强调生态环境保护的重要性，提出筑牢我国重要生态屏障的指示要求。西部地区生态环境相对脆弱，保护好西部地区生态，建设好西部生态屏障，对于进一步推动西部大开发形成新格局、建设美丽中国及中华民族可持续发展和长治久安具有不可估量的战略意义。科技创新是高质量保护和高质量发展的重要支撑。当前和今后一个时期，提升科技支撑能力、充分发挥科技支撑作用，成为我国生态文明建设和西部生态屏障建设的重中之重。

中国科学院作为中国自然科学最高学术机构、科学技术最高咨询机构、自然科学与高技术综合研究发展中心，服务国家战略需求和经济社会发展，始终围绕现代化建设需要开展科学研究。自建院以来，中国科学院针对我国不同地理单元和突出生态环境问题，在地球与资源生态环境相关科技领域，以及在西部脆弱生态区域，作了前瞻谋划与系统布局，形成了较为完备的学科体系、较为先进的观测平台与网络体系、较为精干的专业人才队伍、较为扎实的研究积累。中国科学院党组深刻认识到，我国西部地区在国家发展全局中具有特殊重要的地位，既是生态屏障，又是战略后方，也是开放前沿。西部生态屏障建设是一项长期性、系统性、战略性的生态工程，涉及生态、环境、科技、经济、社会、安全等多区域、多部门、多维度的复杂而现实的问题，影响广泛而深远，需要把西部地区作为一个整体进行系统研究，从战略和全局上认识其发展演化特点规律，把握其禀赋特征及发展趋势，为贯彻新发展理念、构建新发展格局、推进美丽中国建设提供科学依据。这也是中国科学院对照习近平总书记对中国科学院提出的"四个率先"和"两加快一努力"目标要求，履行国家战略科技力量职责使命，主动作为于 2021 年 6 月开始谋划、9 月正式启动"科技支撑中国西部生态屏障建设战略研究"重大咨询项目的出发点。

重大咨询项目由中国科学院院长侯建国院士总负责，依托中国科学院科技战略咨询研究院（简称战略咨询院）专业化智库研究团队，坚持系统观念，大力推进研究模式和机制创新，集聚了中国科学院院内外 60 余家科研机构、高等院校的近

400位院士专家，有组织开展大规模合力攻关，充分利用西部生态环境领域的长期研究积累，从战略和全局上把握西部生态屏障的内涵特征和整体情况，理清科技需求，凝练科技任务，提出系统解决方案。这是一项大规模、系统性的智库问题研究。研究工作持续了三年，主要经过了谋划启动、组织推进、凝练提升、成果释放四个阶段。

在谋划启动阶段（2021年6~9月），顶层设计制定研究方案，组建研究团队，形成"总体组、综合组、区域专题组、领域专题组"总分结合的研究组织结构。总体组在侯建国院长的带领下，由中国科学院分管院领导、学部工作局领导和综合组组长、各专题组组长共同组成，负责项目研究思路确定和研究成果指导。综合组主要由有关专家、战略咨询院专业团队、各专题组联络员共同组成，负责起草项目研究方案、综合集成研究和整体组织协调。各专题组由院士专家牵头，研究骨干涵盖了相关区域和领域研究中的重要方向。在区域维度，依据我国西部生态屏障地理空间格局及《全国重要生态系统保护和修复重大工程总体规划（2021—2035年）》等，以青藏高原、黄土高原、云贵川渝、蒙古高原、北方防沙治沙带、新疆为六个重点区域专题。在领域维度，立足我国西部生态屏障建设及经济、社会、生态协调发展涉及的主要科技领域，以生态系统保护修复、气候变化应对、生物多样性保护、环境污染防治、水资源利用为五个重点领域专题。2021年9月16日，重大咨询项目启动会召开，来自院内外近60家科研机构和高等院校的

220 余名院士专家线上、线下参加了会议。

在组织推进阶段（2021 年 9 月～2022 年 9 月），以总体研究牵引专题研究，专题研究各有侧重、共同支撑总体研究，综合组和专题组形成总体及区域、领域专题研究报告初稿。总体研究报告主要聚焦科技支撑中国西部生态屏障建设的战略形势、战略体系、重大任务和政策保障四个方面，开展综合研究。区域专题研究报告聚焦重点生态屏障区，从本区域的生态环境、地理地貌、经济社会发展等自身特点和变化趋势出发，主要研判科技支撑本区域生态屏障建设的需求与任务，侧重影响分析。领域专题研究报告聚焦西部生态屏障建设的重点科技领域，立足全球科技发展前沿态势，重点围绕"领域—方向—问题"的研究脉络开展科学研判，侧重机理分析。在总体及区域、领域专题研究中，围绕"怎么做"，面向国家战略需求，立足区域特点、科技前沿和现有基础，研判提出科技支撑中国西部生态屏障建设的战略性、关键性、基础性三层次重大任务。其间，重大咨询项目多次组织召开进展交流会，围绕总体及区域、领域专题研究报告，以及需要交叉融合研究的关键方面，开展集中研讨。

在凝练提升阶段（2022 年 10 月～2024 年 1 月），持续完善总体及区域、领域专题研究报告，围绕西部生态屏障的内涵特征、整体情况、科技支撑作用等深入研讨，形成决策咨询总体研究报告精简稿。重大咨询项目形成"1+11+N"的研究成果体系，即坚持系统观念，以学术研究为基础，以决策咨询为目标，形成 1 份总体研究报告；围绕 6 个区域、5 个领域专题研究，形成 11 份专题研究报告，作为总体研究报告的附件，既分别自成体系，又系统支撑总体研究；面向服务决策咨询，形成 N 份专报或政策建议。2023 年 9 月，中国科学院和国务院研究室共同商议后，确定以"科技支撑中国西部生态屏障建设"作为中国科学院与国务院研究室共同举办的第九期"科学家月谈会"主题。之后，综合组多次组织各专题组召开研讨会，重点围绕总体研究报告要点，西部生态屏障的内涵特征和整体情况，战略性、关键性、基础性三层次重大科技任务等深入研讨，为凝练提升总体研究报告和系列专报、筹备召开"科学家月谈会"释放研究成果做准备。

在成果释放阶段（2024 年 2～4 月），筹备组织召开"科学家月谈会"，会前议稿、会上发言、会后汇稿相结合，系统凝练关于科技支撑西部生态屏障建设的重要认识、重要判断和重要建议，形成有价值的决策咨询建议。综合组及各专题组多轮研讨沟通，确定会上系列发言主题和具体内容。2024 年 4 月 8 日，综合组组织召开"科技支撑中国西部生态屏障建设"议稿会，各专题组代表参会，邀请有关政策专家到会指导，共同讨论凝练核心观点和亮点。4 月 16 日上午，第九期"科学家月谈会"召开，侯建国院长和国务院研究室黄守宏主任共同主持，12 位院士专家参加座谈，国务院研究室 15 位同志参会。会议结束后，侯建国院长部署和领导综合组集中研究，系统凝练关于科技支撑西部生态屏障建设的重要认识、重要判断和重要建议,并指导各专题组协同联动凝练专题研究报告摘要,形成总体研究报告摘要、11份专题研究报告摘要对上报送,在强化西部生态屏障建设的科技支撑上发挥了积极作用。

经过三年的系统性组织和研究,中国科学院重大咨询项目"科技支撑中国西部生态屏障建设战略研究"完成了总体研究和6个重点区域、5个重点领域专题研究,形成了一系列对上报送成果,服务国家宏观决策。时任国务院研究室主任黄守宏表示,"科技支撑中国西部生态屏障建设战略研究"系列成果为国家制定相关政策和发展战略提供了重要依据,并指出这一重大咨询项目研究的组织模式,是新时期按照新型举国体制要求,围绕一个重大问题,科学统筹优势研究力量,组织大兵团作战,集体攻关、合力攻关,是新型举国体制一个重要的也很成功的探索,具有体制模式的创新意义。

在研究实践中,重大咨询项目建立了问题导向、证据导向、科学导向下的"专家+方法+平台"综合性智库问题研究模式,充分发挥出中国科学院体系化建制化优势和高水平科技智库作用,有效解决了以往相关研究比较分散、单一和碎片化的局限,以及全局性战略性不足、系统解决方案缺失的问题。一是发挥专业研究作用。战略咨询院研究团队负责形成重大咨询项目研究方案,明确总体研究思路和主要研究内容等。之后,进一步负责形成了总体及区域、领域专题研究报告提纲要点,承担总体研究报告撰写工作。二是发挥综合集成作用。战略咨询院研究团队承担了融合区域问题和领域问题的综合集成深入研究工作，在研究过程中紧扣重要问题的阶段性研究进展，遴选和组织专家开展集中式研讨研判，鼓励思想碰撞和相互启发，通过反复螺旋式推进、循证迭代不断凝聚专家共识，形成重要认识和判断。同时，注重吸收青藏高原综合科学考察、新疆综合科学考察、全国生态系统调查评估、全国矿产资源国情调查等最新成果。三是强化与政策研究和主管部门的对接。依托中国科学院与国务院研究室共同组建的中国创新战略和政策研究中心，与国务院研究室围绕重要问题和关键方面，开展了多次研讨交流和综合研判。重视与国家发展和改革委员会、科技部、自然资源部、生态环境部、水利部等主管部门保持密切沟通，推动有关研究成果有效转化为相关领域政策举措。

"科技支撑中国西部生态屏障建设战略研究"重大咨询项目的高质高效完成，是中国科学院充分发挥建制化优势开展重大智库问题研究的集中体现，是近400位院士专家合力攻关的重要成果。据不完全统计，自2021年6月重大咨询项目开始谋划以来，项目组内部已召开了200余场研讨会。其间，遵循新冠疫情防控要求，很多研讨会都是通过线上或"线上＋线下"方式开展的。在此，向参与研究和咨询的所有专家表示衷心的感谢。

重大咨询项目组将基础研究成果，汇聚形成了这套"科技创新与美丽中国：西部生态屏障建设"系列丛书，包括总体研究报告和专题研究报告。总体研究报告是对科技支撑中国西部生态屏障建设的战略思考,包括总论、重点区域、重点领域三个部分。总论部分主要论述西部生态屏障的内涵特征、整体情况,以及科技支撑西部生态屏障建设的战略体系、重大任务和政策保障。重点区域、重点领域部分既支撑总论部分,也与各专题研究报告衔接。专题研究报告分别围绕重点生态屏障区建设、西部地区生态屏障重点领域,论述发挥科技支撑作用的重点方向、重点举措等,将分别陆续出版。具体包括:科技支撑青藏高原生态屏障区建设,科技支撑黄土高原生态屏障区建设,科技支撑云贵川渝生态屏障区建设,科技支撑新疆生态屏障区建设,科技支撑西部生态系统保护修复,科技支撑西部气候变化应对,科技支撑西部生物多样性保护,科技支撑西部环境污染防治,科技支撑西部水资源综合利用。

西部生态屏障建设涉及的大气、水、生态、土地、能源等要素和人类活动都处在持续发展演化之中。这次战略研究涉及区域、领域专题较多,加之认识和判断本身的局限性等,系列报告还存在不足之处,欢迎国内外各方面专家、学者不吝赐教。

科技支撑西部生态屏障建设战略研究、政策研究需要随着形势和环境的变化,需要随着西部生态屏障建设工作的深入开展而持续深入进行,以把握新情况、评估新进展、发现新问题、提出新建议,切实发挥好科技的基础性、支撑性作用,因此,这是一项长期的战略研究任务。系列丛书的出版也是进一步深化战略研究的起点。中国科学院将利用好重大咨询项目研究模式和专业化研究队伍，持续开展有组织的战略研究，并适时发布研究成果，为国家宏观决策提供科学建议，为科技工作者、高校师生、政府部门管理者等提供参考，也使社会和公众更好地了解科技对西部生态屏障建设的重要支撑作用，共同支持西部生态屏障建设，筑牢美丽中国的西部生态屏障。

总报告起草组

2024 年 7 月

前　言

　　西部地区是我国战略后方和气候变化的敏感区、脆弱区。已有的观测证据表明，过去几十年我国升温速率高于同期全球平均水平，其中我国西部地区高于东部地区，特别是青藏高原地区和内蒙古。因此，西部地区面临的气候变化风险更高。伴随着全球变暖，灾害性天气气候事件发生频率更高、强度更大。例如，2023年，云南遭遇了1961年以来最强冬春连旱，持续干旱对云南农业、水资源调度、生态系统产生了严重影响，并导致了多起森林火灾；2022年8月，受持续强降水影响，青海多地发生暴雨洪涝灾害，基础设施受损严重；2010年的舟曲暴雨和泥石流事件直接造成了县城被毁。未来极端天气气候灾害将进一步加剧，更多地以"并发""链式"等复合灾害的形式发生，相比单一灾害其致灾后果将更加严重。这也对西部地区防灾减灾和气候变化应对工作提出了更高的要求和新的挑战。

　　本书基于"科技支撑西部气候变化应对研究报告"撰写而成，在中国科学院重大咨询项目"科技支撑中国西部生态屏障建设战略研究"的支持下，由王会军院士牵头组织完成。在编写过程中，王会军院士组织了50多名相关领域的骨干专家，采用文献评估、研讨会商等多种方式，历时近3年的时间完成书稿。本书以国内外正式发表的研究成果为基础，辅以最新资料分析，围绕西部生态屏障区气候变化事实特征与风险进行全方位、系统性评估，在此基础上提出了西部生态屏障区气候变化应对领域未来需要重点关注的研究方向，同时也凝练出了具有前瞻性和战略性的对策与建议。

本书包括三章。第一章"气候变化应对领域全球科技发展态势"，由南京信息工程大学周波涛教授组织完成。在总体研判气候变化应对领域的全球发展前沿态势的基础上，明确了在气候变化应对领域科技支撑我国西部生态屏障区建设所面临的挑战和要求。第二章"气候变化应对领域支撑西部生态屏障建设的重点方向"，由中国科学院大气物理研究所姜大膀研究员和南京信息工程大学陈海山教授联合组织完成。这部分内容系统分析了我国西部生态屏障区的气候变化事实，评估了未来气候变化对西部生态屏障区水资源、冰冻圈、生态系统、重大基础工程等方面带来的影响及风险，并在此基础上提出西部生态屏障区气候变化应对领域未来拟解决的关键科学问题和重点发展方向。第三章"促进气候变化应对领域科技发展的举措建议"，由中国科学院青藏高原研究所马耀明研究员组织完成。在前两章研究内容的基础上，针对促进气候变化应对领域科技支撑我国西部生态屏障建设问题，从不同层面提出了与其他领域科技交叉融合发展的战略保障建议，并着重强化国家战略科技力量，在西部地区加强全国重点实验室、国家科学数据中心和国家实验室建设。这些政策建议将为气候变化应对领域科技支撑我国西部生态屏障建设发挥建设性的指导作用。

  限于资料和模式，目前区域气候变化仍存在一定的不确定性，书中内容如有不妥之处，敬请批评指正！

王会军

2024 年 7 月

目 录

i	**总序**
xi	**前言**
1	**第一章　气候变化应对领域的全球科技发展态势**
2	第一节　支撑气候变化应对的观测和模拟系统
19	第二节　气候变化自然科学进展
30	第三节　气候变化的影响、风险与适应
40	第四节　全球气候变化应对
46	**第二章　气候变化应对领域支撑西部生态屏障建设的重点方向**
47	第一节　中国西部地区气候变化事实
87	第二节　中国西部生态屏障区未来气候变化影响、风险及应对
127	第三节　关键科学问题与重点发展方向
134	**第三章　促进气候变化应对领域科技发展的举措建议**
135	第一节　建立西部气候变化综合立体监测体系

142	第二节	加强西部气候变化应对的基础研究
152	第三节	建立西部地区多尺度气候预测系统
171	第四节	建立西部地区气候变化综合影响评估系统
184	第五节	提出西部地区清洁能源开发利用布局指导方案
192	第六节	建立西部气候变化应对实体研究机构

199 | 参考文献

第一章

气候变化应对领域的全球科技发展态势

第一节　支撑气候变化应对的观测和模拟系统

一、观测系统：全球气候观测系统

气候的形成和演变是全球气候系统运动和变化的结果。鉴于全球气候系统是一个复杂的由大气圈、水圈、冰冻圈、生物圈和岩石圈表层所构成的有机整体，只有依靠国际合作组网观测才能实现对气候系统状态及其变化的完整描述，为此建立一个能够全面反映全球气候状况、综合监测全球气候变化的观测系统，是深入认识气候变化的驱动机制、模拟和预估未来气候变化趋势、量化评估气候变化对自然生态系统和社会经济系统的影响及科学应对气候变化的重要基础工作。

为满足国际社会对全球气候系统信息日益增长的需求，全球气候观测系统（global climate observing system，GCOS）于1992年由世界气象组织（World Meteorological Organization，WMO）、联合国教科文组织政府间海洋学委员会（Intergovernmental Oceanographic Commission of United Nations Educational, Scientific and Cultural Organization）、联合国环境规划署（United Nations Environment Programme，UNEP）和国际科学理事会（International Council for Science，ICSU）联合发起，并设立大气、海洋和陆地气候观测专家组推进和协调三大领域观测系统的计划实施。GCOS基本目标是发展并协调对整个气候系统的综合观测（Houghton et al.，2012），包括气候系统主要组成部分的物理、化学和生物特性及大气圈、水圈、冰冻圈、生物圈等多圈层相互作用过程（图1-1），同时为气候变化的科学认知、信息传播和适应与减缓行动提供支撑。GCOS成

图 1-1 气候系统组成及多圈层相互作用（据 WMO，2019 改译）

立以来，有序推进地面观测和卫星遥感观测协调发展，明确和制定了基本气候变量（essential climate variable，ECV）的概念和标准（Bojinski et al.，2014），发展了包括全球平均表面温度（global mean surface temperature，GMST）、海洋热含量、大气二氧化碳（CO_2）浓度、海洋酸度、海平面、山地冰川物质平衡及北极和南极海冰范围 7 项表征全球气候变化的核心指标，直接观测数据及衍生的数据产品为世界气候研究计划（World Climate Research Programme，WCRP）、WMO 气候状态报告、联合国政府间气候变化专门委员会（Intergovernmental Panel on Climate Change，IPCC）科学评估和全球气候治理提供了有力支撑。

（一）大气观测

大气领域的观测主要包括地表大气、高空大气和大气成分观测三大部分。1992年以来，大气领域观测能力显著提升，地面气象观测网络在所提供数据的数量和质量、时空分辨率方面稳步提升，观测标准明确，开放数据的交流共享几乎覆盖所有的观测变量，且对大气领域观测的优化有序进行。

2019年，WMO批准建立全球基本观测网（global basic observing network，GBON），其包含全球大约1000个站点，可提供质量较高的空间覆盖度完整的高分辨率的地面观测数据，并建立系统性观测融资机制（systematic observations financing facility，SOFF），为全球基本观测网络提供技术和资金支持。GCOS高空基准观测网（GCOS reference upper air network，GRUAN）已拓展至热带地区和南极地区；2014~2019年，全球商业飞机观测数量增加50%；大气水汽廓线和地球辐射平衡（earth's radiation balance，ERB）观测能力明显提升。21世纪以来，卫星遥感和全球大气监测（global atmosphere watch，GAW）网等地基网络对气溶胶、臭氧和气溶胶前体物、CO_2和甲烷（CH_4）柱浓度及臭氧廓线的系统观测和分析能力已得到进一步提升。但是，目前在非洲、南美洲、东南亚、南大洋和南极等部分地区，大气领域的地面观测仍未得到有效改善，地面观测缺乏将影响卫星遥感资料的定标和真实性检验。

（二）海洋观测

海洋观测手段包括卫星遥感、船舶监测、漂流浮标和固定系泊浮标等，该领域的观测对象主要包括海洋物理、生物地球化学和生物学变量。21世纪以来，新技术的应用推动了海洋观测的快速发展，海洋观测在精度和空间范围方面均得到提升，由以平台观测为中心发展为海洋综合观测。但已建海洋观测网仍有局限性，总体结构有待进一步改善。

海表温度（sea surface temperature，SST）和盐度等物理变量的观测可基本满足海洋观测的需求，但对边缘海、大陆坡、海岸带、极区海域及深层海水（尤其 2000 米以下）的观测，在空间覆盖广度和分辨率精度等方面存在不足；卫星观测可弥补现场观测在海表风应力和海平面观测上的缺陷，但数据质量较低；目前海–气热通量观测仍较为缺乏。全球海洋船舶水文调查计划（Global Ocean Ship-based Hydrographic Investigations Program，GO-SHIP）和 Argo 全球海洋观测网可提供对海洋无机碳、营养盐和溶解氧等生物地球化学变量的观测，但数据产品时空分辨率和质量管理仍需提升。目前海洋浮游生物和海洋生境等生物学变量观测多限于北美和欧洲等发达地区，而对于与海岸带生物多样性和碳捕获密切相关的盐沼则有待发展相关的气候变量。

（三）陆地观测

陆地领域的观测对象主要包括水文、冰冻圈、生物圈和人类活动。卫星遥感可观测土壤湿度、湖泊和河流水位、水体面积、结冰期长度、水体反射率等关键陆地水文变量，并可提供覆盖全球、质量较高的数据产品，且开放数据的可获取性得到提升，但径流量和地下水水文等地面观测数据的国际交流共享未取得明显进展。全球陆地冰川网络、全球多年冻土陆地网络和卫星观测有效提升了对全球冰川冰盖和多年冻土变化的观测能力，但在热带安第斯山区、中亚高山区、中西伯利亚、加拿大中北部、非洲高山区等部分地区仍缺少冰川和多年冻土地面观测。中国、俄罗斯和美国等少数国家已建立积雪深度和雪水当量地面观测网络；而在其他地区，尤其是在地形复杂的山区，因缺少可用于真实性检验的现场观测，积雪卫星遥感反演存在较大的不确定性。

21 世纪以来，WMO、地球观测卫星委员会（Committee on Earth

Observation Satellites，CEOS）和气象卫星协调组织（Coordination on Geostationary Meteorological Satellites，CGMS）联合推动地表反照率、光合有效辐射吸收比率（fraction of absorbed photosynthetically active radiation，FAPAR）、叶面积指数（leaf area index，LAI）、陆地表面温度（land surface temperature，LST）等陆地生物圈要素的观测，使卫星观测在空间、时间覆盖范围和观测变量方面得以改进；但由于不同卫星传感器和不同卫星遥感产品间存在差异，其真实性检验等方面仍存在局限性，尤其在热带有云覆盖的地区；同时地上生物量、植被和土壤碳库等生物圈变量尚未形成全球观测能力。在对人类活动观测方面，水资源利用量观测目前仍局限于国家和地区尺度，排放清单和大气反演模型在量化人为温室气体通量上的差异问题尚未得到合理解决。

二、模拟系统：地球气候系统模式发展

（一）全球和区域气候模式

1. 全球气候模式

全球气候模式是理解气候系统的变化规律、再现其过去演变过程、预测和预估其未来变化的重要工具。由世界气候研究计划（World Climate Research Programme，WCRP）耦合模拟工作组（Working Group on Coupled Modelling，WGCM）推动的"耦合模式比较计划"（Coupled Model Intercomparison Project，CMIP），其基础和雏形为 1995 年发起和组织的大气模式比较计划（Atmospheric Model Intercomparison Project，AMIP）。随后，CMIP 逐渐发展成为以"推动模式发展和增进对地球气候系统的科学理解"为目标的庞大计划。截至目前，WGCM 先后组织完成了 5 次模式比较计划（CMIP1、CMIP2、CMIP3、CMIP5 和 CMIP6）。CMIP 关于气候模式性能的评估、对当前气候变化的模拟以及未来气候变化的情景预

估结果，被相应的、大致每隔5年出版一次的IPCC气候变化评估报告所引用（Randall et al.，2007；Flato et al.，2013；Lee et al.，2021）。

中国的全球气候模式参与CMIP最早可以追溯至CMIP3。在此之前，中国参加CMIP的耦合气候模式，只有中国科学院大气物理研究所发展的模式系统。进入21世纪后，中国全球气候模式研发有了相当快的进展，其中参与CMIP5的模式有6个，参与CMIP6的则达到了13个模式，分别来自中国气象局国家气候中心（3个）、中国科学院（4个）、自然资源部第一海洋研究所、北京师范大学、清华大学、南京信息工程大学、中国气象科学研究院和台湾相关研究机构等，反映了中国气候模式研发队伍的迅速发展和壮大（周天军等，2019）。

2. 区域气候模式

区域气候模式，是将全球模式的结果作为初始和边界条件，来驱动一个有限范围的气候模式，从而获得高分辨率区域和局地气候变化信息的方法。使用有限区域模式进行区域气候研究的想法，最早由迪金森等（Dickinson et al.，1989）、乔治和贝茨（Giorgi and Bates，1989）提出，其原理是将全球环流模式模拟的结果或大尺度气象分析资料作为初始和边界条件，提供给区域模式，再用它来进行选定区域的气候模拟，以揭示大尺度背景场下区域气候更准确、更详细的特征。

区域气候模式提出后，在世界范围内得到了广泛的应用。具体到应用于东亚地区的区域气候模式，包括RIMES、IPRC-RegCM、PRECIS、P-σRCM、REMO、HIRAM、CCLM、MM5及WRF等，其中，RegCM作为最常用的模式之一，广泛应用于过去和未来气候变化的模拟和预估、土地利用效应、气溶胶模拟及其效应、短期气候预测、极端气候事件模拟分析等研究领域，并逐步向业务方面拓展。

近年来，区域气候动力降尺度研究呈现两个新特点：其一是对流分辨尺度（水平网格距小于或等于4千米）模拟。对流分辨模式（Prein et al.，

2015）因不再需要对深对流过程进行参数化，被认为是减小模式模拟的不确定性和误差的重要途径（Prein et al.，2015）。但总体而言，对流分辨尺度的区域气候模拟一般积分时段均较短。其二是区域地球系统模式模拟。针对东亚地区的区域气候模拟，已经从单纯的大气模式，逐渐拓展到区域海洋－大气耦合模式、区域气候模式与气溶胶/化学模块、动态植被模块、海浪模块、水文模块等的耦合（Wang et al.，2015；Shi et al.，2018）。

（二）地球系统模式

地球气候的变化由气候系统各圈层相互作用过程引起的内部变率、自然因子（包括地球轨道参数、太阳活动、火山活动）变化引起的自然变率、与人类活动相关的因子变化（温室气体和气溶胶等大气成分变化、土地利用变化等）造成的人为变化三部分组成。能够模拟上述过程，综合考虑大气－海洋－陆面－海冰之间复杂相互作用的模型，通常被称为"气候系统模式"。进一步考虑碳氮循环等生物地球化学过程的模型，被称为"地球系统模式"（秦大河和翟盘茂，2021）。

地球系统模式是理解和预估全球气候变化不可或缺的工具，其核心依然是大气－海洋－陆面－海冰多圈层耦合的物理气候系统（周天军等，2020a）。历经60余年的发展，地球系统模式已发展成为能够综合考虑地球系统物理、化学、生物和人为过程及其相互作用的一个大型软件。地球系统模式的发展是国际地学领域，特别是全球变化领域的热点，如参与CMIP6模式最显著的一个特点是考虑的过程更为复杂，以包含碳氮循环过程的地球系统模式为主，许多模式实现了大气化学过程的双向耦合，包含了与冰盖和多年冻土的耦合作用（周天军等，2019）。

（三）综合评估模型

综合评估模型（integrated assessment model，IAM）的初衷是通过成

本和效益分析方法，开展社会经济发展与关键环境要素之间的制约、均衡和协同关联研究，IAM 核心模块包括简单气候模块（climate module）、投入产出经济模块（economy module）和成本费用影响模块（impact module）。通过共享社会经济路径（shared socioeconomic pathways，SSPs）情景驱动 IAM，研究 2100 年前温升 1.5℃、2.0℃、3.0℃和 4.0℃水平下，全球或区域排放路径设定和减排路径选择。为响应 IPCC 的呼吁，综合评估模型联盟（Integrated Assessment Model Consortium，IAMC）成立于 2007 年，以系统化发展和分析综合评估模型（van Beek et al.，2020）。中国的综合评估模型主要是利用设定的中国政策情景开展区域的减排成本和费用分析及路径设计等，仅有部分研究者参加全球情景设定，采用全球情景开展区域人口和经济的变化规律研究，参与 IAM 全球国际对比的中国团队较少。

三、数据：气候变化应对数据

（一）气候变化科学事实数据

过去的气候变化数据是揭示地球气候变化及变率的基础和关键工具。

一般来说，现代气象观测最初都是为天气预报服务的，天气数据的积累并不能简单地作为气候数据使用，精确描述气候变化事实的数据必须是具备"气候质量"（均一化）的数据"产品"。现场观测，作为最为准确和覆盖时间最长的观测记录来源，其经过系统加工的观测气候数据可用来作为器测时代以来气候变化的基石及其他各类综合数据（也含再分析）和模式模拟的验证基准，所以这些数据被称为"基准气候数据"（李庆祥，2018）。

但由于器测气候记录的长度有限，最长的可靠的连续器测资料也仅 200 多年，因此，更长时间尺度（如百年至千年）气候系统和轨道尺度的各种环境变率的研究，以及对过去的气候变化的定量重建和相关驱动机制的全面理解，需要借助各种载体的替代性气候指标研究进行古气候还原，并与模拟结果进行对比。地球自然环境演变过程中保存的海洋沉积、黄土堆积、湖泊沉积、极地冰芯、洞穴石笋、树木年轮、海洋珊瑚，以及地层中的各种生物遗存和有关的古籍等，都是过去气候环境变化信息的载体，从这些记录中可以提取陆地生态系统中植被、土壤、大气、水体等指标的重要数据，从而依据现代生物、物理、化学与气候环境之间的定量关系，重建历史时期的气候变迁和自然环境的演变，并通过不同时间和空间尺度上的古环境记录数据集成来全面分析区域及全球气候环境变化的规律和驱动机制，探讨现今气候和生存环境在自然演变过程中所处的阶段和位置，从而为未来气候变化的发展趋势预测提供背景资料。

使用代用资料重建过去气候变化，往往基于一个最基本假设，即气候变量和代用指标之间的统计关系是静态不变的（Franke et al., 2010）。但由于不同代用资料在地域代表性、时间分辨率和转换方法等方面还存在相当多的差异，因此有时候这种关系存在局限性，即使对同一种指标研究也会存在一定的不确定性，代用资料和同时期的器测资料也存在一定的差异（Wang and Gong, 2000；谭明, 2009；Zheng et al., 2015；Ge et al., 2017；Li et al., 2017；Soon et al., 2018）。考虑代用资料的序列长度、观测基准数据的均一性和模式资料的空间分布优势，余君等（2018）探索提出一种应用贝叶斯模型将代用、器测和再分析时间序列三者进行融合的方法；方苗和李新（2016）则较为系统地介绍了古气候代用资料同化应用于气候重建的有关方法、进展和存在的问题。但如何进一步将代用资料和器测资料各自优势进行融合应用，实现更准确的对接，进而完成更长时间尺度气候变化的更准确的重建还是一个崭新的课题。随着重建、同化和融合等技术方法的不断发展，不同资料的优势将会被更好地利用，更好地实现古气候代用资料与器测资料的对接，更为准确连续地反映历史气候变化特征及趋势。

在开展年代际气候预测及长期气候变化预估中还常常用到气候情景与模拟数据。年代际气候预测指使用初始化的耦合气候系统模式预测未来1~10年的气候变化和变率。年代际预测试验和长期气候变化预估试验的本质区别是，它通过同化观测数据，将观测中气候系统的初始状态引入模式，对模式进行了初始化。温室气体和气溶胶等的排放情景是对未来气候变化进行预估的基础。针对长期预估试验，IPCC先后发展了SA90（Scientific Assessment 1990，科学评估1990）、IS92（1992 IPCC Scenarios，IPCC情景1992）、SRES（Special Report on Emission Scenarios，排放情景特别报告）、RCP（Representative Concentration Pathways，典型浓度路径）及SSPs等情景，根据情景试验设计要求，开展未来预估试验的模式应与CMIP历史试验一致，以保证气候模拟的一致性，且均采用情景模式比较计划（Scenario Model Intercomparison Project，ScenarioMIP）提供的长生命期温室气体［CO_2、CH_4、一氧化二氮（N_2O）、氯氟碳化合物（CFCs）］浓度来驱动气候模式。

随着观测系统的发展，特别是气象卫星观测和高分辨率气候模式的应用，气候数据容量快速增长，气候预测已经进入了大数据时代（Wang et al.，2016）。大数据是继云计算、物联网之后信息技术的又一次革命，大数据理论和人工智能技术及其应用将为气候变化数据的研发与应用提供新的思路和方法。

（二）气候变化影响适应数据

气候变化的影响越来越广泛（IPCC，2021），涉及社会经济、人口、土地、植被、海洋、粮食安全、水资源以及洪水灾害事件等多个方面。这些方面的数据又是科学评估暴露度和脆弱性的重要基础。暴露度是人员、生计、物种或生态系统、环境功能、服务和资源、基础设施或经济、社会或文化资产有可能受到不利影响的程度。脆弱性是易受不利影响的倾向或习性。脆弱性内含各种概念和要素，包括对危害的敏感性或易感性以及应对和适应能力的缺乏。

社会经济数据是气候变化影响与适应领域最基础的数据。目前国内外已有多家研究机构公布了全球及区域的社会经济数据，主要有来自南安普敦大学的 WorldPop 数据集（数据来自联合国）、哥伦比亚大学的地球观测系统数据和信息系统（Earth Observing System Data and Information System，EOSDIS）、中国科学院地理科学与资源研究所的资源环境科学数据平台、国家统计局的中国经济社会大数据研究平台、南京信息工程大学地理科学学院的共享社会经济路径（SSPs）人口和经济格点化数据库、国际应用系统分析研究所的共享社会经济路径数据库（SSP Database）–Version 2.0（2010~2100）和共享社会经济路径数据库（2005~2100）、清华大学的共享社会经济路径下的中国省级和网格人口预测、国家地球系统科学数据中心（数据来自美国能源信息署、英国石油公司、EPS DATA）等（表1-1）。同时，为了深化对未来全球社会经济发展过程的认识，2010年前后，IPCC推出了全球框架下的社会经济发展情景——共享社会经济路径（SSPs），其包括五种发展路径：可持续发展（SSP1），考虑可持续发展目标，同时降低资源的使用强度和对化石能源的依赖程度；中度发展（SSP2），维持近几十年的发展趋势，实现部分发展目标，逐步减少对化石燃料的依赖；局部或不一致发展（SSP3），区域差异特征明显，贫富差距大，未能实现发展目标及减少对化石燃料的依赖；较大不均衡发展（SSP4），以适应挑战为主，国家内部和国家之间高度不平等，人口相对少且富裕的群体产生大部分的排放；常规发展（SSP5），以减少挑战为主，强调传统的以经济为导向的发展方式，通过追求自身利益解决社会和经济问题（O'Neill et al., 2014）。

人类活动对气候变化产生了很大影响，尤其是对地表覆盖的变化起

表 1-1 部分全球和区域社会经济数据集（库）

类别	范围	序号	数据集（库）	数据集（库）时间序列	覆盖地区/国家	统计口径	网址
人口和GDP数据	全球	1	WorldPop 数据集	2000~2020 年，年度数据，100 米和 1 千米网格数据	中南美洲、非洲、亚洲	人口数量、年龄、性别、教育水平	https://www.worldpop.org/datacatalog/
		2	地球观测系统数据和信息系统（Nordhaus and Chen，2016）数据集（库）	1990~2005 年，每 5 年度数据，1°×1°网格数据	全球	市场汇率和购买力平价的全球网格化地区生产总值（gross domestic product，GDP）	https://sedac.ciesin.columbia.edu/data/set/spatialecon-gecon-v4
	中国	1	（中国科学院）资源环境科学数据平台（徐新良，2017）数据集（库）	1990~2020 年，每 5 年度数据，1 千米网格数据	中国	中国人口空间分布、GDP 空间分布	https://www.resdc.cn/
		2	中国经济社会大数据研究平台（中国统计年鉴，1981~2023 年）数据集（库）	1981~2023 年，年度数据，无网格数据	中国	人口数量、年龄、性别、教育水平、GDP	https://www.stats.gov.cn/sj/ndsj/
共享社会经济路径数据	全球	1	共享社会经济路径（SSPs）人口和经济格点化数据集（姜彤等，2020）	2010~2100 年，年度数据，0.5°×0.5°网格数据	中国、"一带一路"共建国家、全球	年龄、性别、教育水平、分三次产业的 GDP	https://geography.nuist.edu.cn/_t491/2022/0420/c8903a220172/page.psp
		2	共享社会经济路径下的中国省级和网格人口预测（Chen Y et al.，2020）数据集（库）	2010~2100 年，每 5 年度网格数据，无网格数据	全球和区域	年龄、人口、性别、GDP	https://tntcat.iiasa.ac.at/SspDb/dsd?Action=html page&page=welcome
	中国	1	共享社会经济路径下的中国省级和网格人口预测（Chen Y et al.，2020）数据集（库）	2010~2100 年，年度数据，1 千米网格数据	中国	分省级人口数量、性别、受教育水平	https://doi.org/10.6084/m9.figshare.c.4605713
		2	共享社会经济路径数据库（SSP Database）	2005~2100 年，年度数据，无网格数据	全球和区域	一次能源、二次能源、最终能源、能源服务	https://tntcat.iiasa.ac.at/SspDb/dsd?Action=html page&page=welcome
能源数据	全球	1	国家地球系统科学数据中心（江洪，2015）数据集（库）	1965~2018 年，年度分国家 1973~2018 年，月度分国家	全球	石油、天然气、煤炭、核能、电能、可再生资源、一次能源、其他统计指标	http://www.geodata.cn

重要作用。地表覆盖数据主要包括土地利用、农业和植被数据。主要的数据来源有 FROM-GLC 数据集（Gong et al., 2019）、GlobeLand30 数据集（Chen et al., 2016）、资源环境科学数据平台（Liu et al., 2002）、OpenStreetMap（OSM；https://osmlanduse.org/）、国家地球系统科学数据中心（http://www.geodata.cn）、欧空局网站（http://maps.elie.ucl.ac.be/CCI/viewer/）等。气象灾害是全球影响最广泛、造成损失最大的自然灾害。气候变化背景下，极端事件频发，洪涝灾害突出。降低气象灾害对社会经济的影响，加强灾害风险管理，是有效防范风险的迫切需要。其中相关的水文径流、降水数据研发机构主要有全球径流数据中心（Global Runoff Data Centre，GRDC）、东京大学（研发了全球水文数据集 MERIT Hydro；Yamazaki et al., 2019）、国家地球系统科学数据中心、美国国家海洋和大气管理局（National Oceanic and Atmospheric Administration，NOAA）物理科学实验室（Physical Sciences Laboratory）（Huffman et al., 1997）、中国科学院地理科学与资源研究所等；洪水灾害的相关数据来源有紧急灾害数据库（Emergency Events Database，EM-DAT；CRED，2012）、国际洪水网络（International Flood Network，IFNet）、达特茅斯洪水实验室（Dartmouth Flood Observatory；Brakenridge，2019）以及冰湖溃决洪水（Glacier Lake Outburst Flood，GLOF）数据库（表 1-2）。

（三）气候变化应对数据

全球 CO_2 数据是支撑气候变化应对的基础数据。截至目前，世界范围内对全球各国碳排放量进行深入研究的机构主要有国际能源署（International Energy Agency，IEA）、美国橡树岭国家实验室 CO_2 信息分析中心（Carbon Dioxide Information Analysis Centre，CDIAC）、美国能源信息署（U.S. Energy Information Administration，US EIA）、清华大学和加利福尼亚大学等。各机构的数据覆盖范围如表 1-3 所示，该数据已成为

表 1-2 部分全球和区域水循环数据集（库）

类别	范围	序号	数据集（库）	数据集（库）时间序列	覆盖地区/国家	统计口径	网址
径流数据	全球	1	全球径流数据中心（GRDC）数据集（库）	1900年以来，时间序列不等，无网格数据	全球	径流量	https://portal.grdc.bafg.de/
		2	全球水文数据集 MERIT Hydro（Yamazaki et al., 2019）	2019年，3″网格数据	全球	流向、流量、积累、水文调节高程、河道宽度	http://hydro.iis.u-tokyo.ac.jp/~yamadai/MERIT_Hydro/
		3	国家地球系统科学数据中心（江洪, 2014）数据集（库）	2005~2009年，月度数据，0.5°网格数据；1960~2009年，月度数据，0.5° IBIS 模型模拟网格数据	全球	径流量	http://www.geodata.cn
降水数据	全球	1	美国国家海洋和大气管理局物理科学实验室（Huffman et al., 1997）数据集（库）	1979年至今，月度平均数据，2.5°×2.5°网格数据	全球	降水量	https://psl.noaa.gov/data/gridded/data.cmap.html
	中国	1	（中国科学院）资源环境科学数据平台	2001~2020年，年度数据，1千米网格数据	中国	降水量	https://www.resdc.cn/data.aspx?DATAID=229
洪水数据	全球	1	紧急灾害数据库（EM-DAT; CRED, 2012）	2012年至今，无网格数据	全球	自然灾害	http://www.emdat.be/
		2	国际洪水网络（IFNet）数据集（库）	1980年至今，无网格数据	全球	洪水、水量、积累	http://www.internationalfloodnetwork.org/index.html
		3	达特茅斯洪水实验室（Brakenridge, 2019）数据集（库）	1985年至今，无网格数据	全球	洪水	http://floodobservatory.colorado.edu/Version2/050E030NSWR.html
		4	冰湖溃决洪水（GLOF）数据集（库）	无网格数据	全球	洪水	https://www.icimod.org/mountain/glacial-lake-outburst-flood/

表 1-3 国际主要温室气体数据集（库）分析

序号	数据集（库）	数据集（库）时间序列	覆盖国家/个	统计口径	评估方法	数据来源
1	美国能源信息署（US EIA，2020）的数据集（库）	1980~2022年，年度数据，无网格数据	228	化石燃料燃烧	EIA自有方法学	EIA
2	世界资源研究所（World Resources Institute，WRI，2015）的数据集（库）	1850~2022年，年度数据，无网格数据	215	化石燃料燃烧	IPCC基准方法和部门方法	波茨坦气候影响研究所（PIK）、UNFCCC
3	世界银行（World Bank，WB，2021）的数据集（库）	1960~2018年，年度数据，无网格数据	264	化石燃料燃烧温室气体排放	同CDIAC	气候监测（Climate Watch）、WRI
4	美国橡树岭国家实验室CO_2信息分析中心（Gilfillan et al.，2019）	1751~2017年，年度数据，无网格数据	177	化石燃料燃烧和水泥生产	IPCC基准方法和部门方法	1950年之前来自世界能源产量统计数据和国际历史统计数据，1950年之后来自联合国和各国官方资料、IEA、美国地质调查局
5	联合国气候变化框架公约（United Nations Framework Convention on Climate Change，UNFCCC，2021a，2021b，2021c）数据集	1990~2020年，不连续的年度数据，无网格数据	41	化石燃料燃烧和全工业生产过程温室气体排放	IPCC基准方法和部门方法	各国政府和相关机构等
6	国际能源署（IEA，2020）的数据集（库）	1960~2022年	150	化石燃料燃烧	IPCC基准方法和部门方法	政府、企业等公共资源、联合国统计司
7	经济合作与发展组织（Organization for Economic Cooperation and Development，OECD，2021）的数据集（库）	1960~2022年	150	化石燃料燃烧温室气体排放	IPCC基准方法和部门方法	全球150多个国家和地区的官方能源数据、IEA
8	英国石油公司（BP，2020）	1965~2020年	80	化石燃料燃烧	IPCC基准方法	政府资料及已发表的数据

续表

序号	数据集（库）	数据集（库）时间序列	覆盖国家/个	统计口径	评估方法	数据来源
9	波茨坦气候影响研究所（PIK；Johannes et al., 2019）的数据集（库）	1750~2023年	215	化石燃料燃烧	IPCC基准方法	联合国资料、企业资料、论文等已发表的数据、CDIAC、BP、EDGAR
10	全球碳图集（Global Carbon Atlas；Friedlingstein et al., 2021）	1960~2022年，年度数据，无网格数据	220	化石燃料燃烧和水泥生产	全球碳图集自有方法	来自UNFCCC、BP、CDIAC
11	全球大气研究排放数据库（Emissions Database for Global Atmospheric Research，EDGAR；Janssens-Maenhout et al., 2019）	1970年至今，年度数据，0.1°×0.1°网格数据	231	化石燃料燃烧和全工业生产过程温室气体排放	IPCC部门方法	IEA《能源平衡与统计》、BP《世界能源统计》、美国地质调查局
12	全球实时碳数据（Carbon Monitor；Liu Z et al., 2020a, 2020b）	2019年至今，日尺度数据，0.1°×0.1°网格数据	231	化石燃料燃烧和水泥生产	IPCC部门方法、高时空分辨率数据融合	EDGAR全球大气研究排放数据库、高时空分辨率代理数据

全球气候变化谈判与环境气候治理的重要参考依据。截至2024年9月，世界范围内对全球CO_2近实时排放监测主要有全球实时碳数据（Carbon Monitor，由清华大学和加利福尼亚大学研发）、Le Quéré等（2020）和Forster等（2020）的研究。

  作为负责任的发展中国家，中国高度重视应对气候变化，将应对气候变化全面融入国家经济社会发展的总战略，积极推动共建公平合理、合作共赢的全球气候治理体系。中国政府以IPCC发布的《1996年IPCC国家温室气体清单指南》和《2006年IPCC国家温室气体清单指南》为基础，先后向联合国提交了1994年和2005年的温室气体清单（国家发展和改革委员会应对气候变化司，2014）。中国政府也高度重视碳排放的统计工作，在《国家中长期科学和技术发展规划纲要（2006—2020年)》《国民经济和社会发展第十二个五年规划纲要》《"十二五"国家应对气候变化科技发展专项规划》《国家应对气候变化规划（2014—2020年）》中均明确提出，要加强中国气候变化的统计工作，并尽快构建一套科学、完整、统一的应对气候变化的统计指标体系，建立和完善温室气体排放统计制度，客观反映中国应对气候变化的基本情况。建立和完善温室气体排放统计制度既是中国有效履行国际义务的迫切需要，也是中国在应对气候变化国际谈判上赢得主动的重要保障（魏伟等，2015）。目前，国内机构已经对中国的碳排放量进行了深入的研究，包括北京大学、清华大学、南京大学等（表1-4）。

表1-4 国内主要碳排放数据集（库）

序号	数据集（库）	数据集（库）时间序列	覆盖国家/个	统计口径	评估方法	数据来源
1	全球实时碳数据（Liu Z et al., 2020a, 2020b）	2019年至今，日尺度数据，0.1°×0.1°网格数据	231	化石燃料燃烧和水泥生产	IPCC部门方法、高时空分辨率数据融合	EDGAR全球大气研究排放数据库、高时空分辨率代理数据
2	中国碳核算数据库（CEADs；Shan et al., 2018）	1997~2021年，年尺度	中国	化石燃料燃烧和水泥生产	IPCC部门方法	国家统计局
3	北京大学（Tao et al., 2018）数据集（库）	1960~2014年，月尺度，0.1°×0.1°网格数据	全球	化石燃料燃烧和工业生产	IPCC部门方法	IEA
4	中国高空间分辨率排放网格数据库（China high resolution emission database，CHRED；Cai et al., 2018）	2007年，2012年	中国	化石燃料燃烧和工业生产	IPCC部门方法	国家统计局
5	中国多尺度排放清单模型（Multi-resolution Emission Inventory for China，MEIC；Zheng et al., 2018）	1990~2020年，月尺度，0.25°×0.25°网格数据	中国	化石燃料燃烧和工业生产	IPCC部门方法	国家统计局
6	南京大学（Wang H et al., 2019）数据集（库）	2000~2015年，年尺度	中国	化石燃料燃烧和工业生产	IPCC部门方法	国家统计局

第二节　气候变化自然科学进展

一、全球气候变化事实

随着观测手段的不断丰富、观测仪器性能和精度的不断提高、数据处理能力的不断提升、观测资料的不断累积、古气候代用资料的增多等，气候系统各圈层变化的信息越来越全面，有关气候变化的认识不断得到深化和确认。更丰富的观测数据和证据确证了近百年来全球气候系统变暖的事实[①]。

（一）大气

IPCC 最新发布的第六次气候变化评估报告（IPCC，2021）指出，2011～2020 年全球平均表面温度相较于 1850～1900 年升高了 1.09℃，大约为 6500 年以来温度最高的十年（图 1-2）。其中，陆地升温（1.59℃）高于海洋升温（0.88℃）。最近的四个年代相继为 19 世纪 50 年代以来的最暖年代。20 世纪 70 年代以来的 50 年全球变暖速率比近 2000 年以来的任何一个 50 年的全球变暖速率都要大。20 世纪 50 年代以来，全球陆地平均降水量增加，特别是自 20 世纪 80 年代以来，增加速率加快，年际变率和区域不均匀性变大。20 世纪中叶以来，对流层呈变暖趋势，且自 2001 年以来，热带对流层上层的升温速率快于地表。平流层低层（10～25 千米）自 20 世纪中叶以来呈变冷趋势，但 1995 年以来趋势变化不显著。平流层中高层的温度自 1980 年以来有所降低。20 世纪 70 年代

---

① 本小节数据来源于 IPCC（2021）。

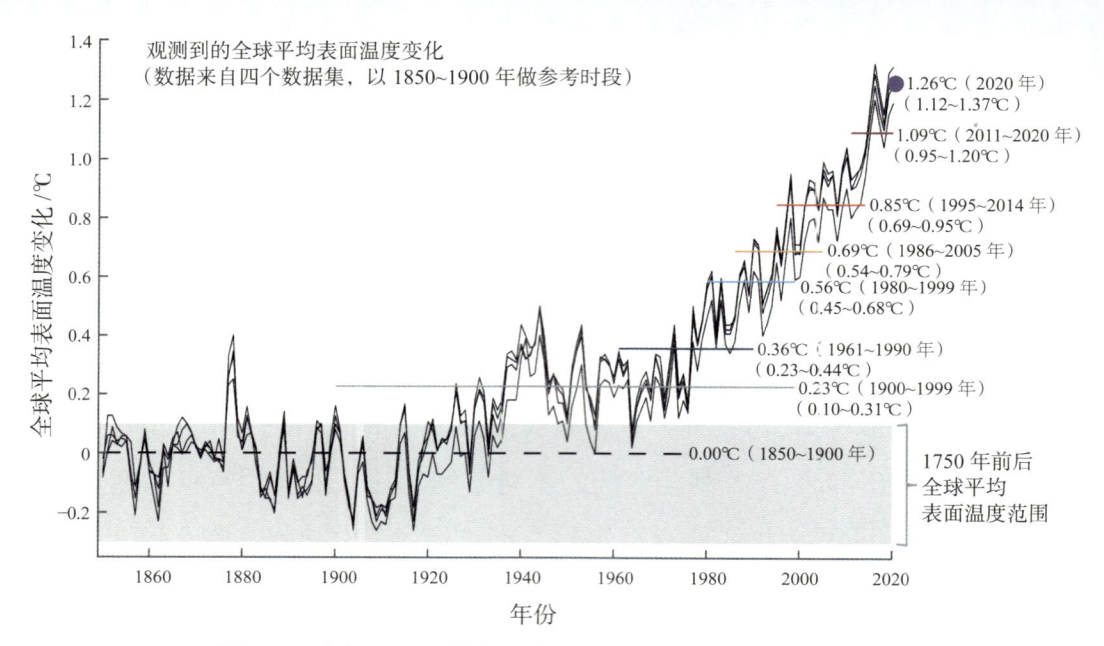

图 1-2 有仪器记录数据以来全球平均表面温度的变化

注：1850～2020 年全球平均表面温度相对于 1850～1900 年的变化（黑色虚线）。灰色阴影区域代表 1750 年前后全球平均表面温度范围（66% 及以上的概率）。不同的参考阶段用不同颜色的水平线代表。译自 IPCC，2021

以来，陆地近地面比湿增加。2000 年以来，全球陆面的相对湿度降低，特别是北半球中纬度地区，而北半球高纬度地区湿度上升。随着全球温度的升高，大气蒸发需求增加，蒸发蒸腾作用加强，从而导致干季的降水减少和水汽压增加，非洲和南美洲一些区域的降水不足现象增加，农业、水文和生态干旱增加。

20 世纪中叶以来极端天气气候事件的强度和频率发生明显变化。而且，随着证据的增加，其变化在信度上得以进一步提高。这些变化包括全球和陆地区域尺度上极端暖事件（包含热浪）增多增强、极端冷事件（包括寒潮）减少变弱，全球尺度上强降水事件的频次和强度增加。大陆尺度上，欧洲、北美、亚洲区域的强降水事件增多增强。非洲、欧洲、美洲，以及澳大利亚的一些区域的农业生态干旱加重，非洲和南美洲的大部分区域，气象干旱呈增加趋势。全球热浪和干旱复合事件增多，尤其是欧亚北部、欧洲南部、美国、澳大利亚等地的干旱导致野火发生，复合天气事件越来越频繁发生。在过去40年中，全球范围内的强台风（飓风）比例增加。西北太平洋台风达到最大强度的平均纬度向北移动。

20世纪70年代以来，全球陆地上的地表风速减弱，在中低纬度的极端风速的强度减弱，在60°以外的高纬度地区增强。20世纪80年代以来哈得来（Hadley）环流变宽，主要是因为北半球哈得来环流向极地扩张。北半球哈得来环流强度增强。北半球环状模/北大西洋涛动（Northern Annular Mode，NAM/Northern Atlantic Oscillation，NAO）在1960～2000年为正趋势，之后正趋势减弱甚至成为负趋势。20世纪50年代以来，南半球夏季的南半球环状模（Southern Annular Mode，SAM）呈现显著的正趋势。目前SAM的正趋势是过去至少千年以来前所未有的。

（二）海洋

2011～2020年全球平均海表温度相比1850～1900年升高了0.88℃，海洋这种升温速度是1.1万年以来最快的。2011～2020年海洋热浪的发生频率约是20世纪80年代的2倍。700米以上的海洋热含量在1971～2018年从325泽焦（泽表示10^{21}）增加到546泽焦（速率为4.7泽焦/年），700～2000米增加的速率为2.62泽焦/年，2006年以来增加的速率为4.14泽焦/年。2000米以下的海洋热含量从1992年开始很可能也在增加。1950年以来厄尔尼诺-南方涛动（El Niño-Southern Oscillation，ENSO）强度和中等强度频率高于过去1850年甚至1400年以来的ENSO。过去20～30年厄尔尼诺事件更多地发生在中太平洋而不是东太平洋，但是它的长期变化趋势并不显著。

1901～2018年，全球海平面上升了0.20米。1901～1971年海平面平均上升速度为 1.3 毫米/年，1971~2006 年增加到 1.9 毫米/年，2006~2018 年进一步增加到 3.7 毫米/年。20 世纪以来全球平均海平面的升高速度是过去 3000 年以来最快的。1950 年以来近海表高盐区含盐量增加，而低盐区含盐量减少。北大西洋含盐量增加而太平洋和南半球海洋的含盐量减少。过去 40 年的海表面 pH 值的降低速率为每十年减少 0.003~0.026 pH 值，过去 20~30 年所有海盆海洋内部的 pH 值均有所降低。近几十年海表面 pH 值是过去至少 2.6 万年以来最低的。许多开放海域的氧气含量从 20 世纪中叶和 21 世纪初期开始下降。

1979~2019 年北极海冰面积全年均明显减少，且夏季减少最多，2011~2020 年平均海冰面积 9 月大约减少 40%，3 月大约减少 10%。北极海冰变得更薄并且移动更快，新生海水更多。2011~2020 年北极海冰面积减少到 1850 年以来的最小，而南极地区海冰面积没有显著变化。目前泛海冰高度已降至 1850 年以来最低水平。1978 年以来，北半球春季雪盖明显减少，雪水当量减少。从 19 世纪后半叶开始，全球的冰川开始持续减少。从 20 世纪 70 年代开始，全球的冰川消融速度加快。

（三）陆地

南极冰盖消减，融化体积增加。21 世纪开始，格陵兰冰盖消融速度显著增加。2010~2019 年冰盖消融率是 1992~1999 年的 4 倍。北极永久冻土区上层温度在过去 30~40 年呈上升趋势。1980 年以来，山地冰川已经融化了 15.1 米雪水当量，并且融化速度在过去 30 年呈加快趋势。

20 世纪 70 年代以来陆地生物圈层在南北半球的气候区向两极移动，高山地区本地物种的数量增加，海拔较低的物种向高坡迁移。20 世纪 50 年代以来北半球热带外地区的生长季平均长度在每十年期间延长了两天。从 20 世纪 80 年代开始，全球植被绿度增加。

二、气候变化的原因

随着观测系统的发展、气候模式的完善和归因方法的改进,科学家们对于气候变化的原因有了越来越深刻的认识。造成全球气候变化的原因主要包括人为强迫、自然强迫、气候系统内部变率,以及它们的共同作用。由于各区域本身的气候反馈过程各有特点,全球变化的区域响应往往存在显著差异和很大的不确定性。

(一)人为强迫

自 1990 年 IPCC 发布第一次气候变化评估报告以来,全球气候系统变化归因于人为影响的证据逐步增加,信度水平不断提升。IPCC 第一次气候变化评估报告指出,观测到的升温可能主要归因于自然变率,但已感觉到了人类活动的影响;1995 年发布的第二次气候变化评估报告指出,可检测到人类活动对气候的影响;2001 年发布的第三次气候变化评估报告指出,过去 50 年观测到的全球大部分升温可能(66% 以上可能性)归因于人类活动;2007 年发布的第四次气候变化评估报告指出,人类活动非常可能(90% 以上可能性)是导致气候变暖的主要原因;2013 年发布的第五次气候变化评估报告指出,20 世纪中叶以来观测到的全球气候变暖,其一半以上是由人类活动造成的(95% 以上可能性);2021 年发布的第六次气候变化评估报告指出,毋庸置疑的是,自工业化以来,人类活动的影响已经使大气、海洋和陆地变暖。

工业革命以来人为温室气体排放造成辐射强迫增加,导致全球气候变暖。相对于 1750 年,2019 年总的人为辐射强迫为 2.72 瓦/米^2。其中,大气 CO_2 浓度的增加所占贡献最大,导致的人为辐射强迫为 2.16 瓦/米^2。CO_2 浓度在 2020 年达到 413.2 ppm(1ppm 表示 10^{-6}),是 1750 年工业化前水平的149%(《WMO温室气体公报（2020年）第17期》)。当前CO_2、CH_4和NO_2已经至少达到过去80万年前所未有的浓度，并且CO_2的浓度是至少过去200万年内最高的。虽然新冠疫情导致的经济放缓引发了CO_2新排放量的暂时下降，但对大气中温室气体的水平及其增长率没有明显影响。

从1850~1900年到2010~2019年，人类活动引起的全球平均表面温度上升的可能范围（0.8~1.3℃）与观测到的变暖范围（0.9~1.2℃）大致相等，其中均匀混合的温室气体贡献了1.0~2.0℃的升温，其他人类活动（主要是人为气溶胶）导致了0~0.8℃的降温。人类活动是全球和大多数大陆极端冷事件和暖事件变化的主要原因。自20世纪中期以来，人类活动影响了大尺度的降水变化。同时，人为强迫是全球陆地观测到的强降水加剧的主要驱动因子。此外，人类活动导致了20世纪50年代以来复合型极端事件，包括高温-干旱和野火等发生的概率增加。

人类活动是20世纪70年代以来全球海洋热含量增加的主要原因，并影响到深海。同时，20世纪中期以来，人类活动导致海洋表层和次表层盐分低的区域含盐量更低，盐分高的区域含盐量更高。人类活动是1970年以来全球海平面上升的主要驱动因子。值得注意的是，当前仍无法区分内部变率、自然强迫和人为强迫对大西洋经向翻转环流和南大洋上层翻转环流变化的相对贡献。

人类活动，尤其是温室气体排放，是20世纪70年代后期以来北极海冰减少的主要驱动因子。人为气溶胶的增加部分抵消了由温室气体引起的20世纪50年代以来的北极海冰减少。人类活动导致了1950年以来北半球春季积雪的减少，并且是20世纪90年代以来全球冰川退缩（包括近20年格陵兰冰盖的物质损失）的主要原因。大气CO_2浓度增加导致的植物肥效作用加强是大气CO_2季节循环振幅增大的主要原因。人类活动几乎可以确定是导致全球海洋酸化加剧的主要驱动因子，是海洋上层区域含氧量下降的主要原因。

（二）自然强迫

太阳活动对1750年以来气候变化的长期影响可以忽略不计。地球围绕太阳轨道缓慢的周期性变化主要会引起地球接收到的太阳辐射在季节和纬度上的变化。太阳周期平均的总太阳辐照度在20世纪的前7个年代很有可能增加，之后出现减弱，并且在1986~2019年没有显著的变化。总体来看，1900年以来的太阳活动虽然相对较强，但是与过去9000年相比没有表现出明显的异常。与太阳活动相关的全球平均有效辐射强迫（effective radiation forcing，ERF）为–0.06~0.08瓦/米^2。

1900年以来的火山气溶胶平均值和变率与过去至少2500年相比没有显著的不同。火山爆发可以有效改变平流层和对流层的气溶胶光学厚度，也可以向大气中排放CO_2和CH_4。火山气溶胶气候效应的强度主要取决于火山爆发的位置、有效喷射高度和硫排放量等。强火山爆发可以引起辐射强迫的多年变化，是导致气候年际变率的主要自然驱动因子之一。ERF< –1 瓦/米^2 的火山爆发每100年大约出现2次。在过去2500年间，ERF< –5 瓦/米^2 的火山爆发出现过8次，如1991年皮纳图博火山、1815年坦博拉火山和1257年撒玛拉斯火山的爆发。零星的强火山爆发可以导致全球平均气温在爆发后2~5年出现暂时性下降。此外，强火山爆发还会引起全球陆地平均降水减少，改变季风环流极端降水和调控ENSO循环等。总体而言，太阳和火山活动导致的全球平均表面温度变化为–0.02℃（–0.06~0.02℃）。

（三）气候系统内部变率

与气候变化相关的气候系统内部变率主要包括ENSO、太平洋年代际振荡（Pacific Decadal Oscillation，PDO）和大西洋多年代际振荡（Atlantic

Multidecadal Oscillation，AMO）等。在过去 150 年间，PDO 主要表现为年代际和多年代际的正负位相转换，并没有明显的变化。类似的，也没有观测资料证明 AMO 表现出持续性的变化。需要注意的是，观测资料的长度不足有可能是制约区分 AMO 振荡和长期趋势的原因。PDO 和 AMO 可以调节 ENSO 的遥相关响应，影响中太平洋型（CP-）和东太平洋型（EP-）ENSO 发生的频次。目前没有证据表明最近 ENSO 的持续性转变（如极端 ENSO 频率更高等）超过了年代际到千年尺度的变率范围。过去 20~30 年 CP-ENSO（相对于 EP-ENSO）发生频次更高。

气候系统内部变率可以增强或者减缓气候变化的长期趋势，尤其对气候变化的区域响应有明显的调控作用。1998~2012 年全球平均表面温度升高速率减缓（相对于 1951~2012 年）是暂时的，这主要是内部变率（主要是 PDO）、太阳辐照度和火山强迫的变化部分抵消人为增暖效应导致的。气候系统内部变率在长时间尺度上的可预测性较差，是预测未来气候变化及其区域响应的主要不确定性来源之一。

三、未来气候变化预估

未来气候变化情况如何取决于未来社会经济发展产生的辐射强迫大小。目前，科学家将不同社会经济发展路径下的排放情景分为五类，分别是极低排放情景 SSP1-1.9、低排放情景 SSP1-2.6、中等排放情景 SSP2-4.5、高排放情景 SSP3-7.0 和极高排放情景 SSP5-8.5，并基于 CMIP6 中多个先进的地球系统模式模拟结果，配合先进的模式结果约束订正技术，对未来大气、海洋和陆地的气候变化进行了较为可靠的预估。

（一）大气

未来，全球升温速度与排放情景密切相关（表 1-5）。2021~2040 年与 1850~1900 年相比，全球平均表面温度升幅非常可能（90% 及以上可能性）为 1.2~1.9℃，最佳估计值为升温 1.5~1.6℃。在极低排放情景 SSP1-1.9 下，与 1850~1900 年相比，全球平均表面温度升幅非常可能为 1.2~1.7℃，最佳估计值为升温 1.5℃。在低排放情景 SSP1-2.6 下，相较于 1850~1900 年，全球平均表面温度升幅非常可能为 1.2~1.8℃，最佳估计值为升温 1.5℃。在中等排放情景 SSP2-4.5 及高排放情景 SSP3-7.0 下，相较于 1850~1900 年，全球平均表面温度升幅非常可能为 1.2~1.8℃，最佳估计值为升温 1.5℃。在极高温室气体排放情景 SSP5-8.5 下，全球平均表面温度升幅非常可能为 1.3~1.9℃，最佳估计值为升温 1.6℃。需要注意的是，在全球变暖过程中，可能会出现某一年全球平均表面温度升幅超出 1.5℃ 或 2.0℃，但这并不代表全球升温幅度已经超过临界值。如要在 21 世纪末将全球升温幅度控制在 1.5℃ 以内，在排放情景 SSP5-8.5、SSP2-4.5 和 SSP3-7.0 下，此目标很可能无法达成；在低温室气体排放情景 SSP1-2.6 下，此目标有可能达成；在极低温室气体排放情景 SSP1-1.9 下，此目标更有可能达成。此外，对于极低温室气体排放情景 SSP1-1.9，到 21 世纪末，全球平均表面温度与 1850~1900 年的温差更有可能在短暂地超过 1.5℃ 之后，回落至 1.5℃ 以下。

表 1-5　不同时间段和排放情景下的全球平均表面温度变化的预估结果

情景	近期（2021~2040 年）最佳估计值/℃	近期（2021~2040 年）非常可能范围/℃	中期（2041~2060 年）最佳估计值/℃	中期（2041~2060 年）非常可能范围/℃	远期（2081~2100 年）最佳估计值/℃	远期（2081~2100 年）非常可能范围/℃
SSP1-1.9	1.5	1.2~1.7	1.6	1.2~2.0	1.4	1.0~1.8
SSP1-2.6	1.5	1.2~1.8	1.7	1.3~2.2	1.8	1.3~2.4
SSP2-4.5	1.5	1.2~1.8	2.0	1.6~2.5	2.7	2.1~3.5
SSP3-7.0	1.5	1.2~1.8	2.1	1.7~2.6	3.6	2.8~4.6
SSP5-8.5	1.6	1.3~1.9	2.4	1.9~3.0	4.4	3.3~5.7

注：在选定的近期、中期、远期各 20 年时间段和所考虑的 5 个排放情景的基础上各个时段对应的全球平均表面温度与 1850~1900 年全球平均表面温度的温差。

资料来源：引自 IPCC，2021。

随着全球变暖幅度增加，极端事件的发生概率也在增大。即使将全球变暖增幅控制在 1.5℃以内，一些在观测记录中未曾出现过的极端事件仍将发生。越极端的事件，其发生频次的增长百分比越大。全球每升温 0.5℃就会进一步加剧极端高温事件强度和频率的变化。对于中纬度和半干旱地区以及南美洲季风区的部分地区，最暖日的温度上升相对幅度最大，为全球变暖速度的 1.5~2 倍。在北极，最冷日的温度上升幅度最大，大约是全球变暖速度的 3 倍。对升温 1.5℃的预估结果表明，50 年一遇的极端温度频次很可能是 1850~1900 年的 4.3~10.7 倍，最佳估计为升高 8.6 倍，强度升高 2.0℃。随着全球变暖的加剧，大多数地区的强降水事件将变得更频繁。在全球尺度上，预估全球升温每增加 1℃，极端日降水事件将增加约 7%。全球升温幅度越大，遭受农业生态干旱加重影响的区域就越多。全球升温将导致强台风（飓风）次数占比和最大风速增加，西北太平洋热带气旋达到最大风力时的位置向北移动。

升温 1.5℃条件下的预估结果显示，高纬度和赤道太平洋及部分季风区降水量增加，但部分亚热带地区和有限几处热带地区降水量减少。气候变暖将加剧非常湿和非常干的气候条件，从而影响洪水或干旱情况，但这些事件出现的区域和频率取决于预估结果中区域大气环流变化，包括季风和中纬度风暴路径。全球范围内季风降水在中长期内将增加，尤其是在东亚、南亚、东南亚和西非地区。

全球变暖将导致 SAM、NAM 等大气环流模态发生改变。近期南半球夏季 SAM 的变化可能比 20 世纪末的观测结果要弱。这是因为平流层臭氧恢复和其他温室气体增加对南半球夏季中纬度环流在近期和中期产生了相反的影响，近期温室气体强迫引起的南半球夏季 SAM 变化可能小于自然内部变率的影响。在 SSP5-8.5 情景下，远期 SAM 指数可能会在所有季节相对于 1995~2014 年有所增加。CMIP6 多模式集合预测表明，在 SSP3-7.0 和 SSP5-8.5 下，北半球冬季 NAM 指数将在远期增加，但区域相关变化可能会偏离中纬度环流中的简单变化。

（二）海洋

过去和未来温室气体排放造成的许多变化在几世纪到几千年里都是不可逆转的，特别是海表温度、海冰和全球海平面的变化。全球进一步变暖将造成海洋热浪的频率继续增加，特别是在热带海洋和北极海域。

在21世纪剩下的时间里，海洋变暖幅度可能是1971～2018年变化的2～4倍（SSP1-2.6）到4～8倍（SSP5-8.5）。在海盆尺度上，太平洋和南大洋盐度降低，而大西洋盐度升高。海洋盐度原本偏低的海区（如太平洋、南大洋及印度洋）未来盐度将变得更低，盐度原本偏高的海区（如大西洋）未来盐度将变得更高。大量证据表明，未来海洋上层分层、海洋酸化和海洋脱氧将继续增加，其变化速度取决于未来温室气体排放情况。全球海洋温度、深海酸化和脱氧在百年到千年的时间尺度上的变化是不可逆转的。

几乎可以肯定的是，在全球气候变暖的情况下，ENSO仍将是年际变化的主导模态。对于21世纪ENSO变化幅度的系统性变化，目前尚没有共识。然而，到21世纪后半叶，在SSP2-4.5、SSP3-7.0和SSP5-8.5情景中，与ENSO相关的降水变化很可能会显著增强并导致区域尺度的气候变化。

全球变暖还将造成北极海冰覆盖面积减少。根据五种排放情景下的预估结果，在2050年之前至少会出现一次北极9月无海冰的情形，更高的升温水平下此事件发生的频率更高。

几乎可以肯定，21世纪全球平均海平面将继续上升。相对于1995～2014年，到2100年全球平均海平面可能上升0.28～0.55米；由于其中一些物理过程的高度不确定，不能排除全球平均海平面上升超过上述范围。长期而言，由于深海持续变暖和冰盖融化，海平面将持续上升几世纪到几千年甚至数千年。在接下来的2000年，如果气候变暖限制在 1.5℃之内，全球平均海平面将上升 2~3 米。

（三）陆地

几乎可以肯定，未来陆地表面的温度将继续高于海表面温度，且北极的温度增幅将继续高于全球温度增幅，并对陆地冰盖、冻土、水循环等产生严重影响。预估结果显示，未来陆地和海洋吸收的 CO_2 占排放的比例降低，这将导致更高比例的 CO_2 留在大气中。当未来 CO_2 浓度处于高值时，气候变化与碳循环之间的反馈幅度将变大，不确定性也更大。随着全球变暖的加剧，即使全球变暖增幅控制在 1.5℃之内，一些观测记录中从未有过的极端事件仍将越来越多地发生，对于较罕见的事件，预估的频率变化占比更高。

全球进一步变暖将使得永久冻土层融化范围扩大并造成季节性积雪覆盖及陆地冰盖面积减少，导致雪线、冰川平衡线高度和雪/雨过渡高度快速变化。高山和极地冰川在未来几十年或几世纪将继续融化。在百年的时间尺度上，解冻后的冻土层的碳损失是不可逆转的。21 世纪，格陵兰冰盖非常可能会继续消融，南极冰盖也很可能继续消融。IPCC（2021）指出，在高温室气体排放情景下，低可能性、高影响的结果将在几世纪内大大增加南极冰盖的消融速度。此外，随着全球气温上升，全球水循环将继续加强，降水和地表水流量在大多数区域的季节内和年际变化将变得更加不稳定。

第三节　气候变化的影响、风险与适应

以全球气候变暖为主要特征的显著变化已经并将继续对自然系统和

人类系统产生广泛而深远的影响。国际学者对气候变化已经产生和潜在的影响以及对各领域和区域的敏感性及脆弱性开展了客观而审慎的评估研究。研究表明，未来全球气候变化对世界上大部分区域的自然系统和人类系统的影响将进一步加剧。特别是，如果气候变化的速度超过了自然系统和人类系统的恢复能力，这些影响将表现得更为显著，甚至有些变化将是不可逆的。需要降低暴露度和脆弱性，提高适应和应对气候变化的能力。所有部门和区域都在适应规划和执行方面取得了一定进展，产生了多重效益。但适应进展的区域分布并不均匀，存在适应差距。我们不仅要优先考虑降低当下和近期的气候风险，还应抓住转型适应的机会。

一、生态系统

受气候变化影响，生物物种及生态系统已经发生了显著变化，未来还将继续变化。据近几十年的观测，许多动植物物种的分布范围、丰度、季节性活动发生了显著改变。受气候变化和人类活动的共同作用，植被覆盖度、生产力、物候或优势物种群发生变化，陆地生态系统的这些变化反过来也会对局地、区域甚至全球的气候产生影响。气候变化还改变了生态系统的干扰格局，并且这些干扰很可能超过了物种或生态系统自身的适应能力，从而导致生态系统的结构、组成和功能发生改变，加剧了生态系统的脆弱性。气候变化加剧了对生物多样性的不利影响，较大幅度的气候变化会降低特殊物种的群体密度，或影响其存活能力，从而加剧其灭绝的风险。受气候变化影响，世界各地树种死亡现象越来越普遍，从而影响到气候、生物多样性、木材生产、水质以及经济活动等诸多方面，有些地区甚至出现森林枯死的情况，显著增加了当地的环境风险。

未来很多地区的动植物还将继续以各种方式调整或改变，以适应气候变化。21世纪，受气候变化和其他压力的共同作用，如生境改变、过度开采、污染和物种入侵等，大部分陆地和淡水物种灭绝的风险都将增加。模式结果表明，在所有RCP情景下，物种灭绝风险都是增加的，并且灭绝的风险还随气候变化幅度的增大而提高。在RCP4.5及以上情景下，模式结果显示：在21世纪内，一些区域生态系统的组成、结构和功能可能会发生突变或是不可逆的变化，如亚马孙和北极地区，而这些变化反过来又将对气候产生影响，从而导致气候发生新的变化。极端气候事件对生态系统的影响不容忽视，模式结果表明，到21世纪，仅考虑气候变化的影响，亚马孙雨林不会消失，但考虑未来极端干旱事件、土地利用的变化和森林火灾的影响，亚马孙雨林将严重退化，会给这一地区生物多样性、碳存储等带来重要影响。

旱地荒漠化的风险会因气候变化幅度的增大而增加。例如在SSP2（中间路径）情景下，相比工业化前全球升温1.5℃、2℃和3℃，生活在干旱地区并面临水资源短缺、生境退化等风险的人口预计将分别达到9.51亿人、11.5亿人和12.9亿人，而相应的脆弱人口将分别达到1.78亿人、2.2亿人和2.77亿人。如全球变暖达到2℃时，在SSP1（可持续发展路径）和SSP3（局部或不一致发展路径）情景下，生活在干旱地区的人口将分别达到9.74亿人和12.67亿人，而相应的脆弱人口分别为0.35亿人和5.22亿人（IPCC，2019）。

北极多年冻土对变暖异常敏感。当全球温升超过2℃时，北极夏季多年冻土解冻范围将大大增加；当全球温升达到3℃时，北极夏季多年冻土有可能彻底崩溃、不可恢复，而且大量的有机碳排放将对全球气候系统造成致命性灾难。苔原和北方针叶林生长的高纬度地区变暖幅度显著高于全球平均水平，加上北极夏季多年冻土快速融化，当全球温升达到3℃时，该生态系统将可能发生突变（IPCC，2018）。

生物体和生态系统虽然具有一定的自适应能力，但这种能力不足以应对未来的气候变化，必须辅以有效的适应策略，以提高生态系统的适应能力，帮助生态系统适应气候变化。有效的适应行动和管理措施，虽然不能完全消除气候变化对陆地和淡水生态系统带来的风险，但可以增强生态系统及物种的适应能力。多数物种对气候变化的适应能力除了与气候变化的幅度有关以外，还受到诸多非气候因素的制约，如土地利用变化、生境破碎化程度、种间竞争、外来物种、病虫害、氮素限制及对流层臭氧浓度变化等。但气候变化的适应措施也有可能给陆地和淡水生态系统带来一些负面影响。

二、水资源

人类活动引起的气候变化加剧了水文循环，从而影响自然系统的水安全，进而又加剧了其他社会经济因素造成的与水有关的现有脆弱性。

目前，由于气候和非气候原因，估计全球82亿人中约有40亿人每年至少有一个月经历严重缺水。自20世纪50年代以来，越来越多的人（约7亿人）正在经历更长的干旱期，而不是更短的干旱期。同时，自20世纪70年代以来，44%的灾害事件都与洪水有关。自20世纪50年代以来，许多地区的强降水强度有所增加。年最大单日降水量增加地区的人口（约7.09亿人）远远多于年最大单日降水量减少地区的人口（约8600万人）（IPCC，2021）。

过去100多年，在人类活动和气候变化的共同影响下，中国主要江河的实测径流量整体呈减少态势。气候变化导致水循环过程加速，引起了水资源及其空间分布变化。在未来RCP4.5排放情景下，中国水资源量总体减少5%以内（郑景云等，2018）。气候变化导致暴雨、强风暴潮、大范围干旱等极端天气事件发生的频次和强度增加，中国洪涝灾害的强度呈上升趋势。同时，气候变化将导致需水进一步增加，中国水资源供给的压力将进一步加大。

不论全球还是区域气候模式都表明，随着气候变暖，大部分陆地区域的潜在蒸发在更暖的气候条件下极有可能呈现增加的趋势，而这将加速水文循环，目前对实际蒸发的长期预估则仍存在较大不确定性。对全球尺度的径流预估表明，年均径流量在高纬度及热带湿润地区将增加，而在大部分热带干燥地区则减少。一些地区径流量的预估结果无论在量级还是变化趋势上均存在相当的不确定性，尤其在中国、南亚和南美洲的大部分地区，这些不确定性很大程度上是由降水预估的不确定性造成的。对那些冰川融水和积雪融水地区的径流量预估结果显示，绝大多数地区年最大径流量峰值有提前趋势。

对地下水的预估结果表明，由气候模式预估的地下水变化范围较大，某一地区地下水的预估结果可能是显著减少或显著增加。而气候变化对水质影响的预估研究则非常少且其不确定性非常高。预估表明，强降水增多和温度升高将导致土壤侵蚀和输沙量发生变化。

利用多个 CMIP5 全球气候模式耦合全球水文模式和陆面模式，预估全球大约一半以上的地方洪水灾害将增加，但在流域尺度上存在较大的变化。预计即使灾害保持不变，但由于暴露度和脆弱性的增加，洪水和干旱的影响仍会增加。

三、粮食

气候变化对全球大部分地区作物和其他粮食生产的负面影响比正面影响更为普遍，正面影响仅见于高纬度地区。更多证据显示，在大多数情况下，CO_2 对作物产量具有刺激作用，可增加水分利用效率和产量，尤其对水稻、小麦等 C3 作物。臭氧对作物产量具有负面作用，通过减少光合作用和破坏生理功能导致作物发育不良，产量和品质下降，包括改变碳含量和养分摄入量，使谷物蛋白质含量下降。气候变化与 CO_2

浓度升高改变了重要农艺措施和入侵杂草的分布，同时加剧了农作物与杂草之间的竞争关系。CO_2浓度升高降低了除草剂的效果，并改变了病虫害的地理分布。

气候变化对粮食安全的各个方面均有潜在的影响，包括粮食的获取、使用和价格。近年来，粮食生产区遭受极端天气气候事件之后，几次出现了食品和谷物价格骤涨的现象。气候变化可能推高粮食价格，发展中国家尤其值得关注。农业生产中纯粮食购买者尤为脆弱，其不仅本身粮食安全无法得到保障，还面临着国内农业生产效益降低和全球粮价升高的双重影响，这增加了其粮食获得的难度。

未来几十年气候变化对粮食产量的影响将进一步加剧，特别在高排放气候变化情景下，与1980～2010年的产量相比，2070～2099年全球一些区域的玉米、小麦、水稻和大豆的平均产量的下降将高达50%，其中，南美和撒哈拉以南的非洲地区可能会出现严重的小麦短缺。在人口多、收入低和技术进步慢的社会经济发展情况下，全球升温1.3～1.7℃时粮食安全将从中等风险变为高风险；在全球升温2.0～2.7℃时，粮食安全将从高风险升到极高风险（IPCC，2019）。

四、能源

气候变化对能源系统（能源开发、输送、供应等）有着广泛而深刻的影响，随着全球变暖，冬季取暖能耗降低，而夏季制冷能耗会明显升高，能源的总体需求将呈现上升趋势。为了应对气候变化，可再生能源成为能源发展转型的核心，但是随着可再生能源在电力系统比例的增加，电力系统将越来越容易受到气候变化和极端天气气候事件的影响，电力系统的脆弱性和风险将大大增加。

气候变化对能源需求的影响主要体现在气温变化对电力需求的影响

上。这是因为气温升高的变化趋势导致冬季更为舒适而夏季更为不适，进而使取暖需求降低而制冷需求增加。取暖和制冷大多由电力支撑，因此气温是影响电力消费的主要气象因子。在与持续的全球尺度气候变化和城市化相关的地区，虽然在寒冷气候条件下城市取暖的电力需求会减少，但总体而言能源需求预计会增加。随着社会经济的进步和人民物质生活水平的提高，大量制冷设备（空调、电风扇、冰箱和冰柜等）进入居民的生产和生活中，中国城市降温和供暖已成为用电量增长的主要驱动力之一。预计到2050年，中国、印度和印度尼西亚空调增加量将占世界总增量的一半，了解中国城市未来电力消耗的驱动因素，预测未来电力消耗总量，特别是电力峰值，对未来电力管理和保障用电具有特别重大的意义。

发展可再生能源是应对全球气候变化的主要举措，其中风力发电和太阳能发电与天气气候条件紧密相关。气候变化导致的风速和总辐射减小对风电和光电开发的经济性影响不大，但是气候变化导致的风能和太阳能在不同时间尺度上的波动对电力供应有潜在影响，需要储备其他能源以应对风能、太阳能同时供应不足的极端情况。极端天气气候事件还会引起风电和光电供应急剧变化，从而威胁电网的安全运行，因此需要加强对电网安全的气候风险评估和预估。

高比例可再生能源发展情景下的电力系统将越来越容易受气候变化和极端天气气候事件的影响，最终导致电力系统的脆弱性和风险的增加。电力系统是由发电厂、送变电线路、供配电所和用电等环节组成的电能生产与消费系统。未来气候变化和极端天气气候事件，将对可再生能源资源、可再生能源发电厂运营、可再生能源发电厂基础设施及可再生能源发电效率产生重大影响，同时也会对输电环节和用电侧需求产生不利影响。气候变化影响电力系统的三个主要途径：一是影响电源，可再生能源电源比例越高，越易受气候变化影响；二是影响电网输送，高比例可再生能源发展情景下的电网系统更易受气候变化和极端天气气候事件的影响；三是影响用电消费。随着能源转型和技术进步，电力系统发展呈三大趋势：一是电源将由目前以化石能源电源为主导，逐步转向未来以可再生能源为主导；二是电网由当前的以大机组、超高压、互联大电网为特征的第二代电网，转向未来以大规模可再生能源为主导、特高压电网为骨干网架、广泛融合信息通信技术的智能电网为特征的第三代电网；三是终端能源消费逐步转向以电为主，终端电气化率将从2018年的25.5%增长到2050年的40%~50%（国网能源研究院，2019）。未来电源系统以可再生能源为主导，气候变化将加剧可再生能源发电的波动性和电力系统的不稳定性。可再生能源发电生产具有较强的间歇性、波动性、随机性和不可控性（可减出力但不可增出力）以及利用小时低等特性，而气候变化可能通过不同的形式影响可再生能源电力，长时间尺度上主要通过影响可再生能源资源，短时间尺度上主要通过影响可再生能源发电的稳定性，从而加剧可再生能源电力系统的不稳定性。有研究（魏一鸣等，2014）表明，未来降水模式的变化会影响中国水能资源禀赋和水电机组效率，可能导致到2030年2000万人的工作生活出现电力短缺情况。西南和东南沿海地区的水电受气候变化和极端天气气候事件的威胁最大，面临的气候变化脆弱性高于全国平均水平。

未来电网输送格局主要依靠大规模远距离电网输送可再生能源电力，相比本地化供应的电网系统，高比例可再生能源的电网系统更易受气候变化和极端天气气候事件的影响。由于中国的风、光、水能大型基地主要分布在"三北"（西北、华北、东北）地区和西南地区，高比例可再生能源主要依靠西部水电、西部和北部超大规模的太阳能电站、北部和西北部大规模风电来实现。因此，未来的输电格局将进一步强化目前的"北电南送""西电东送"的格局，西部和北部送端地区通过特高压直流和交流输电网将风电、光电，以及西南水电远距离送往华北、华中、华东和珠三角等负荷中心。可再生能源电力由于其自身的随机性和波动性，必须通过大电网方式予以接入，并通过多能互补、区域互济和储能等方式提高利用率。极端天气气候事件，如台风、雨雪冰冻等可能损坏各类电压等级的输配电网，造成停电事故。极端高温和极端低温会增加用电负荷，各类极端天气可能影响可再生能源发电出力，增加电力系统调配难度，加剧电力系统脆弱性。

五、基础设施和重大工程

基础设施从广义上来说包括社会基础设施（如住房、卫生、教育、生计和社会安全网、文化遗产/机构、灾害风险管理和城市规划）、生态基础设施（如清洁空气、防洪、城市农业、控温、绿色走廊、河道）和物理基础设施（如能源、交通、通信、建筑形式、水、固体废物管理）。

当前的气候变化已经对世界各地的基础设施系统和重大工程造成了影响。气候变化可引起水资源分配时空不均、生态环境改变，这对重大水利工程将会产生重要影响。气候变化引起的长江上游径流的丰枯变化和强降水事件发生频率的增加可能影响三峡工程的安全运行。气候变化可能加剧水资源分配时空不均匀性，对南水北调中线水源区水量产生不利影响；气候变化影响下，西线调水区生态与环境面临严重风险；调水工程产生的能源效益对于减缓气候变化有重要意义，调水可能增加沿线湖泊的洪涝风险。长江口深水航道维护态势总体可控，且趋向于好；长江入海流量总体上呈减少趋势；长江口门内生态环境脆弱性最高，生态环境脆弱性从口门内向口门外呈显著的降低趋势，近几年长江口海域生态环境脆弱性明显好转。冻土退化显著地诱发了大量的冻融灾害，对冻土工程产生较大的影响。目前，青藏公路沿线多年冻土融化诱发的热融边坡灾害主要集中在五道梁到风火山的高含冰量冻土区；气候和工程热扰动导致青藏铁路路桥过渡段发生了显著的沉降变形；工程技术措施中采用的块石结构路基可以适应未来气温升高 2.0℃所带来的影响。《第四次气候变化国家评估报告》(《第四次气候变化国家评估报告》编写委员会，2022）指出，气候变化引发的次生地质灾害等可能对油气管线造成安全隐患。我国实施了大量的生态修复工程，取得了生态、经济和社会效益。生态工程在一定程度上减轻了气候变化带来的负面影响。2000 年以来，北方降水增多使"三北"防护林地区植被生态质量持续好转，北方草原生态恶化的局面有所改变。这一趋势将在未来 30~60 年得到延续，利于巩固和扩大"三北"防护林和草原生态建设成果，缩短生态恢复的时间。但气候变暖会增加森林和草原火灾及病虫害的发生范围和频率。三江源生态保护和建设一期工程使该区的气候由工程实施前（1975~2004 年）的暖干化趋势转为工程期（2005~2012 年）明显的暖湿化趋势。工程期的气候变暖导致植被返青期提前、冰川冻土融水增多，同时降水增加对植被生长起到了促进作用，使得荒漠化进程减缓，荒漠面积减小，水体面积增加，十分有利于区域生态的恢复，工程期草地产草量相比工程实施前提高 30.31%。

许多重要的经济部门缺乏适应能力，而且用于提高适应能力的资源少、相关支持水平低。对于城市和住区来说，这种风险尤其令人担忧。最近的研究还说明了基础设施系统具有的相互联系和相互依存性质，这导致一个部门的风险可以引发其他部门的连锁、复合或连锁效应的不确定性。

预计的气候变化，如变化的降水模式、温度和海平面会对基础设施系统的运行造成压力。此外，城市化、经济发展、土地使用变化和其他突发因素等也是宏观的驱动因素。对于目前价值为 143 万亿美元的全球物理基础设施，据 IPCC（2021）估计，到 2100 年，2℃的升温阈值时，现值损失为 4.2 万亿美元；6℃的升温阈值时，这一估计上升到 13.8 万亿美元。极端事件与这些基础设施服务的中断或完全丧失有关，而气候平均状态的逐渐变化正在改变物理基础设施的性能。

物理基础设施系统通常是不可移动的、不可分割的，涉及高固定成本，并且具有较长的生命周期，通常维修成本高昂，而且对人们的健康和福祉也有重大影响，因此这方面的风险评估研究亟待进一步加强。相比物理基础设施而言，社会和生态基础设施要素很少被单独评估，而是倾向于包含在更广泛的事件影响评估中。

第四节　全球气候变化应对

一、气候变化科学评估进展

1979 年在瑞士日内瓦召开了第一次世界气候大会，这是历史上第一次公开将气候变化视为一个严重问题的国际会议。这次大会探讨了气候变化对人类活动的影响，通过了《世界气候大会宣言》，呼吁各国政府"预见并预防气候变化中潜在的人为变化，这些变化可能对人类福祉产生不利影响"。《世界气候大会宣言》要求在国际和国家一级、在各学科之间进行空前规模的合作，探索未来全球气候可能的变化过程，并基于对全球气候变化的科学认知制定未来人类社会的发展规划。1988 年，为了响应公众和政府对于气候变化的关切，世界气象组织（WMO）和联合国环境规划署（UNEP）联合创立了联合国政府间气候变化专门委员会（IPCC），其专门负责评估气候变化科学事实及其影响、应对，为国际社会共同采取应对气候变化行动提供科学技术支持。同年 12 月，联合国大会（United Nations General Assembly，UNGA）第四十三届大会根据马耳他政府"气候是人类共同财富一部分"提案通过了《为人类当代和后代保护全球气候》的43/53号决议，决定在全球范围内对气候变化问题采取必要和及时的行动。

IPCC的成立反映了国际社会对气候变化问题日益增长的认识和高度重视的态度，表达了人类对气候变化事实、影响和应对的普遍关注，同时也大力促进了气候变化科学评估的发展。IPCC自成立至2020年之前已分别发布了五次气候变化评估报告，综合反映了全球最新的气候变化科研成果和科学认知水平。IPCC第六次评估周期已于2023年结束，第六次评估周期的所有评估产品已经全部正式发布，包括三份工作组评估报告、一份综合评估报告、一份温室气体清单方法学报告和三份特别评估报告。

2021年8月，IPCC第六次气候变化评估报告（AR6）第一工作组报告《气候变化2021：自然科学基础》正式发布，报告指出：人类活动导致的大气中温室气体浓度持续增加造成温室气体的辐射效应进一步增强，当前人为辐射强迫为每平方米2.72瓦，比2013年IPCC第五次气候变化评估报告（AR5）第一工作组报告所评估的每平方米2.29瓦高约19%，所增加的辐射强迫中约80%是大气中温室气体浓度增加造成的。AR6第一工作组报告进一步确认了全球气候变暖的幅度与CO_2累积排放量之间存在的近似线性的相关关系，指出人类活动每排放1万亿吨CO_2，全球平均表面温度将上升0.27~0.63℃（最佳估计值是0.45℃）；2023年全球平均表面CO_2浓度达到了工业化前水平的151%，全球平均表面温度比工业化前高出（1.45±0.12）℃。

二、国际气候治理进程

1988年，联合国大会通过《为人类当代和后代保护全球气候》的决议。1992年，联合国环境与发展大会通过《联合国气候变化框架公约》（简称《公约》），最终目标是稳定温室气体浓度水平，以使生态系统能自然适应气候变化、确保粮食生产免受威胁，并使经济可持续发展。1997年，《公约》第3次缔约方会议（COP3）通过了《京都议定书》，这是人类历史上第一次以国际法律形式限制温室气体排放。2007年，《公约》第13次缔约方会议（COP13）通过了"巴厘路线图"，以期在2009年之前达成新的应对气候变化协议。2009年召开的联合国哥本哈根气候变化大会（《公约》第15次缔约方会议，COP15）达成不具法律约束力的《哥本哈根协议》。2015年12月，在法国巴黎召开的《公约》第21次缔约方会议（COP21）达成了2020年后全球应对气候变化的《巴黎协定》。2018年12月，联合国卡托维兹气候变化大会（《公约》第24次缔约方会议，COP24）达成了《卡托维兹气候一揽子计划》（Katowice Climate Package）。

2021年11月，经过14天的密集磋商，在英国格拉斯哥举行的《公约》第26次缔约方会议（COP26）完成了《巴黎协定》实施细则的谈判，并最终通过了《格拉斯哥气候公约》。《格拉斯哥气候公约》包含科学、适应、适应资金、减缓、资金、技术和能力建设、损失和损害、实施和合作八个部分，并史无前例地将science（科学）作为第一部分，指出现有的最佳科学认知对有效开展气候行动和制定政策具有重要意义，并从科学的角度强调了应对气候变化的紧迫性。该协议还首次确认了要逐步减少煤电和低效化石燃料补贴，并对如何提高能源转型力度作了详细安排。

三、碳排放空间与碳中和

全球气候变暖的幅度与CO_2累积排放量之间存在近似线性的相关关系，人类每向大气中排放1吨CO_2都会引起一定的升温，但大气CO_2浓度和全球平均表面温度变化之间并不存在一一对应的关系。地球大气中本身就含有一定浓度的 CO_2，陆地和海洋生态系统过程也都能吸收和释放 CO_2，因此大气 CO_2 浓度存在时间和空间上的自然波动。在没有人为排放的情况下，大气中的 CO_2 浓度在年际尺度上基本保持平衡，自然过程排放的 CO_2 基本上能被自然过程吸收，大气 CO_2 浓度保持相对稳定。在存在人为排放的情况下，人类活动所排放的 CO_2 一部分留在了大气中而造成大气 CO_2 浓度升高，另一部分则被海洋和陆地自然过程吸收。1850～2019 年人类活动累积排放的 23 900 亿吨 CO_2 中约 14 300 亿吨被自然过程吸收，约占累积排放量的 60%。在未来人为 CO_2 排放量持续增加的情景下，虽然海洋和陆地会吸收更多的人为 CO_2 排放，但吸收的比例会逐渐降低，意味着未来在全球继续变暖的背景下海洋和陆地在降低大气 CO_2 累积方面的碳汇作用会减弱，更多的 CO_2 被留在了大气中。

要控制全球平均表面温度的升温幅度，就需要将人为 CO_2 累积排放量控制在一定范围内，使大气 CO_2 浓度不再增长（人为 CO_2 排放和人为吸收之间达到平衡，即实现人为 CO_2 的净零排放，又称为 CO_2 中和或碳中和）。要实现人为 CO_2 的净零排放，就需要尽快达到 CO_2 的排放峰值（碳达峰），并在碳达峰之后逐步降低 CO_2 的人为排放量，直到实现碳中和。

但是，由于实际温升并不完全是由 CO_2 的温室效应造成的，CH_4、N_2O 等其他非 CO_2 温室气体也对全球变暖有很重要的贡献。因此，要想控制全球平均表面温度的升温幅度，仅使大气 CO_2 浓度不再升高是不够的，还必须要中和掉其他温室气体对全球温升的贡献，实现温室气体中和。由于 CH_4 等其他非 CO_2 温室气体并不像 CO_2 那样能被自然过程或人工过程吸收，因此实现温室气体中和除了需要大幅减少非 CO_2 温室气体排放之外，还需要通过 CO_2 负排放等手段来抵消 CH_4 等非 CO_2 对增温的贡献。

实现了温室气体中和也并不意味着全球平均表面温度就不再变化，因为人类活动还通过改变土地利用和土地覆盖方式等手段影响气候变化。改变土地利用和土地覆盖方式将使地表反照率发生变化，这就改变了地表和大气之间的能量以及物质交换，影响了地表的能量平衡，进而影响气候的变化。因此，要想真正控制温升，还需要通过中和的方式使人类活动的其他影响也达到净零，也就是实现气候中和。

四、总体研判

随着国际社会对气候变化科学认识的不断深化，世界各国都已认识到应对气候变化是当前全球面临的最严峻挑战之一，积极采取措施应对气候变化已成为各国的共同意愿和紧迫需求，各国都在向实现绿色低碳发展而努力，很多国家制定了低碳发展战略或低碳发展目标。习近平总书记强调，"应对气候变化不是别人要我们做，而是我们自己要做"（习近平，2022），应对气候变化是我国可持续发展的内在要求，也是推动构建人类命运共同体的责任担当；既是我国现代化长期而艰巨的任务，又是当前发展中现实而紧迫的任务；既需要有中长期战略目标和规划，又需要有现实可操作的措施，开展实实在在的行动。

党的二十大报告强调"积极参与应对气候变化全球治理"。2024年习近平总书记主持召开中央全面深化改革委员会第四次会议时指示，"协同推进降碳、减污、扩绿、增长，把绿色发展理念贯穿于经济社会发展全过程各方面"（新华社，2024）。

目前全球主要国家和集团都出现了经济增长与温室气体排放脱钩的情况，其中欧盟提前4年实现了2020年减排目标，并于2019年率先发布《欧洲绿色新政》，提出将绿色低碳转型作为重要抓手融入经济社会发展全局，制定了能源、工业、建筑、交通、农业、生态环境等领域的转型路径。2021年7月欧盟提出"减碳55"（Fit for 55）一揽子气候计划，提出到2030年可再生能源占终端能源消费的40%以上、能源效率提高11.7%，到2035年欧洲轿车和货车实现零排放等目标。2021年美国重返《巴黎协定》，发布《迈向2050年净零排放的长期战略》，提出2035年实现100%清洁电力、2050年实现碳中和的最新目标。美国能源部（Department of Energy，DOE）发起"能源攻关计划"（Energy Earthshots Initiative），旨在加速突破低成本、可靠的清洁能源技术。全球其他主要经济体也将应对气候变化视为新的经济增长机遇，试图在新一轮清洁技术革命中打造核心竞争力和产业优势。

当前我国工业化、城镇化进程已进入中后期，人民日益增长的美好生活需要与不平衡不充分发展之间的矛盾依然存在，产业结构、能源结构的调整任重道远。2021年9月以来我国实施"双碳"目标的"1+N"行动方案陆续发布，公布了中国应对气候变化的路径、政策、措施和进一步行动，为经济社会发展全面绿色转型、实现高质量发展提供了强大动力。我国将为控制温室气体排放付出长期、艰苦的努力，坚定不移地实施好积极应对气候变化的国家战略，加强应对气候变化各项能力建设，积极适应气候变化的影响，倡导绿色低碳的生活方式，深度参与和引领全球气候治理，把握好全球低碳发展的新机遇，为积极应对全球气候变化和构建人类命运共同体做出新的贡献。

第二章

气候变化应对领域支撑西部生态屏障建设的重点方向

第一节　中国西部地区气候变化事实

一、气候及极端变化

（一）温度变化

1. 温度的时间演变

西部地区的气温变化特征与全球相似，都经历了先缓慢上升后下降再快速上升的过程，整体呈波动上升的趋势，1997年后变暖现象尤为明显。20世纪80年代以来，西部地区平均升温速率约为0.46℃/10年，高于全球近百年[（0.86±0.06）℃/100年]（严中伟等，2020）和近50年来的平均升温速率（0.13℃/10年）。同时，西部地区最高及最低气温均呈上升趋势，其中最高气温增幅低于最低和平均气温增幅（秦大河，2021），最高（最低）气温上升趋势为0.31℃/10年（0.43℃/10年）。

2. 温度变化的空间特征

西部地区年平均气温的空间分布不均（黄蕊等，2013）。年平均气温偏高的区域位于北方防沙带西侧和川滇高原地区，局部最高可大于28.5℃；偏低的区域则处于青藏高原北侧，其年平均气温为−9.5~0℃。整体而言，西部地区西北侧，气温由南向北递减，其余区域则基本呈由东向西递减的分布特征。在全球变暖背景下，西部地区年平均气温基本呈全区一致的上升趋势，高海拔地区变暖现象更为显著（You et al.，2020）。青藏高原和黄土高原西侧地区的升温明显，升温速率大于0.5℃/10年，高于全国同期升温速率（0.25℃/10年），局部可达1.5℃/10年以上。另外，西部地区的最高、最低气温虽均呈全区上升的趋势，但

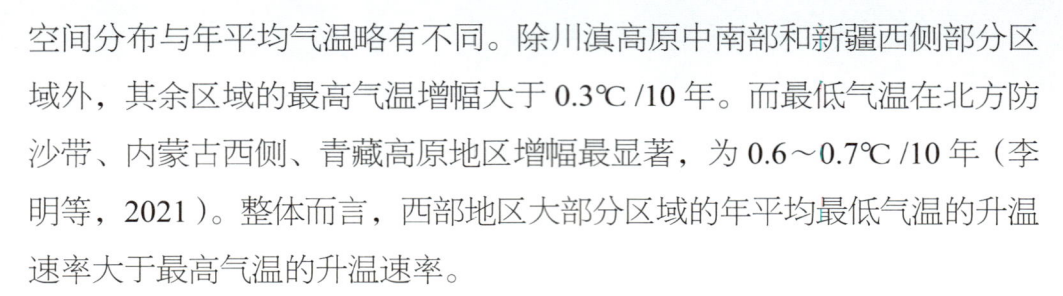

空间分布与年平均气温略有不同。除川滇高原中南部和新疆西侧部分区域外，其余区域的最高气温增幅大于 0.3℃ /10 年。而最低气温在北方防沙带、内蒙古西侧、青藏高原地区增幅最显著，为 0.6～0.7℃ /10 年（李明等，2021）。整体而言，西部地区大部分区域的年平均最低气温的升温速率大于最高气温的升温速率。

3. 温度变化的季节特征

西部地区各季节气温均呈上升趋势，20 世纪 90 年代以来尤为明显，但是增幅有所不同。20 世纪 80 年代以来，西部地区冬季平均气温上升趋势最显著，可达 0.5℃ /10 年，其次是秋季和夏季，春季最弱，为 0.27℃ /10 年（李明等，2021）。除春季外，其余各季节的最低气温增幅均大于最高气温增幅。各季节均温的空间分布与年平均气温的空间分布基本一致，而各季节气温变化的空间分布与年气温变化的空间分布略有不同。冬季、春季、夏季的升温速率分别在青藏高原部分区域、北方防沙带和黄土高原西侧偏高（>0.5℃ /10 年），均高于或接近于 1980 年来全国升温水平（Kuang and Jiao，2016）。秋季时，青藏高原中部和北部区域升温明显，局部大于 1.0℃ /10 年，而川滇高原东南侧区域呈弱降温趋势。秋冬季最高气温变化的空间分布与均温变化的空间分布基本相同，但春季时的川滇高原东北部和夏季时的北方防沙带中部区域都是最高温增幅明显区。冬季最低气温变化的空间分布与均温变化的空间分布相似，但升温明显的区域略有扩大；春季时，除青藏高原东部部分地区外，其余地区最低温升温速率均大于 0.4℃ /10 年，局部大于 0.8℃ /10 年。夏、秋两季最低温变化的空间分布类似，除川滇高原和黄土高原西侧部分地区外，升温速率均大于 0.45℃ /10 年，青藏高原北部和北方防沙带中部区域的最低温增幅最大（商沙沙等，2018）。

（二）降水变化

1. 降水的时间演变

西部地区年平均降水量的年代际变化特征明显，且存在明显的地域上的不同。总体而言，年平均降水量先后经历了20世纪80年代到90年代初期的下降、90年代中期至21世纪初期的波动上升、21世纪初期后的下降和21世纪第二个十年后的再次攀升过程，整体呈现波动中缓慢增加的特点，夏季增幅最显著，趋势率为2.5毫米/10年（李明等，2021）。

西部地区雨日变化基本于21世纪初期出现转折，小雨在21世纪前频次偏高，之后则明显下降，中雨到大雨频次和强度均有所增强（Xu and Wu，2021）。

2. 降水变化的空间特征

西部地区年平均降水量的空间分布不均，总体上表现为从东南部向西北部递减的特征。降水量最少的地区分布在北方防沙带、内蒙古西侧及青藏高原西部（小于20毫米），最多的地区在川滇高原（大于2000毫米）(张仲杰，2016）。

在全球变暖背景下，我国西部地区降水变化存在明显的区域性差异，大致以100°E为界，存在东部变干和西部变湿的倾向。其中北方防沙带西部和中部、青藏高原地区和川滇高原北侧地区降水增加较为明显，增速可达40.0毫米/10年；而川滇高原南侧、黄土高原西侧减少趋势较为明显，且减幅略高于增幅，局地可达12.0毫米/年以上（丁一汇等，2023；张强等，2023；张仲杰，2016）。

西部地区年均雨日的空间分布特征与降水存在不同，总体上呈东北—西南向的"偏少—偏多—偏少"型分布。雨日最少的地区位于北方防沙带部分区域，少于40天/年，而川滇高原南部和中北部雨日最多，为200~240天/年（张琪和李跃清，2014）。

雨日的变化趋势也存在明显的地域性差异，整体与降水量分布类似。青藏高原东部、川滇高原大部分区域和黄土高原部分地区的年均雨日呈减少趋势，局地减幅可达 1.5 天/年。西北地区年均雨日变化则呈现东西反相特征（刘维成等，2017），西北西部雨日以增加趋势为主，东部主要为减少趋势；北方防沙带、内蒙古和青藏高原西侧地区的年均雨日增加，增幅在 5 天/10 年附近波动，其余区域为减少趋势（刘维成等，2017）。

3. 降水变化的季节特征

西部地区各季节降水量均呈波动变化，春、夏季降水变化与年降水变化类似，在 20 世纪 90 年代增加、21 世纪第一个十年下降，然后在 21 世纪第二个十年再次上升。总体而言，春季、秋季和冬季降水量增加，增速为 0.76～4.77 毫米/10 年，春季增幅最大，夏季降水量呈较弱的减少趋势，减少速率约为 0.39 毫米/10 年（李卓敏等，2023）。

从各季节降水的空间分布来看，川滇高原地区始终为降水大值区（张琪和李跃清，2014）：冬季降水量分布与年均雨日分布特征相近，川滇高原东侧为冬季降水高值区，局地降水量可大于 120 毫米/年；其余季节的降水空间分布与年降水空间分布基本一致，川滇高原、青藏高原东部和黄土高原西侧部分地区为降水高值区。降水极大值在秋季时位于川滇高原西南侧，其余季节时则位于川滇高原东侧。四季的降水量变化空间分布与年变化空间分布较为相近，部分地区略有不同：冬季时青藏高原和川滇高原部分地区呈现减少趋势，减幅为 0～1.0 毫米/年；春季时川滇高原中部呈现增加趋势，局地增幅可大于 1.5 毫米/年；夏季时西部地区东侧变干趋势最为明显，局地减幅可大于 8.1 毫米/年；秋季降水在青藏高原地区中部、南部和川滇高原西南侧呈减少趋势，而川滇高原东南侧的变化幅度相对较大，降水呈现增加趋势（李卓敏等，2023）。

西部地区各季节雨日的空间分布特征与年雨日的空间分布特征基本一致。冬、春季雨日高值区主要分布在川滇高原东侧，平均雨日为 40～

60天/年，夏、秋季时为青藏高原以东地区，平均雨日为40～75天/年。春、夏季雨日在青藏高原地区整体呈增多趋势，而在川滇高原减少趋势明显，局地可低于8天/10年，冬、秋季雨日在青藏高原中南部、川滇高原大部及黄土高原部分区域呈减少趋势（李卓敏等，2023）。

（三）大风变化

1. 大风的时间演变

西部地区年平均风速呈现明显的阶段性变化，先后经历了20世纪70年代中期前的弱增强、之后的快速减弱和90年代中期后的波动稳定过程，在80年代前（后）以正（负）距平为主，整体变化特征与全国一致，均呈减弱趋势（史培军等，2015；丁一汇等，2020），减幅达到0.12米/（秒·10年），高于全球中纬度地区同期下降水平[0.01米/（秒·10年）]（熊敏诠，2015）。同时，年均大风日数的年际变化存在明显阶段性特征，整体呈波动减少趋势，与全国变化特征一致。

2. 大风变化的空间特征

西部地区年平均风速的空间分布具有显著地域性差异。西北地区年平均风速约2.45米/秒，整体略大于西南。其中，高原地区风速偏大（多年平均风速约2.63米/秒），而西南大部分地区的多年平均风速则偏小。总体而言，自20世纪60年代以来，西部大部分区域年平均风速以减小为主，西北地区风速减幅[0.15米/（秒·10年）]大于西南地区[0.08米/（秒·10年）]。北方防沙带、青藏高原地区以及内蒙古西部等区域的风速减小倾向最明显，2014年前后，川滇高原等部分区域风速出现了增大趋势（Yang et al.，2021）。

西部地区年均大风日数基本呈现"东低西高"的空间分布规律。其中，青藏高原中部和西部、北方防沙带以北地区是高值区，年均大风日数大多超过45天。青藏高原以东的大部地区年均大风日数相对较少，大多少于8天。同时，年均大风日数变化趋势上也存在区域差异。青藏高原西侧和黄土高原部分区域年均大风日数在20世纪60年代到70年代中后期呈增加趋势，70年代到21世纪初急剧减少，21世纪初以后变化相对较小，整体呈现减少趋势。而其他区域年均大风日数的变化基本呈线性减少趋势。大风日数减少的地区以北方防沙带西北侧、青藏高原大部分区域最显著，可达3.8天/10年；而增加的地区零散地分布在青藏高原北侧和西南侧部分区域（吴佳等，2022；付文卓等，2024）。

3. 大风变化的季节特征

西部地区季节平均风速的变化基本呈单峰型，冬季、春季大，夏季、秋季小，年代际变化与年平均风速变化一致，均在20世纪70年代之后明显减小，而从90年代中后期以来逐渐恢复。不同季节平均风速变化均呈减小趋势。春季风速减小幅度最大[可达0.15米/（秒·10年）]，其次是冬季[约0.14米/（秒·10年）]，夏季和秋季相当，分别约为0.11米/（秒·10年）和0.10米/（秒·10年）(姚慧茹和李栋梁，2019)。

季节平均风速和年平均风速的空间分布特征相似。平均风速大值区在夏季时位于西北地区，而其余三季则均处于高原地区。从季节平均风速变化的空间分布来看，冬季、春季特征较为相似，川滇高原西侧和中侧、北方防沙带和内蒙古西侧地区风速减小趋势显著。总体而言，西北地区各季节平均风速的减小幅度均大于西南地区。

西部地区季节平均大风日数的变化与年变化基本一致，整体呈现减少趋势，变化主要体现在春、夏两季。1960年以来，春季大风日数减少趋势最明显，减少约1.6天/10年，其次是夏季（减少约1.0天/10年），冬季和秋季的减少幅度相当，分别减少约0.76天/10年和0.74天/10年（陈练，2013）。其空间分布上区域性差异明显，春季、夏季大风日集中在北方防沙带和内蒙古高原地区，而秋季、冬季则多发于川滇高原地区，地形复杂地区的四季平均大风日数均偏多。西北地区季节平均大风日数变化趋势比西南地区更显著,除北方防沙带部分地区和青藏高原东北侧部分地区外,各季的平均大风日数均呈明显减少趋势(姚慧茹和李栋梁,2019)。

(四)极端温度变化

1. 极端最高气温的变化特征

1960~2010年西部生态屏障区极端最高气温的年代际变化特征显著,20世纪90年代中期以来极端最高气温明显偏高。极端最高气温呈现上升趋势,1979~2018年的增幅为0.3℃/10年,21世纪初最高气温破纪录频次显著增多。从空间分布上看,20世纪90年代最高气温破纪录事件主要分布在西部生态屏障区北部,尤以黄土高原区域频发,21世纪后,西部生态屏障区南部,尤其是川滇地区最高气温破纪录事件频发(秦大河和翟盘茂,2021)。2021年8月,四川8个台站突破历史最高气温极值,更有测站连续两天刷新当地记录(秦大河和翟盘茂,2021)。

2. 极端高温频次的变化特征

西部生态屏障区极端高温事件的频次自20世纪60年代以来总体呈显著上升的趋势。大于35℃的极端高温日数在20世纪70年代中期至90年代前期偏少,90年代中期后偏多,此时为年代际增速最快的时期(韩雪云等,2019)。

空间分布上,1979~2018年西部生态屏障区南部的极端高温事件增速(1.4天/10年)略大于北部(1.1天/10年);西部生态屏障区北部在20世纪60~70年代以局地极端高温事件为主,90年代中期以后,全区域的极端高温事件偏多(韩雪云等,2019)。2015年,北方防沙带西部的新疆区域出现历史罕见极端高温天气,新疆平原地区均出现35℃以上的高温,持续时间超过30天,51县市高温日数破历史极值(许婷婷等,2022)。

西部生态屏障区南部极端高温事件的中心主要位于川滇地区的南部以及四川盆地大部分地区。极端高温事件在21世纪以来明显增多,西部生态屏障区平均极端高温日数最多的年份是2006年，为19.5天，比历史均值多13天。近年来，极端高温日数也屡创新高，2018年、2022年夏季四川发生大范围极端高温事件，2022年四川32站高温日数达20~40天，为西南地区1961年以来历史同期最多（崔童等，2023）。

3. 极端最低气温的变化特征

1960~2010年，西部生态屏障区极端最低气温呈现显著的上升趋势，极端最低气温在20世纪60~70年代显著偏低，80年代中期后显著偏高。1979~2017年西部生态屏障区南部极端最低气温的升温速率（0.37℃/10年）快于北部（0.22℃/10年）。在空间分布上，西部生态屏障区北部极端最低气温的升温中心位于北方防沙带西部的新疆部分地区以及黄土高原以西区域。西部生态屏障区南部极端最低气温的升温中心则位于青藏高原地区，部分地区升温速率可达到1.2℃/10年（袁文德和郑江坤，2015；曹永旺，2016）。

4. 极端低温频次的变化特征

与中国极端最低气温日数变化趋势类似，西部生态屏障区极端最低气温日数整体也呈现出显著减少的趋势，在年代际变化上，西部生态屏障区北部在20世纪60年代中期至70年代后期极端最低气温日数偏多，80年代以来呈现减少态势；西部生态屏障区南部极端最低气温日数与西北反向变化，60年代初至70年代中期偏少，80年代中期最多，90年代以后又显著偏少，突变年份具有明显差异，西北东部—华北西部地区为1990年/1991年，西南地区为1987年/1988年，新疆北部地区为1997年/1998年，尽管西部生态屏障区极端最低气温日数趋于减少，但是，西部生态屏障区北部在2001年、2008年、2014年、2016年仍然发生了大范围长时间的强极端低温事件，尤其是2008年，发生了自1960年以来极为罕见的持续性大范围极端低温雨雪灾害，造成的损失极为严重（艾雅雯等，2020）。

(五) 极端降水变化

1. 极端降水强度的变化

西部生态屏障区极端降水强度呈现明显的地域性特征。1960年以来，西部生态屏障区北部日最大降水量整体呈现增加趋势，1979~2018年增加速率为0.90毫米/10年；20世纪90年代以来，变化更加显著。从空间分布上看，1979~2018年西部生态屏障区北部日最大降水量增加主要发生在黄土高原西部区域，东部区域呈现弱变化或减弱趋势。北方防沙带的新疆区域呈现全区一致的增加趋势，增加速率达到了0.80毫米/10年，北疆的增加速率较南疆高。2010年的天池站日最大降水量高达132毫米，突破了新疆区域的历史极值，2018年哈密大暴雨日最大降水量达到115.5毫米，2019年、2020年、2021年连续3年南疆盆地频发暴雨（胡素琴等，2022；常友治等，2024）。

西部生态屏障区极端降水强度较强的区域主要位于川滇地区。极端降水强度整体在近60年来并未发生明显的趋势性变化，但存在阶段性的强度变化，日最大降水量在20世纪60年代中期以前强度较强，60年代中后期至70年代末强度较弱，80年代初至90年代后期是近50年来最强的时期，90年代后期以来强度再度变弱。2020~2021年，四川的达州市、芦山县等地遭遇特大暴雨，局地日最大降水量达到514.9毫米和425.2毫米，引发了严重的洪涝灾害（孙俊等，2023）。

2. 极端强降水频次的变化

西部生态屏障区极端强降水频次与极端降水强度类似，区域性较强。1979~2018年，西部生态屏障区北部极端强降水频次整体变化趋势不显著，但在北方防沙带西部，尤其是新疆区域，极端强降水频次显著增加，增速可达到1.04天/10年；自20世纪60年代至20世纪末，极端强降水频次明显偏多，每10年的增加频次分别为0.5天、0.7天、1.1天、2.1天；

从21世纪开始，极端强降水频次的增幅进一步变大。西部生态屏障区东部极端强降水频次年代际特征强，20世纪60年代、80年代、90年代前期极端强降水事件偏少，70年代、90年代后期至21世纪极端强降水事件偏多。从空间分布上看，21世纪以前，黄土高原区域极端强降水事件发生在小范围区域；21世纪以来，黄土高原区域极端强降水事件增多。陕西省于2016~2018年连续三年发生大暴雨，2021年全省极端降水日数达到81天，站次为5904站次，均刷新了气象观测以来的历史记录（高菊霞等，2024）。

1960~2010年，西部生态屏障区南部极端强降水频次的趋势性变化不显著，但是年代际特征明显，20世纪70年代中期以前为高发期，70年代中期至90年代中后期较少，1998~2002年连续5年为极端强降水最多的时期，2003年后极端强降水又趋于减少。从空间分布看，川滇地区的四川盆地西部、南部的强极端降水频次减少最为显著，减少速率可达到0.6天/10年（罗玉等，2015）。

3. 暴雨的变化

西部生态屏障区平均年暴雨频次与雨量呈现出区域性增加趋势。1979~2018年，北方防沙带西部的新疆区域平均年暴雨日数与暴雨量均呈显著增加趋势，增速分别为4.5天/10年和15.28毫米/10年。近10年以来，新疆多地遭遇暴雨，如2018年7月新疆哈密特大暴雨，2021年6月南疆大暴雨日最大平均降水量达到了86.2毫米，达到当地年平均降水量的2倍。北方防沙带中部和黄土高原区域暴雨在20世纪70~80年代中后期多发，之后少发，90年代之后呈现波动上升。在空间上，暴雨频次自东南向西北减少，河西最少，祁连山区偏多（黄玉霞等，2017）。西部生态屏障区南部则以川滇地区的四川盆地及云贵地带的暴雨频次、强度增加为主。2020年8月，四川乐山持续暴雨和三江上游强降水，造成乐山市遭遇突破历史极值的特大洪峰（孙俊等，2023）。

4. 暴雪的变化

西部生态屏障区的暴雪天气多发于西部生态屏障区北部。近50年来西部生态屏障区北部暴雪频次与暴雪量均呈现增加趋势，增加速率分别为0.14天/10年与2.1毫米/10年，20世纪90年代后增加趋势更加显著。西部生态屏障区北部暴雪对年降雪量的平均贡献可达1/4，是西部生态屏障区北部降雪总量增加的主要原因（赵求东等，2020）。在空间分布上，北方防沙带中西部是暴雪频次和暴雪量增加最显著的区域。2015年12月，乌鲁木齐特大暴雪持续30小时，累计降雪量达46.0毫米，突破历史极值（赵求东等，2020）。

5. 极端干旱的变化

近几十年以来，西部生态屏障区干旱呈现两极化特征，北部的干旱整体上呈现减弱趋势，南部的干旱则有加重趋势。西部生态屏障区北部20世纪60年代到80年代中期，干旱频率较高，80年代中期后干旱频率减少，变化速率为每10年减少0.11月。西部生态屏障区南部干旱重灾中心在近50年里呈现南北分离格局，21世纪以前干旱主要发生在四川，21世纪以后转移至云贵地区。1960年以来，西部生态屏障区南部干旱的灾害范围、程度、频次、综合损失率均呈增加趋势，多年平均损失率为3.93%；2000～2010年综合损失率为7.29%，明显高于全国平均损失率（5.51%）（韩兰英等，2014；贾艳青和张勃，2018）。

（六）高影响天气事件

1. 大风的变化特征

西部生态屏障区大风事件多发于北部。大风事件的分布表现出西部偏多东部偏少的特点，大风事件的频发中心位于北方防沙带西部的新疆区域。1961～2018年，西部生态屏障区北部平均年大风（瞬时风速≥17.0米/秒）日数为18天，呈现出显著减少的趋势，减少速率可达

3天/10年以上。大风的突变发生在1985年，1985年之前大风偏多，之后明显偏少。在季节分布上，春、夏是西部生态屏障区北部大风事件的集中时段，也是近60年以来大风事件减少速率最强的时段（孔锋和张钢锋，2020）。

2. 沙尘暴的变化特征

与大风事件类似，西部生态屏障区的沙尘暴事件也多发于西部生态屏障区北部，受沙尘暴影响严重的区域主要位于北方防沙带中西部地带。1961年以来，西部生态屏障区北部各站点沙尘暴事件的均值为7.61天，呈现显著减少的趋势，尤其是20世纪80年代中期以后沙尘暴日数明显偏少（韩兰英等，2012）。但是，2010年之后塔克拉玛干沙漠的沙尘暴日数较2000年前后明显增多（李亚云等，2023）。

3. 雷暴的变化特征

西部生态屏障区年均雷暴日数超过45天的区域主要分布在新疆西北部、青藏高原中东部以及川滇地区西部等区域。西部生态屏障区北部的大部分地区年均雷暴日数少于10天，西部生态屏障区南部年均雷暴频次明显多于北部。西北东部、西北西部、西藏、西南和东南的年均单站雷暴日数分别在2000年、1994年、1963年及2005年、1989年和1994年发生突变。在20世纪90年代中期之前，西部生态屏障区雷暴日数偏多，从90年代中期开始，雷暴日数快速减少（孔锋等，2018）。

二、陆地水资源变化

（一）河川径流变化

青藏高原作为黄河、长江、澜沧江—湄公河、怒江—萨尔温江、雅鲁藏布江—布拉马普特拉河等亚洲大河的发源地，为下游河流贡献了相当可观的水量，素有"亚洲水塔"之称。作为气候变化敏感区，青藏高原在过去半个世纪以来较同纬度地区经历了较显著的升温过程（陈德亮等，2015），其加剧了区域水文循环，最终改变了青藏高原地区水资源的时空分布（汤秋鸿等，2019）。历史观测资料显示，自20世纪五六十年代以来，黄河源区年径流量呈不明显的下降趋势，而长江源区和澜沧江源区显著增加（张岩等，2017）。此外，三江源区的年平均径流量还存在明显的周期性和突变性变化特征（李凯等，2021）。例如，黄河和澜沧江源区均在20世纪90年代和2000年后发生过突变，而长江源区在2006年左右发生过突变（李凯等，2021）。检测归因发现，三江源气候对径流变化的贡献率大于50%（商放泽等，2020）。在影响径流变化的气候因子中，降水的作用最为重要，其次为温度，二者对径流的影响分别体现在年际和季节变化上（汤秋鸿等，2019；商放泽等，2020）。值得注意的是，气温对径流的影响存在双重性：一方面，升温加速冰雪消融，增加了春季径流补给量；另一方面，升温导致蒸散发耗水量增加，一定程度上抵消了冰雪消融补给。黄河源区年平均径流量的不明显下降便可归因于气温的这种双重作用（常国刚等，2007）。除气候变化外，下垫面因子（尤其是植被）对径流的影响也不容忽视，其影响在局部地区或特定时段可以超过气候变化的影响（商放泽等，2020）。

黄土高原地处中国半湿润气候区向干旱、半干旱气候区的过渡带，是最大的水土流失区，其对气候变化敏感，生态环境脆弱。近60年来，在气候变化及人类活动的共同作用下，黄河流域干流主要水文站（除上游唐乃亥站）的年平均径流量均显著下降，下降幅度基本沿程增加。同时，还表现出突变性的变化特征（李勃等，2019）。就黄河流域主要子流域（如窟野河、皇甫川、无定河、渭河、汾河等）而言，近60年来的河川径流量基本呈显著或不显著的下降趋势；归因检测结果显示，人类活动是这些子流域径流量减小的主控因子，其次为气候变化（Deng et al., 2020；夏岩等，2020；闫夏娇，2020；Yang S et al., 2020；张凯等，2020；蔺彬彬等，2021；宁怡楠等，2021）。特别地，针对植被恢复究竟可以多大程度上影响黄土高原区水文循环，已成为近些年来研究的热点。目前认为，近十几年来的植被剧烈变化，已显著改变了黄土高原地表生态水文过程和水资源供需平衡关系（Liang et al.，2020；Lu et al.，2020；夏岩等，2020；张宝庆等，2020；Zheng H et al.，2020；胡健等，2021）。据研究，由于退耕还林还草工程，黄土高原地区平均每年多消耗水资源量 31×10^8 米^3（张宝庆等，2020）。

川滇生态屏障区地跨云南、四川两省，位于云南西北部和四川中部（26°32′N～34°19′N，98°03′E～104°58′E），区内地形交错复杂，地貌上属于青藏高原的东延部分，地势由西北到东南逐步下降（高彬嫔等，2021）；境内河流较多，主要有金沙江、雅砻江、大渡河、岷江等。总体而言，川滇地区主要河流的径流变化表现出明显的区域性差异。1960～2010 年，金沙江直门达—石鼓区段、石鼓—攀枝花区段、攀枝花—华弹区段的径流量无明显变化趋势，而华弹—屏山区段呈明显下降趋势（张小峰等，2018）。有研究进一步指出，金沙江流域径流量的变化主要取决于气候变化，而土地利用变化的影响甚小（Chen Q et al.，2020）。1961～2015 年，雅砻江上游（即雅江水文站以上）年径流深以 0.50 毫米/年的速率增加，究其原因，可以归咎于气候变化，其中降水和蒸散发的贡献率约为 60%，而下垫面变化的贡献率不到 40%（魏榕等，2020）；不同于雅砻江上游，雅砻江整个流域（即二滩水文站以上）的径流量下降可以归因为人类活动，贡献率在 70% 以上（Zhao et al.，2021）。1951～2012 年，大渡河铜街子站年平均径流量下降，但不显著，同时径流还存在周期性和突变性变化特征。总体而言，人类活动是大渡河流域年径流量变化的主导因素，其贡献率约为气候变化的 2 倍（张岚婷等，2021）。就岷江而言，其上游 1937～2018 年的年平均径流量呈显著下降趋势，并且在未来一段时间内仍将持续下降（王俊鸿等，2019；梁淑琪等，

2020）；归因分析显示，人类活动和气候变化分别使得上游径流量下降和上升，且以人类活动的贡献为大，故岷江上游径流量的变化可归因于人类活动（Liang et al.，2020）。

作为额尔古纳河水系的主要组成部分，海拉尔河流域径流自20世纪50年代以来总体呈减少趋势，20世纪80年代和90年代处于丰水期，而2000年后处于连续的枯水期；季节径流变化情况各有不同，夏季变化不显著，春、秋季减少，而冬季增加。特别地，由于冻土退化的水文效应，近40年来海拉尔河流域冬季退水过程明显减缓；冻土的退化削弱了冻土的隔水作用，这将增加流域内地表水入渗变成地下水，增加地下水储量，使冬季径流量增加；多年冻土活动层增厚及入渗范围扩大将增强流域地下水的储存能力，增强地下水的调蓄能力，从而减缓流域冬季退水过程（陆胤昊等，2013，2014；陆胤昊，2013；叶仁政和常娟，2019；丁永建等，2020）。

河西走廊防沙屏障带深处我国内陆地区，属典型的资源性缺水地区，也是气候变化的极度敏感区之一（王玉洁，2017），水资源问题已成为制约该地区社会经济可持续发展的主要因素。受气候变化和人类活动的共同影响，河西走廊诸河流域的径流表现出显著的区域性差异。就石羊河中、上游流域而言，在2007年流域综合治理以前，该流域年平均径流量显著下降，而后径流明显恢复；检测归因显示，人类活动是该流域1960～2018年年平均径流量下降的主导因素，其贡献可达83.69%～93.02%，远大于气候变化的影响（Xue et al.，2021a），其中农业灌溉、土地利用覆盖变化的影响最大（Chen et al.，2013；周俊菊等，2015；Xue et al.，2021a）。1961～2015年黑河出山口莺落峡年平均径流量以0.6×10^8米^3/10年的速率显著增加（王玉洁，2017；李秋菊等，2019），且秋季增加最明显（Li et al.，2013）；上游径流量的增加可以归咎于降水变化，但在上游的一些子流域土地利用变化起到了主导作用，此外，积雪对径流的贡献也不可忽视，其贡献在 30% 左右（Cong et al.，2017）。特别地，随着 2001 年来黑河流域相关治理工程的实施，径流量变化表现出了新的特征，如下游狼心山径流量在工程实施后开始增加，这主要与工程实施使得人类活动对径流量的影响由负转为正有关，进而径流量显著上升（程建忠等，2017；司源等，2018）。1956～2016 年，疏勒河干流昌马堡、潘家庄和双塔堡水库站的年径流均呈上升趋势（孙栋元等，2020）；在上游，由于冰川融水和非冰川区降水的贡献，20 世纪 80 年代以来年平均径流显著上升，20 世纪 90 年代后期以来，气温对径流的影响增加，贡献超过降水（杨春利等，2017；李洪源等，2019）；控制疏勒河上游径流变化的因子存在明显的季节差异，如秋、冬季主要受地下水影响，而春、夏季则受降水和冰雪融水影响（徐浩杰等，2014）。

塔里木河流域属典型的温带大陆性气候，植被覆盖度较低，生态系统脆弱，是气候变化的敏感地区（罗敏等，2017）。其中，阿克苏河、叶尔羌河、和田河是最为主要的 3 条源流，分别占流域年径流总量的 42%、34%、24%（Wang et al.，2021）。自 20 世纪 70 年代以来，塔里木河干流的上、中游径流量均呈递减趋势，且中游下降较明显（特别是 2001～2016 年，较多年平均径流量下降了近 30%）；下游径流量显著递减，其中，20 世纪 90 年代较多年平均径流量减少了约 60%，而 2000 年后增加（艾克热木·阿布拉等，2019）；干流区径流的下降及空间格局的变化主要与人类活动的不利影响有关，例如，日益加剧的灌溉用水量以及相关大型水利工程建设是干流径流量下降的主要原因（Xu et al.，2013；Yang F et al.，2018；Li W et al.，2021；Li Y et al.，2021）。与塔里木河干流不同，源区的阿克苏河、库玛拉克河及和田河的径流量变化均可归因于升温引起的冰川融水增加，而叶尔羌河径流量的增加主要是降水增加所致（Li Z et al.，2020；Bolch et al.，2022；Wang et al.，2021）。

内蒙古防沙带主要包括内蒙古中部至东部部分地区、河北的张家口和承德、辽宁朝阳等地区，西至阿拉善盟，东至通辽，属干旱和半干旱气候。近几十年来，永定河上游（如洋河和桑干河）径流量显著下降，且均在20世纪80年代初期发生过突变（杜勇等，2021；侯蕾等，2021；Hou et al.，2021；李秀，2021）；研究发现，人类活动是洋河、桑干河和永定河上游干流年平均径流量下降的主要驱动因素，而气候变化对年平均径流量的影响随着时间的推移而逐渐增加。密云水库白河（张家坟站）和潮河（下会站）水文站径流数据显示，白河与潮河径流都具有周期性的变化特征，且近60年间年平均径流量均下降（秦丽欢等，2018）；不同的检测归因方法均显示，白河和潮河径流量下降的主要原因为人类活动（秦丽欢等，2018；王晓颖，2020）。

（二）湖泊变化

水资源的变化不仅体现在河川径流的变化，还体现在湖泊的面积、水位及储水量的变化，尤其湖泊众多的青藏高原。从1976年至20世纪90年代后期，青藏高原湖泊面积、水位以及水储量呈现出微弱的减少趋势，而后快速增加。高原内陆地区湖泊整体呈增加态势，而南部则相反，呈减少趋势。降水是青藏高原湖泊储水量变化的主要控制因子，其次是冰川融水和冻土消融。自20世纪90年代后期以来，青藏高原湖泊的年代际扩张与大西洋年代际振荡的正位相密切相关，而1997年/1998年和2015年/2016年湖泊面积、水位的突变与强厄尔尼诺现象密切相关（Qiao et al.，2019；Zhang et al.，2020a）。

20世纪70年代至21世纪初期，蒙古高原的湖泊呈快速消退趋势，但我国处于蒙古高原的湖泊与蒙古国的湖泊消退程度及成因明显不同。蒙古高原面积大于1千米^{2}的湖泊由1987年前后的785个（其中，我国427个，蒙古国358个），锐减到2010年的577个（我国的减少了145个，蒙古国的减少了63个）。同时，湖泊面积也显著减少，特别是我国内蒙古，湖泊总面积由1987年前后的4160千米^{2}缩小至2010年的2901千米^2，面积缩小了约30.3%。在蒙古国，降水变化是面积大于10千米^{2}的湖泊面积减小的主要原因，可以解释70%湖泊面积变化。与此不同，我国高强度的人为干扰是导致处于蒙古高原的湖泊面积减少的主要原因，其中，煤炭开采耗水可以解释湖泊面积变化的66.5%，而降水变化仅可解释20%；特别地，在草原区，64.6%的湖泊锐减可归咎于煤炭开采耗水，而农牧交错区，灌溉耗水是湖泊缩小的主要因素，可解释近80%的面积变化（Tao et al.，2015；Zhang et al.，2020a）。

作为内蒙古最大的湖泊，呼伦湖的水储量在1961~2019年呈现出明显的阶段性变化特征，最大值和最小值分别出现在1991年和2012年，分别为14.02吉吨（吉表示10^9）和5.18吉吨（Fan et al.，2021a）。这种阶段性变化还表现在呼伦湖的水位上，如2000~2012年呼伦湖水位持续下降，而2012年后迅速回升（Li S et al.，2019）。研究指出，呼伦湖流域水情的变化与西风环流和东亚季风控制的两个降水模态存在密切联系；2000年后，流域总降水偏少，蒸散占降水比例增大，是流域径流减少和湖泊水位下降的根本原因。此外，流域大规模多年冻土退化造成的融水效应变化也是流域水情急剧变化的一个重要原因。例如，多年冻土区在2000年左右几乎退出了流域南部产流区，融水补给作用消失殆尽（万华伟等，2016；Fu et al.，2021；孙占东等，2021）。

（三）地下水变化

重力测量和气候实验（gravity recovery and climate experiment，GRACE）卫星观测资料显示，青藏高原1998~2018年平均地下水资源量为（1396.59±151.52）亿米^3，青海1997~2018年平均地下水资源量为（305.35±56.42）亿米^3，西藏1998~2018年平均地下水资源量为（1086.59±174.06）亿米^3。西藏地区地下水资源分布呈南多北少、东多西少的态势；藏南诸河的地下水资源模数最高，其次为南部的澜沧江、怒江及雅鲁藏布江各流域，而最低值出现在柴达木盆地。近20年来，青藏高原地下水资源量整体呈显著下降趋势，但地下水资源量的变化情况在区域间存在差异。例如，青海地下水资源量显著上升，而西藏显著下降。另外，青藏高原地区的地下水资源量还表现出阶段性的变化特征：青藏高原地下水资源量在2002年之前上升，而后下降；与之不同，青海地下水资源量则在2005年前下降，而后上升。相关研究指出，青藏高原地下水资源与降水呈显著正相关关系，部分流域及地市地下水资源与气温呈显著负相关关系；尽管人类活动对水资源的影响逐渐增加，但自然因素仍是影响该地区水资源变化的主要因素，其中降水增加是青海水资源量显著上升的主要影响因素（周思儒和信忠保，2022）。

全球陆地数据同化系统（global land data assimilation system，GLDAS）和GRACE资料均显示黄河流域2002~2013年陆地水储量呈下降趋势；空间上表现为西部上升、东部下降，黄河源区上升和下游下降最为明显。同时，随着人口密度的增加和工农业的发展，水储量下降幅度逐渐增大。归因分析发现，降水、气温、植被对水储量变化存在一定的滞后影响，且以降水对水储量的影响最为直接，而植被的影响最小（丁皓等，2021）。进一步研究发现，黄河流域地表水储量的下降与深层水储量的下降关系密切；作为深层水储量的重要组成部分，地下水储量相对稳定，对深层水储量变化的影响较小；而黄河流域退耕还林还草工程的实施使大量的耕地转化为林地，浅根系作物被深根系植被所替代，因而深层土壤水分被大量消耗，最终造成了黄河流域深层水储量的显著下降（郭永强，2020）。除了陆地储水量以外，地下水资源变化还反映在地下水位的变化上。20世纪70年代以来，强烈的人类活动和气候变化导致了黄河流域内主要平原盆地和干支流河谷区地下水位的局部或区域性下降，总体表现为"快速下降—缓慢下降—稳定或水位回升"

3个阶段。随着城市规模的扩大、工业生产和农业灌溉用水量的增加，城市水源地和农业井灌区地下水位均出现了不同程度的下降，如西安城区承压水水源地与天然流场相比地下水位累计降幅超过了120米。21世纪初期以来，随着城市水源地和工业生产开采量的减少及用水结构的调整，地下水位下降趋势明显减缓，局部地区水位开始回升，但仍有部分农业井灌区呈下降趋势（石建省等，2000；陶虹等，2013；韩双宝等，2021）。

随着西南地区干旱的不断加剧，川滇地区陆地水储量整体下降，但存在明显的时空差异。GRACE-FO重力卫星数据及GLDAS数据均显示川滇地区陆地水储量变化具有明显的季节性特征，其中夏、秋季上升，而春、冬季下降（易琳等，2020）。基于全球定位系统（global positioning system，GPS）垂直位移反演的云南陆地储水量及GRACE数据，2010～2014年云南陆地水储量以20毫米/年的速度缓慢增长，而2010～2012年云南地下水处于快速增长的趋势，速度大约为50毫米/年，2013年后并无显著变化（何思源等，2018）。还有研究发现，在人类活动（如阶梯水电站的建立）和气候变化的共同作用下，金沙江流域地下水储量增加速率为（7.6±1.0）毫米/年，相应地，陆地水储量以（5.2±1.2）毫米/年的速率增加（Chao et al.，2020）。

河西走廊地区GRACE陆地水储量在祁连山地区呈增加趋势，沿河道方向增加趋势递减，在下游变为下降趋势。就区域平均而言，河西走廊地区及其三大流域的陆地水储量变化存在显著的年周期，且均呈下降趋势，以石羊河流域下降最明显。疏勒河流域2003～2009年水储量变化趋势平稳，2009年后在波动中下降，2011～2015年水储量年变率增大；黑河流域2003～2010年水储量持续下降，2010～2015年水储量在波动中下降；石羊河流域水储量呈逐年下降趋势。河西走廊地区水储量的下降受人类活动影响较大；随着耕地面积和建筑面积的增长，农业生产及人类生活耗水量不断增加（李晓婧等，2019）。

2002~2015年塔里木河流域陆地水储量呈（1.6±1.1）毫米/年的下降趋势，且流域北部陆地水储量为亏损状态，南部呈盈余状态；尽管塔里木河流域出山口径流呈增加趋势，但基于陆地水储量的研究发现塔里木河流域干旱情况依然很严峻；结合夏季0℃层、中分辨率成像光谱仪（Moderate-Resolution Imaging Spectroradiometer，MODIS）夏季积雪覆盖率及地下水资源的变化研究，发现夏季0℃层和夏季积雪覆盖率对塔里木河流域陆地水储量变化影响较为明显，地下水资源量变化是流域陆地水储量变化的主要驱动因子（魏光辉等，2020）。

三、陆地冰冻圈变化

（一）冰川变化

根据2014年发布的中国第二次冰川编目数据集（Guo et al.，2015b；刘时银等，2015），中国西部现有冰川总计48 571条，总面积5.18万千米^2，约占我国陆地面积的0.54%，冰川总储量4300~4700千米^3。其中，1723条冰川被表碛所覆盖，表碛区总面积为1493.7千米^2。昆仑山脉的冰川面积最大、数量最多，念青唐古拉山脉次之。57%的冰川面积分布于海拔5000~6000米。

中国西部的冰川面积在过去几十年间呈现出以青藏高原北部为中心，向外围不断加速萎缩的特征，整体萎缩了约18%（刘时银等，2017）。其中，喜马拉雅山中段和冈底斯山地区以及西部森格藏布（狮泉河）—印度河部分流域地区的冰川面积萎缩率最大（2.2%/年），其次是伊犁河流域（2.0%/年）、青藏高原东南部（1.8%/年）、祁连山东部部分区域（1.8%/年）和天山东部地区（1.6%/年）。就不同时段的冰川面积变化来看，青藏高原南部地区的冰川萎缩率在20世纪70年代以来有不断上升的特征

（赵瑞等，2016），高原中部地区基本持平甚至在2010年以后萎缩速率有所减缓（胡凡盛等，2018；李振林等，2018）。祁连山地区总体呈现出先加速再减速的特征（李振林等，2018；王晶等，2017），而天山地区冰川萎缩速率则总体不断加速（蒙彦聪等，2016；徐春海等，2016；张慧等，2017）。帕米尔地区慕士塔格峰的冰川面积在2009年之后则表现出轻微的扩张（Holzer et al.，2015）。

在物质平衡变化方面，自2000年以来，西昆仑、帕米尔和喀喇昆仑地区的冰川整体呈稳定甚至轻微的正平衡状态（Gardelle et al.，2013；Bao et al.，2015；Ke et al.，2015），而天山[（-0.35±0.15）～（-0.51±0.36）米水当量/年]（Pieczonka and Bolch，2015；Pieczonka et al.，2013）、祁连山[（-0.21±0.04）～（-0.38±0.05）米水当量/年]（Xu et al.，2013；Zhang et al.，2018a）、喜马拉雅山[（-0.22±0.12）～（-0.45±0.13）米水当量/年]（Gardelle et al.，2013）、念青唐古拉山[（-0.76±0.22）米水当量/年]等地区冰川物质损失呈现出向外围逐渐加剧的态势（Wu et al.，2018）。基于大尺度遥感方法（GRACE、ICESat等）的研究结果表明，兴都库什—喜马拉雅地区的冰川在2003～2008年总体冰量损失速率达到了（12.8±3.5）吉吨/年（Kääb et al.，2012），天山地区冰川在2003～2014年的总体冰量损失达到（4.0±0.7）吉吨/年（Yi et al.，2016）。整个高亚洲地区平均年冰川物质总损失量为（16.3±3.5）吉吨（2000～2016年；Brun et al.，2017）～（26±12）吉吨（2003～2009年；Gardner et al.，2013）。

随着气温不断升高，冰川内部结构的稳定性会显著降低，由此引发冰川跃动、冰崩和冰湖溃决等灾害事件。近年来，我国冰川跃动灾害事件的发生频率逐渐增加，对区域生态和社会安全也造成了显著的影响。当前，中国西部有1659条不同跃动可能性的跃动冰川，这些跃动冰川主要分布在喀喇昆仑、帕米尔高原和西昆仑山等地区（RGI_Consortium，

2017）。2000~2016年，青海阿尼玛卿山西坡的一条冰川共发生了3次跃动而导致崩塌。2015年5月新疆公格尔山的克拉亚伊拉克冰川跃动和2016年发生在阿里地区的两条冰川在3个月内先后因跃动而导致大面积冰崩（Kääb et al.，2018）。

（二）冻土变化

中国西部地区广泛分布着多年冻土和季节冻土。其中，多年冻土主要分布在青藏高原和西北高山地区，属于典型的高海拔多年冻土。据统计，青藏高原和西北高山地区的多年冻土面积分别约为$106×10^4$千米^2（Zou D et al.，2017）和$7.4×10^4$千米^2（赵林和盛煜，2015）。在青藏高原地区，多年冻土的分布不仅受经纬度的影响，还受海拔的影响，具有明显的经度、纬度和海拔三向地带性规律；多年冻土活动层厚度平均为1.9米，其中90%集中在0.9~2.7米；年平均地温整体较高，约44.7%的多年冻土温度大于–1.5℃（赵林等，2019）。在西北高山区，多年冻土分布则表现出明显的垂直地带性分布特征，年平均地温变化为–5~0℃，天山地区多年冻土活动层厚度约为1.55米（赵林和盛煜，2015）。对于季节冻土区，按冻土厚度划分，主要为中–深季节冻土，厚度一般在1米以上，部分地区厚度超过2米（Ran et al.，2012）。

随着气候变暖，近几十年来，西部地区的多年冻土和季节冻土均发生了一定的变化。对于多年冻土区，主要表现为多年冻土温度升高、活动层厚度增厚、分布范围萎缩和冻土厚度变薄（Ran et al.，2018；Zhao L et al.，2020）。而对于季节冻土区，季节最大冻结深度和土壤冻融状态的时空变化区域差异较大，其变化趋势主要表现为最大冻结深度减小，冻结日期推迟，融化日期提前，冻结持续期缩短（Wang C et al.，2020）。

在多年冻土区，模型模拟结果表明，1980~2010年，青藏高原多年冻土面积减少了约$15.1×10^4$千米^2，减少率为$5.41×10^3$千米^2/年，退化主要发生在高原东部和南部多年冻土区的边界（吴小波，2018）。长期观测的活动层厚度资料显示，青藏高原多年冻土区活动层厚度增加趋势明显，1981~2018年青藏公路沿线活动层厚度平均增速为1.95厘米/年（中国气象局气候变化中心，2019）。此外，观测表明，1996~2006年，青藏高原多年冻土区6米深度的地温上升了0.12~0.67℃，平均增加速率约0.4℃/10年（Wu and Zhang，2008）；2004~2018年，活动层底部温度也呈现出明显的上升趋势，平均升温0.49℃/10年（中国气象局气候变化中心，2019）；低温多年冻土（MAGT<–1.0℃）升温速率高于高温多年冻土升温速率（MAGT>–1.0℃）（Wu et al.，2012；孙志忠等，2018）。而在西北高山区，目前仅在天山北部有长期的冻土观测，故仅对天山北部地区冻土的变化进行介绍。实测资料表明，天山北部多年冻土活动层从1992年的1.25米增加到2011年的1.7米，增速达2.25厘米/年（Liu et al.，2015）。天山北部多年冻土温度从1992年的–1.7℃上升到2011年的–1.1℃，增幅约为0.3℃/10年（Liu et al.，2015）；而在1974~2009年，地表向下10~15米深度处升温速率为0.1℃/10年（Zhao et al.，2010），表明冻土温度有加速升高的趋势。

在季节冻土区，最大季节冻结深度呈现阶段性年际波动减小的趋势，20世纪80年代之后进入转折期，呈现出显著减小趋势（杨小利和王劲松，2008）。实测气象资料的计算结果表明，1961~2010年，青藏高原最大季节冻结深度平均减小速率为0.47厘米/年，高于西北高山区的减小速率0.34厘米/年。此外，与西北高山区相比，青藏高原土壤季节冻结深度更深，平均冻结深度为（1.01±0.61）米，西北高山区土壤平均季节冻结深度为（0.89±0.68）米。青藏高原土壤冻结初始日相较西北高山区更早，但冻结初始日推迟的速率略慢于西北高山区，两区域冻结初始日的推迟速率分别为0.22天/年和0.28天/年。与之相反，青藏高原土壤冻结结束日则相较西北高山区更晚，但冻结结束日提前的速率快于西北高山区，两区域冻结结束日提前的速率分别为 0.35 天 / 年和 0.23 天 / 年（Wang X et al., 2018）。从长期平均态来看，尽管青藏高原土壤冻结持续时间相较更长，但在快速升温背景下，青藏高原土壤冻结持续时间减少迅速，其减少速率（0.59 天 / 年）快于西北高山区（0.51 天 / 年）。

（三）积雪变化

1. 积雪深度

青藏高原积雪深度的变化具有显著的年代际特征，且区域和季节差异明显，近几十年，雪深总体上表现为先增加后减小的趋势（You et al., 2020）。高原东部海拔 2000 米以上地区冬季（12 月至次年 2 月）平均雪深在 1961~1990 年以 0.32 毫米 /10 年的速率增加，而在 1991~2005 年则表现出减小的趋势，减小速率为 1.8 毫米 /10 年（You et al., 2011）。在季节内，前冬（11 月至次年 1 月）高原东部雪深在 1996 年以前持续增加（0.66 毫米 /10 年），1996 年以后转为减小趋势（减小速率为 1.11 毫米 /10 年）；后冬（2~4 月）雪深在 1996 年之前以 0.95 毫米 /10 年的速率显著增加，而在 1996 年以后增加速率减小，为 0.6 毫米 /10 年（保云涛等，2018）。冬季和春季（3~5 月）雪深变化趋势的转折点存在明显差异，冬季雪深变化趋势由增加转为减小的突变点在 20 世纪 90 年代，但春季雪深变化趋势的突变点在 20 世纪 80 年代初，前期以 1 毫米 /10 年的速率显著增加，后期则以 1 毫米 /10 年的速率显著减小（Xu et al., 2017）。卫星遥感观测数据的应用在很大程度上弥补了站点观测的不足，有力地提升了人们对青藏高原积雪变化的认识。对利用被动微波遥感数据反演的逐日雪深资料的分析发现，西藏年平均雪深在 1979~1999 年呈现出显著的增加趋势，其增加速率为 2.6 毫米 /10 年，而在 1999~2010 年，雪深则以 3.5 毫米 /10 年的速率迅速下降（白淑英等，2014）。这种先增后减的变化趋势进一步佐证了站点观测到的雪深变化特征（保云涛等，2018；

Xu et al.，2017）。

内蒙古高原年累计雪深在 1982~2015 年总体上呈现缓慢的减小趋势，变化速率为 –0.49 毫米 /10 年。空间分布上，内蒙古高原雪深呈减小趋势的地区占内蒙古高原总面积约 62%，主要分布于中部和西部地区，而东部和南部地区呈增加趋势，其中东部的大兴安岭地区增加显著（毕哲睿等，2020；李晨昊等，2020）。黄土高原年累计雪深在 1961~2014 年总体上呈现出减小的趋势，减小速率为 7.98%/10 年。但雪深变化趋势在 20 世纪 90 年代末期经历了一次强烈的年代际转变，90 年代末期之后呈现为微弱的减小趋势，之前则呈显著的增加趋势，区域平均年累计雪深在突变后比之前减小了 25% 左右（Zhang X et al.，2021）。

2. 雪水当量

雪水当量是指积雪完全融化产生的积雪融水的垂直深度，是表征地表积雪量的重要指标。青藏高原近期雪水当量的变化具有显著的区域差异和季节差异（马丽娟和秦大河，2012；Smith and Bookhagen，2018；Wang Z et al.，2018）。就年平均雪水当量而言，1979~2016 年，青藏高原东部呈现出显著的增加趋势，而在青藏高原南部的喜马拉雅山脉地区则呈现出显著的减少趋势。从季节平均来看，春季青藏高原西部和南部地区呈微弱减少趋势，东部则以 1.51 毫米 /10 年的速率显著增加；夏季青藏高原东部积雪分布较少，南部和西部高海拔地区雪水当量分别以 0.94 毫米 /10 年和 0.4 毫米 /10 年的速率显著减少；秋季积雪变化状况与春季类似，呈东部增加、西部和南部减少的特征；冬季青藏高原大部分地区的雪水当量都呈现出增加趋势，其中东部和西部增速排前两位，达到 0.97 毫米 /10 年和 0.59 毫米 /10 年（Wang Z et al.，2018）。在更长时间尺度上（1957~2009 年），青藏高原区域平均的各季节雪水当量均表现出减少的趋势，其中夏季雪水当量减少的趋势最为显著，减少速率为 0.004 毫米 /10 年（马丽娟和秦大河，2012）。

3. 积雪范围

青藏高原年平均积雪覆盖面积在2000~2014年呈不显著的减少趋势，变化率为-3.89×10^4千米^2/10年（白淑英等，2014；杨志刚等，2017），且空间差异显著：青海南部至羌塘高原北部以及喜马拉雅山脉西南部地区积雪覆盖率呈较为明显的上升趋势，每10年的升幅在6%~20%，而喜马拉雅山东段、高原东南部和西北部地区却呈较明显的减少趋势，减幅为6%/10年~20%/10年。就季节而言，青藏高原平均积雪覆盖率在秋季呈微弱增加趋势，春季、夏季和冬季略有减少趋势，其中夏季减少趋势相对较明显。春季积雪覆盖率表现为增加趋势和减少趋势较明显的地区分别占青藏高原总面积的11.8%和17.3%，秋季则分别是18.7%和10.8%（杨志刚等，2017）。

内蒙古高原年平均积雪覆盖面积在2002~2017年呈微弱减少趋势，其中，东部地区积雪覆盖面积在春季增加，而冬季和秋季呈减少趋势，但都不显著（钟镇涛等，2018；姜康等，2019）。川滇生态屏障区积雪主要分布在青藏高原东部的横断山区。2001~2019年，总体上横断山区的年平均积雪覆盖率呈现不显著的减少趋势，变化率为-1.24%/10年。变化趋势季节差异明显，春季积雪覆盖率呈微弱的增加趋势，变化率为0.57%/10年，其他季节均表现为减少趋势，其中夏季和秋季变化最为明显，变化率分别为-1.2%/10年和-3.65%/10年（邹逸凡等，2021）。

4. 积雪日数和物候期

随着气候快速变暖，青藏高原积雪日数表现出显著的减少趋势。20世纪80年代以来，青藏高原区域平均积雪日数的减幅冬季最为明显，减少率为2.36天/10年，其次是春季（减少率为2.05天/10年），夏季最少（减少率为0.21天/10年）。空间分布上，除了柴达木盆地及其附近区域的年积雪日数出现了不显著的增加趋势之外，青藏高原约91.5%的气象站年积雪日数都呈减少趋势，其中，高原内陆中东部以及喜马拉雅山脉南麓等年积雪日数高值区域的减少趋势最为显著（除多等，2015；Xu et al.，2017）。基于微波遥感数据的研究显示，1980~2018 年青藏高原年累计积雪日数呈现出显著的减少趋势（减少率为 3.88 天 /10 年），并且减少速率逐渐加快，在近 10 年以 19.46 天 /10 年的速率迅速减少（Bian et al.，2020）。

近几十年来，青藏高原整体平均初雪日显著推迟，而平均终雪日则逐渐提前，导致积雪持续时间明显缩短。青藏高原积雪物候变化具有明显的海拔依赖性，在海拔 3000~4000 米高度上变化最为显著，初雪日和终雪日都以 2.0 天 /10 年的速度显著推迟和提前（Xu et al.，2017；Wang X et al.，2017）。遥感反演数据表明青藏高原初雪日在 1980~2018 年呈显著的推迟趋势，平均速率为 2.81 天 /10 年，且在近期推迟速率明显加快（Bian et al.，2020）。

1960~2015 年内蒙古东部地区平均积雪日数增加约 27 天，中部地区增加 7.4 天，西部地区减少 7.2 天（张峰等，2018）。初雪日和终雪日均有不同程度的推迟和提前（李晨昊等，2020），平均初雪日表现为东部地区推迟 1.2 天，中部地区推迟 5.8 天，西部地区提前 0.2 天；平均终雪日在东部地区提前 8.7 天，中部地区提前 5.8 天，西部地区提前 12.4 天（张峰等，2018）。横断山区南部，即云贵高原地区为年累计积雪日数小于 60 天的不稳定积雪区，积雪日数以 0.264 天 /10 年的速率缓慢增加，而北部高海拔山区的稳定积雪区的积雪日数以 0.263 天 /10 年的速率缓慢减少（邹逸凡等，2021）。

（四）河冰、湖冰变化

1. 河冰

在气候变暖背景下，河冰物候特征表现出封冻日期推迟、开河日期提前、封冻天数减少的趋势。黄河内蒙古段通常在 11 月下旬至 12 月中旬封河，3 月中旬开河，平均封冻天数约 95 天（朱钦博，2015）。近几十年，黄河内蒙古段河冰物候特征呈现出两段式的变化特征：1968~1987年，封河日期和开河日期都表现出推后的趋势，因而封冻期长度变化并不明显；1987年至今，封河日期推后，开河日期提前，封冻持续时间呈显著的缩短趋势（朱钦博，2015；牟献友等，2022）。青藏高原东北部八宝河年平均和年最大河冰面积在1999年以来均呈现出减少的趋势，可能是受到流域内气温升高的影响（Li H et al.，2020）。近年来，黄河流域河冰厚度呈现出变薄的趋势，例如，黄河内蒙古段各水文站实测最大河冰厚度在1987年之前为0.4~1米，之后各站最大冰厚均在0.55米左右（朱钦博，2015；冀鸿兰等，2020）。黄河源区的黄河沿站、吉迈站和玛曲站在1958~1987年最大冰厚的平均值分别为0.95米、0.58米和0.42米，近年来分别为0.66米、0.57米和0.3米（杜一衡等，2014）；黄河中游上段的万家寨水库自1998年建成以来，库区和库尾的冰厚分别变薄0.03米和0.13米（冀鸿兰等，2017）。

2. 湖冰

青藏高原湖冰物候变化具有较强的空间异质性，有13个湖泊开始冻结日期和完全冻结日期呈推迟趋势，7个湖泊则呈相反趋势，且开始冻结和完全冻结越迟的湖泊其开始消融日期和完全消融日期越呈提前趋势，反之亦然（Guo et al.，2018b）。2001~2017年，青藏高原内流区58个湖泊中有18个湖泊的封冻期呈增加趋势，平均速率为1.11天/年，其余40个湖泊的封冻期则以每年减少0.8天的速率缓慢缩短（Cai et al.，2019）。青藏高原东北、西北、西南和东南湖泊集中分布区的湖冰物候期及其变化差异明显，东北和西北地区湖泊封冻期分别以3.0天/年和1.0天/年的速率显著增加，而西南和东南地区的湖泊封冻期表现为减少趋势（减少速率分别为1.1天/年和2.0天/年）（Kropáček et al.，2013；Sun et al.，2023）。

青藏高原上大型湖泊的湖冰物候特征在近期发生了显著的变化。高原中部的色林错湖冰物候变化特征在2000~2020年表现为：湖冰开始冻结日期整体呈现推迟的趋势，速率约为 11.3 天/10 年；开始消融日期呈现为缓慢推迟的趋势，速率为 3.3 天/10 年，完全消融日期呈提前趋势，速率为 2 天/10 年，因而消融期整体上呈缩短趋势，速率为 5.3 天/10 年，湖冰冻结期也因此呈缩短的趋势，速率为 7.7 天/10 年；色林错湖冰存在期呈缩短趋势，速率为 13.5 天/10 年（邰雪楠等，2022）。纳木错湖冰物候在 2000~2013 年也发生了类似的变化：纳木错开始冻结日期延迟、开始消融日期提前，导致湖冰存在期显著缩短（2.8 天/年），湖冰冻结期增长，消融期快速缩短，平均每年缩短 3.1 天（勾鹏等，2015）。2000~2016 年，青海湖开始冻结日期变化趋势不明显，完全冻结日期呈先提前后推迟的波动趋势，开始消融日期变化则相反，呈先推迟后提前的波动趋势，完全消融日期显著提前。青海湖封冻期在 2000~2005 年和 2010~2016 年呈缩短趋势，但缩短速率慢于青藏高原腹地的湖泊（祁苗苗等，2018）。位于内蒙古高原的呼伦湖通常在每年 10 月底到 11 月初开始结冰，次年 4 月上旬开始消融，至 5 月初湖冰全部融化。1986~2017 年呼伦湖完全封冻期平均缩短 18.5 天，完全封冻时间平均推迟 8.4 天，湖冰完全消融日期平均提前了 11.2 天（吴其慧等，2019）。

四、陆地生态系统变化

理解屏障区生态系统和环境的变化情况及其物理机制对于维护区域内生态环境、保护我国整体生态安全具有重要意义。卫星反演和站点观测的植被指数、净初级生产力（net primary productivity，NPP）、沙尘频次等数据显示，我国"两屏三带"地区（即青藏高原生态屏障、黄土高原–川滇生态屏障、东北森林带、北方防沙带和南方丘陵山地带）的植被覆盖从 20 世纪 80 年代起至今总体呈现上升趋势，NPP 增加，沙尘频次减少，生态环境趋于改善。其中，黄土高原－川滇生态屏障区和北方防沙带在 2000 年以前表现为植被覆盖减少，NPP 有所降低，沙尘频次波动变化。2000 年以后，由于大规模开展退耕还林还草等生态修复工程，黄土高原、内蒙古高原的植被覆盖显著回升，NPP 增加，川滇生态屏障区的幼龄树占比提升，北方土地沙化问题得到明显遏制。这表明人类活动在我国"两屏三带"地区生态环境恢复中作用显著。同时，气候的暖湿化趋势，有利于高寒和干旱地区植被覆盖的增加，但气温和降水的变化影响土壤水和矿物质的变化，使得植被生物量在高寒地区和湿地地区有所减少，对生物多样性造成不利影响。此外，青藏高原高寒地区人类活动增加，对区域内生态环境造成不利影响，使得植被生长总体呈现退化状态。

（一）生态系统格局

"两屏三带"覆盖青藏高原高寒地区和我国干旱半干旱地区，处于东亚季风的北边缘。区域内自然植被覆盖率高，其中草地覆盖比例最大，其次为森林、荒漠和湿地。区域内植被覆盖和生物量对水热条件影响敏感，属于生态敏感区。

1. 草地

总体而言，20 世纪 80 年代至今，区域内草地覆盖度总体增加，青藏高原和我国北方草地面积增加，但也存在区域范围的退化现象。

青藏高原草地面积约占全国草地总面积的 32%，主要包含高寒草甸、高寒草原和温性荒漠草原。内蒙古天然草地面积约占全国草地面积的 25%，草地覆盖度总体由东北向西南逐渐递减，包括温带草甸草原、温带典型草原和温带荒漠草原。新疆草原区约占全国草原面积的 1/5，多属干旱荒漠草原。黄土高原处于华北季风区向西北干旱区的过渡地带，其草地面积约占黄土高原总面积的 24%，且主要分布在西部和北部。川滇

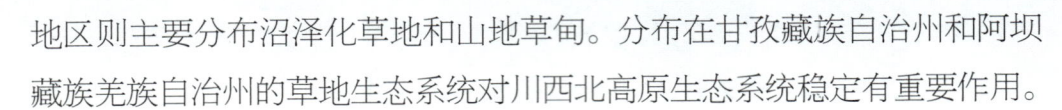

地区则主要分布沼泽化草地和山地草甸。分布在甘孜藏族自治州和阿坝藏族羌族自治州的草地生态系统对川西北高原生态系统稳定有重要作用。

19世纪八九十年代，青藏高原北部的草地覆盖度总体上升。2001~2017年，青海湖流域草地增幅高于其他类型植被，达6.1%/10年，但在青海湖东岸和西北部，存在阶段性的退化。2000年以来，新疆南部草地面积变化不大，但新疆伊犁河谷草地面积在2000~2016年减少显著，塔里木盆地南缘的林地和草地退化也需要引起关注。2001~2016年，内蒙古草地覆盖度总体上呈波动上升趋势，呼伦贝尔草原、毛乌素沙地和浑善达克沙地的草地覆盖有所增加，但在阴山山脉和锡林郭勒盟中部有退化现象。黄土高原草地覆盖度在2000年前后总体由下降转为上升，河套绿洲和秦岭部分地区草地面积在近年有向林地转化的趋势，但在以西安为代表的局部地区，草地覆盖度明显下降。21世纪初的10年间，四川和云南地区的草地覆盖度有上升趋势，但近年来，川西北高原草地生态系统退化情况严重。

2. 森林

根据全国第八次一类清查森林资源概况数据，西藏、青海、陕西、宁夏、内蒙古和新疆的森林覆盖率分别约占各省份面积的12.14%、5.82%、43.06%、12.63%、22.10%和4.87%，四川和云南的森林覆盖率分别约占各省面积的38.03%和55.04%。西藏、青海和新疆的森林覆盖率自20世纪末至21世纪初大幅跃升，西部生态屏障区所在各省份的森林覆盖率均稳步增加。

青藏高原森林主要位于地形复杂的藏东南横断山区，森林面积和蓄积量在21世纪初呈现双增态势。气候变暖背景下，青藏高原林线向更高海拔爬山0~80米。

20世纪90年代，黄土高原林地平均面积约为8.53万千米^2，较70~80年代增加了1.15万千米^2，2000年以来，约为12.35万千米^2，较

90年代增加了3.82万千米²。从省份来看，陕西增幅最大，青海增幅最小；从黄河各支流来看，延河流域增幅最大，渭河干流增幅最小（刘国彬等，2017）。

气候变暖背景下，川滇生态屏障区森林生态系统有向高海拔移动的趋势（胡君等，2021）。在降水增多的情况下，森林总面积增大，但是幼龄树占比较大，树龄结构较差，生态系统稳定性一般。在1000~3000米海拔区域，主要的植被类型是温带阔叶林和针阔混交林。3000米以上区域主要分布混交林和高山草甸（黄旭等，2010；吴胜义等，2022）。川滇地区属于林火发生高风险区域，且西部风险高于东部，需要引起关注（龙腾腾等，2021）。

3. 荒漠

"两屏三带"主要分布在我国从湿润区向干旱区的过渡带，这里分布着相当面积的荒漠地区，荒漠覆盖面积的变化与草地和稀疏植被区覆盖度的变化相对应。总体看来，20世纪后半叶，荒漠面积扩大，新疆绿洲与荒漠交错地带植被退化较为严重（张钛仁，2010；张华和陈蕾，2019）。21世纪开始，这种情况开始有所缓解。2010~2019年西北地区干旱区分界线比1980~1995年明显北移（祖力卡尔·海力力，2021）。黄河源区1975~2019年荒漠面积先增加而后减少，总体减少（朱刚等，2021）。

我国北方生态环境变化关系北方沙尘暴的发生频率和强度变化。20世纪50年代以来，中国北方防沙带的沙尘暴日数整体呈波动减少趋势，特别是春季减少显著（张莉和任国玉，2003）。21世纪以来，沙尘暴发生频次明显下降，但2013~2019年微弱增加，春季沙尘暴日数显著减少，但夏季沙尘暴日数在2010年后呈增加趋势（杨婕等，2021）。其空间格局也发生变化，北方地区沙尘暴的影响范围向塔克拉玛干沙漠南部地区收缩西移。河西走廊中部地区在1960~2012年的沙尘暴日数以11.75

天/10年的速率不断递减（刘洪兰等，2014）。从沙尘暴发生强度来看：虽然1983～2007年的沙尘暴强度呈下降趋势，但自2000年以来内蒙古中部、新疆南部和青海的沙尘暴仍表现活跃，强沙尘暴主要分布于新疆、甘肃、宁夏和内蒙古，且沙尘暴强度最大的地区为塔克拉玛干沙漠南部（Tan et al.，2014；杨舒畅等，2023；罗晓玲等，2021）。

4. 湿地

青藏高原和三江平原地区分布着大面积湿地，湿地生态系统对气候变化非常敏感，容易受到破坏且恢复困难。其中，青藏高原河流湿地面积约295.59万公顷，湖泊湿地面积约480.5万公顷，沼泽湿地面积约998.65万公顷，分别占中国（不含香港、澳门、台湾）总体相应类型面积的28.01%、55.91%和45.95%（国家林业和草原局，2022）。1970～2000年，青藏高原湿地总体以每年0.15%的速度减少，呈退化趋势，2000年以后开始缓解，局部出现逆转（陈发虎等，2021）。

川滇地区湿地生态系统主要分布于川西北高原，高海拔区域湿地由于温度升高显著、降水量少于蒸发，存在水位下降、湿地面积减少、生物多样性水平降低等问题（高彬嫔等，2021）。

5. 变化驱动机制

我国自20世纪末以来施行了大量的生态保护恢复工程，如1998年开始的天然林资源保护工程、1999年开始的退耕还林还草工程、2001年开始的"三北"防护林体系建设工程、2003年开始的退牧还草工程等，对2000年以后生态屏障区的生态恢复起到了至关重要的作用。同时，20世纪80年代至今，全球处于气候变化背景下，大气CO_2浓度升高，伴随而来的降水格局变化、大气氮沉降增加等因素，驱动生态格局缓慢变化。

青藏高原高寒地区升温幅度大于全球平均水平，使得区域内冰川融水有所增加，高寒草地作为青藏高原生态系统的主体，是欧亚板块最大的草地区域，其对气候变化以及放牧等人为干扰十分敏感。气候变暖背景下，高原东部和北部的植被覆盖有所增加，高寒草地面临着退化演替的形势（周华坤等，2012；张中华等，2018）。1980～2010年青藏高原草地覆盖的变化受人类活动影响十分显著，甚至能达到气候因素的两倍（Pan et al.，2017）。

黄土高原自2000年以来，草地和耕地面积减少而林地面积增加，主要归功于退耕还林还草工程的实施（刘国彬等，2017）。同时居民用地增加，未利用地减少，这也与持续多年的水土保持生态建设、社会经济快速发展和城镇化水平提高、人们对自然环境的干扰减少有关（李敏，2014；刘晓燕等，2015）。2000～2019年，黄土高原西部和北部气象干旱有所减缓，但东部和南部有加重趋势，高原植被覆盖的继续增长依然面临威胁（李明等，2020）。

川滇地区地形变化复杂多样，不同海拔区域的植被变化各有特点。低海拔区域主要植被类型包括温带落叶阔叶林、热带雨林和人工林，降水是低海拔区域植被活动的主要影响因素（Li P et al.，2020）。1000～3000米海拔区域，有着良好的水热条件，植被覆盖度增加。3000米以上高海拔区域，温度升高使得蒸散大于降水，干旱程度加剧，容易受到更加耐旱的灌木的入侵，致使高山草甸退化严重，生物量有所减少（黄旭等，2010）。同时，气候变暖使得鼠虫害频发，草地沙化严重，恢复较为困难（成平等，2009；干友民等，2009）。

北方地区砂质荒漠化土地在2000年以前的快速发展与升温、大风以及人类活动中的超载、过牧等要素有关，而2000年以后的逐步逆转与退牧还草、封山禁牧等生态修复政策密切相关（朱刚等，2021）。此外，我国北方沙尘暴的发生受气候变化和人为活动的共同影响。自然因素中大风是沙尘暴发生发展的根本驱动因子（Kurosaki and Mikami，2003；钟海玲等，2009）。21世纪初以来我国北方各类沙尘事件发生频率的降低，与塔克拉玛干沙漠地区的西风最大风速减小有关；而风速又与地表特征，如植被覆盖度、土壤含水率和土壤质地相关；气温和降水则会通过影响地表特征和气候变化，进而影响起沙的动力条件和起沙难度。近些年来，气候暖湿化使北方防沙带的植被长势整体呈现持续好转趋向，植物生长期延长，归一化植被指数（normalized difference vegetation index，NDVI）增加，与沙尘事件发生频率存在负相关性。北方防沙带处于干旱半干旱地带，对人为干扰十分敏感。20世纪人口增加和迁移带来的经济活动，如开垦耕地、过度放牧以及滥用水资源等，破坏了原有的植被覆盖，越发裸露和松散的地表会促进风蚀的过程。但是，近年来国家深入实施"三北"防护林、退耕还林还草、退牧还草、京津风沙源治理等重点工程，我国北方地区的生态状况明显得到改善，国土绿化成效显著。例如，2000~2009年北疆地区的10年降水量虽呈减少趋势，但人为良性因素促使土壤湿润指数仍上扬，区域生态环境趋势向好（付蓉，2013）。

（二）植被覆盖

总体而言，自1981年以来，青藏高原和我国北方植被覆盖整体趋于改善，局部退化，植被改善的面积大于退化面积，其变化受到气候条件和人类活动共同影响。目前不少研究指出，对于近几十年的植被覆盖增加、生态环境改善，人类活动的影响大于气候条件的作用（Zhu et al.，2016；Zheng et al.，2019；Xiao et al.，2015；Shi et al.，2021）。相比而言，人类活动对植被覆盖的影响是短期的，而气候变化的影响则是持续的。

1982~1999年气候变化（尤其是温度上升）有利于青藏高原地区草地植被生长，表现为生长季提前和生长季延长（杨元合和朴世龙，2006）。1981~2015年，NDVI整体仍然呈上升趋势，其中草地和农作物的面积增加，而乔木林和灌木林的面积趋于减少。高原地区植被的增长主要与人类活动和青藏高原暖湿化有关（陆晴等，2017；Zhang et al.，2017b；张江等，2020；张晓克和孟宏志，2021）。高原整体植被覆盖增加与气温关系密切（韩炳宏等，2019），但高原中等覆盖程度的植被对降水的响应更加敏感（丁佳等，2021；丁明军等，2010）。在高原人口及牲畜分布较为集中的地区，由于人类活动的负面干扰，这些地区的植被生长总体上处于退化状态（张江等，2020；柴立夫等，2021）。

2001~2017年，青海湖流域植被覆盖度总体增加，其中草地增幅最大，达到6.1%/10年，但在青海湖东岸和流域西北部也在不同时段出现退化现象。气候变暖是青海湖流域植被覆盖增加的主要原因，人类活动对植被恢复和退化均有影响，相比而言，冻土退化所带来的影响稍小一些（高黎明和张乐乐，2019）。

受地形和气候的影响，黄土高原植被覆盖度由东南向西北递减。主要植被类型为常绿针叶林、落叶阔叶林、灌丛、草地和耕地，其中草地所占面积最大，耕地次之。因全球气候变化和人类不合理的土地开发活动，水土流失严重，生态环境恶化等问题频发。为减缓水土流失，恢复植被覆盖度，中国于1999年开展退耕还林还草工程等一系列生态修复工程。黄土高原作为最早实施退耕还林还草的试点地区，对中国植被覆盖度的增加做出较大的贡献。1999~2010年，黄土高原累计造林1890.6千米^2（易浪等，2014）；截至2020年，植被覆盖率已经从1999年的31.6%增加至65%左右（Chen et al.，2023；Chen et al.，2024）。

黄土高原草地、耕地、林地生长季NDVI的变化趋势分别为0.011/10年、0.013/10年、0.014/10年（赵安周等，2017），总体NDVI的增长趋势为0.013/10年（Zhao et al.，2020）。植被覆盖增长率超过全国平均水平，其中，延安地区植被覆盖度的增加最为明显，共完成退耕还林还草面积71.83万公顷，植被覆盖率由46%上升至81.35%（李宗善等，2019）。从省份来看，陕西增幅最大，青海增幅最小；从黄河各支流来看，延河流域增幅最大，渭河干流增幅最小（刘国彬等，2017）。甘肃2000~2019年生长季NDVI显著增长区域主要位于陇中地区；除生态工程，夏季降水量变化对草地NDVI的增加有正向影响（何国兴等，2021）。

20世纪80年代至今，内蒙古高原植被总体呈绿化趋势（Li，2019），区域内NDVI呈上升和下降趋势的分别约占53.8%和7.3%（Meng et al.，2019；张韵婕等，2016；戴琳等，2014）。其中，植被覆盖增加的区域主要分布在内蒙古东南部，下降的区域主要分布在内蒙古东部及中部（Miao et al.，2021；周锡饮等，2014；Nendel et al.，2018）。内蒙古高原植被变化趋势在2000年前后是不同的：20世纪80年代至2000年前后，草原植被严重退化，导致生态系统生产力持续下降、生物多样性锐减，过度放牧被认为是造成草地退化、生物生产力和多样性降低的重要因素（Hao et al.，2014；包秀霞等，2010；Mu et al.，2013；董昱等，2019；杨晨晨等，2021；Miao et al.，2021）。此外，工矿用地增加也是内蒙古中部自然植被退化的原因之一。进入21世纪后，通过实施"退牧还草""退耕还林"等有效的生态修复工程，加上气候变暖的影响，退化草地得到了不同程度的恢复，三类草地（草甸草原、典型草原和荒漠草原）的平均生产力显著提高。与此同时，其他类型的植被NDVI也出现增加趋势，但一些区域性的退化现象仍需关注。

川滇生态屏障区自1970年以来植被覆盖主要表现为退化后的恢复，其中1980～2000年，川滇生态屏障区植被覆盖度下降明显（管磊等，2016），2000年之后，植被覆盖度有所恢复（徐庆等，2019）。不同高度的植被也有不同变化趋势，如2000年以来，四川地区中高植被覆盖度明显下降，而高植被覆盖度显著增大（彭文甫等，2019）。由于高低落差大，川滇生态屏障区不同海拔的生态系统受到气候因素的影响不尽相同。随着海拔和坡度的升高，植被覆盖度先增加后降低。川滇屏障区的北部和南部的植被覆盖度略低于中部，但植被稳定性较好，近些年变化较小。植被活动波动最大的区域是受地质因素影响的龙门山断裂带附近，植被覆盖度较低，且植被恢复困难。

（三）物候

变暖背景下，植被生长季开始时间（start of season，SOS）总体有所提前，而生长季结束时间（end of season，EOS）略有推迟，表明生长季总体有所延长，但物候变化在不同地区和不同海拔呈现出不同特征。

1982~2011 年 SOS 显著提前的区域包括青藏高原东部、四川西北部、陕西以及新疆塔克拉玛干沙漠周围零散区域，EOS 推迟的区域包括青藏高原东北部、南部和新疆北部（Piao et al.，2015；包刚等，2017；Bao et al.，2021）。2000 年前后的 15 年间，黄土高原区域 SOS 平均每年提前 0.9 天，EOS 平均每年推迟约 0.8 天（李强等，2016）。

生长季起始时间随空间和地形等要素的异质性有所区别，如 1982~2011 年，内蒙古高原约 51.6% 的区域 SOS 呈提前趋势，而 33.9% 的区域 SOS 呈推迟趋势；约 35.6% 的区域 EOS 呈推迟趋势，而 49.8% 的区域 EOS 提前；生长季长度 40.3% 的区域以缩短为主，44.8% 的区域以延长为主（包刚等，2017）。2001~2017 年，内蒙古高原 SOS 的提前速率为 0.04 天/年，其中，森林植被 SOS 提前趋势最显著（0.67 天/年）。从植被物候对气候变化的响应来看，春季温度的增高是 SOS 提前的主要因子，前一年秋冬的降水也对第二年植被返青有着重要的影响（姜康等，2019）；夜间地温和 9 月平均降水与植被 EOS 总体呈正相关关系，植被生长季长度与年平均降水量总体呈负相关关系（邵亚婷等，2021）。

（四）生产力

青藏高原地区植被 NPP 在过去 30 多年间呈显著增长趋势，空间上呈现从东南向西北递减的趋势。植被生产力在高原东部和西南部显著增加，而在高原北部海拔较高生态脆弱的地区、西藏"一江两河"以及三江源部分地区则表现为减小。

青藏高原植被生产力受气候的影响存在区域和年际差异，如2000~2015年在青藏高原东南部以及雅鲁藏布江流域中下游地区，NPP与降水显著相关；在藏南地区、横断山区北部、青藏高原北部，NPP与气温显著相关；青藏高原中部，NPP与降水和气温均存在显著相关关系。

青藏高原植被NPP的变化不仅受气候变化驱动，同时受人类活动，如放牧强度和人口数量影响。1982~2020年，高原草地NPP增加的主要驱动因子在2000年前可能主要为气候变化，2000年后除受高原暖湿化的影响外，也与人类活动密切相关（Chen et al.，2014；栗忠飞等，2022；刘杰等，2022）。气候变暖虽然会促进植被生产力的增加，但人为干扰，如放牧又会降低其对变暖的响应程度（Wang et al.，2012；王瑞泾等，2022）。

黄土高原植被的年均NPP在1982~2010年约为290.07克碳/米^2（Liang et al.，2015），在1986~2015年以0.137太克/年（太表示10^{12}）的速率增加（Jiang et al.，2019）。

2000~2020年北方农牧交错区植被整体向好。NPP由2000年的502.6克碳/米^{2}增加到2020年的789.6克碳/米^2，增幅达到57.1%。年降水量增加和生态保护措施是促进该区域生态功能提高的主要因素（王丽霞等，2021）。

（五）碳汇功能

有研究表明，气候变暖会使青藏高原部分地区植物生物量减少：在变暖前期，气温升高通过影响土壤水分和土壤矿化氮的变化引起高寒草甸系统的净碳固定增加；而在连续变暖16年的后期，高寒灌丛群落生物量有所增加，但草甸群落生物量则减少（赵艳艳等，2015）。

黄土高原植被恢复后，尤其是近20年，NPP的增加极大地增加了碳储量（Yang Y et al.，2018a，2019a），区域累计固碳量约为960万吨（Wang et al.，2010；Feng et al.，2013），其中1985～2019年碳储量净增约5225.51万吨（吕文宝等，2024），实现了从碳源向碳汇的转化，表明退耕还林还草工程实施带来了积极影响。

在气候变暖背景下，我国西南地区碳储量也有升高趋势，该变化的主要贡献来自人工林和幼龄林的增多。

总体看来，"两屏三带"地区水热条件向好，植被覆盖增加，生物量存储提升。其中，黄土高原和北方防沙带受大规模生态恢复工程的影响，在2000年前后生态环境恢复显著。青藏高原和川滇地区的高海拔区域受温度上升的影响出现植被覆盖、生物量增加的现象。高海拔区域人类活动对生态系统产生的负面影响，需要引起关注。除此之外，生态恢复工程实施区域植被年龄构成不同于自然植被区域，其后续影响也应得到进一步研究。

第二节 中国西部生态屏障区未来气候变化影响、风险及应对

一、气候及极端气候未来变化风险

（一）未来气温变化预估

不同模式在不同排放情景的预估均表明2021～2040年中国西部生态屏障区升温明显，全球和不同区域模式有较好的一致性，但变化的具体数值和空间分布存在一定差异（Wang and Chen，2014；徐影等，2017；周波涛等，2020）。CMIP6的13个模式在SSP1-2.6、SSP2-4.5

和 SSP5-8.5 共享社会经济情景下的预估表明，与 1986~2005 年相比，2021~2040 年中国西部生态屏障区升温明显，多模式集合预估 1.5℃和 2℃升温阈值时，气温相对于工业革命前的空间变化分布表现出高一致性的显著升温，幅度总体上随纬度的增加而增加，即高纬度地区的升温幅度普遍高于低纬度地区，其中青藏高原地区、新疆北部地区升温较为明显。2℃升温阈值下未来气温升高幅度均高于 1.5℃升温阈值。全球同一升温阈值下，升温幅度随着情景的增强而增加（Lang and Sui，2013；秦大河和翟盘茂，2021；庄园煌等，2021）。

CMIP5 耦合气候模式模拟结果表明，RCP2.6、RCP4.5、RCP8.5 三种排放情景下，1.5℃升温阈值时（2029 年、2028 年和 2025 年），年平均气温的升高表现为从南到北增强，主要表现为高纬度和高海拔地区升温幅度较大，青藏高原的异常高值通常被认为与冰雪反照率有关（姜大膀等，2012）；季节尺度上平均气温变化的空间分布与年平均气温的空间分布类似，并且冬季平均气温较其他季节升幅最大、趋势最明显。同时，RCP 情景排放浓度越高，气温变化幅度越大（Chen et al.，2014；杨绚等，2014；胡芩等，2015；程雪蓉等，2016）。夏季在 1.5℃升温阈值时，三种排放情景预估的西北地区升温幅度超过 1.4℃，黄土高原和青藏高原西部升温幅度超过 1.2℃，青藏高原东部升温幅度超过 1.0℃，而西南部地区升温幅度则只有 0.8℃。RCP8.5 情景下，2℃升温阈值时 2040 年中国西部生态屏障区年平均气温的空间分布与 1.5℃时类似，但其升温幅度明显增大，且青藏高原地区冬季的升温幅度明显大于年平均，青藏高原南部地区升温幅度甚至超过 2.3℃（Zhou T et al.，2018；周梦子等，2019）。

RegCM3 区域模式对气温预估结果表明（王恺曦等，2020；张冬峰和高学杰，2020），在全球变暖背景下，未来新疆区域均呈现出一致的升温趋势，但北疆和南疆昆仑山地区升温幅度明显高于天山、塔里木盆地等地区。在RCP4.5情景下，21世纪近期（2021～2040年）新疆区域的年平均气温相对当前气候约上升1.3℃，在RCP8.5情景下，年平均气温约上升1.5℃。从季节来看，在RCP4.5情景下，到2040年，新疆地区夏季平均气温相对当前气候约上升1.4℃，冬季平均气温上升1.3℃；在RCP8.5情景下夏季平均气温约上升1.5℃，冬季平均气温上升1.6℃。21世纪近期，新疆区域的年平均气温升高幅度对排放情景的依赖性不大（新疆区域气候变化评估报告编写委员会，2021；王政琪等，2021）。区域天气研究与预报模式（Weather Research and Forecasting Model，WRF）对我国西部干旱区（贺兰山以西、昆仑山系以北）的未来预估结果显示，2040年以后西部干旱区将持续变暖。空间分布上，年平均气温变化的主要特征是新疆南部升温高于北部，山区升温高于盆地。而温度季节变化特征并不一致，夏季干旱区升温主要集中在山区，而冬季升温则更多集中在盆地。因此，21世纪的气温变化可能导致西部干旱区盆地气温年较差减小，而山区的气温年较差增大（于恩涛等，2015）。

高分辨率全球降尺度预估逐日数据集（NEX-GDDP）对21世纪青藏高原平均气温变化的预估结果表明，未来青藏高原地区平均气温将升高，升温幅度随排放情景升高而增加，且升温速率超过全球平均。与当前气候相比，NEX-GDDP多模式在RCP8.5排放情景下预估的青藏高原地区近期（2020～2039年）年平均温升为1.69℃，升温中心位于高原西部，冬、春季节升温最强且模式间不确定性最大（周天军等，2020a）。

RegCM4模式预估指出，贵州在2018～2040年的年平均气温、年平均最高气温和年平均最低气温相对于基准期均是偏高的，2018～2040年的偏暖幅度在0.6～1.3℃，越到后期，偏暖幅度越大，且空间差异不大（张娇艳等，2018）。

（二）未来降水变化预估

21世纪近期，中国西南部地区降水普遍呈减少趋势，而中国西部大部分地区降水显著增加。16个CMIP6多模式集合模拟的未来三个不同情景（SSP2-4.5、SSP3-7.0和SSP5-8.5）下，在1.5℃和2℃升温阈值时降水相对于工业革命前变化的空间分布具有较高相似性，均表现出明显的空间差异性，西南部地区降水普遍减少，西部大部分地区降水显著增加。与1.5℃相比，2℃升温阈值时中国西部大部分地区的降水增加幅度更大，表现出"越来越湿"的趋势（秦大河和翟盘茂，2021；庄园煌等，2021）。

CMIP5耦合气候模式模拟结果也表明，RCP2.6、RCP4.5、RCP8.5三种情景下，1.5℃升温阈值时（2029年、2028年和2025年）中国西部地区年平均降水变化存在显著区域差异。降水减少的区域主要是青藏高原南部以及西南的其他地区，降水增加的高值区主要为冬季西北大部分地区以及春季西北中部（15%以上），目前该区正在经历的暖湿化过程在不久的将来仍将持续；季节尺度上降水变化的空间分布与年平均降水变化的空间分布类似，其中，冬季变幅最大，春季次之（陈活泼等，2012；陈晓龙和周天军，2017；Zhou T et al.，2018；王晓欣等，2019）。RCP8.5情景下，在1.5℃升温阈值时，到2025年，四川盆地、黄土高原、秦岭、青藏高原南部和云南大部降水减少0%~5%。降水在内蒙古以及约100°E以西局部增幅在5%以内，高值中心出现在西北中部，降水增幅达到10%~14.3%（胡婷等，2017）。

CMIP6的五个模式预估结果（Qin et al.，2021）显示，在所有排放情景下，中国西北地区在2060年前年平均降水量均将增加，增加趋势分别为：1.6%/10年（SSP1-1.9）、3.2%/10年（SSP1-2.6）、4.3%/10年（SSP2-4.5）、5.1%/10年（SSP3-7.0）、0.52%/10年（SSP4-3.4）、0.96%/10年（SSP4-6.0）和2.7%/10年（SSP5-8.5）。其中，新疆降水增量南部大

于北部、山区高于盆地。新疆冬季增幅最大，其次是春季，其中塔里木盆地南部山区在春季增幅较大。天山夏季降水减少，昆仑山北缘夏季降水明显增多（Qin et al., 2021）。

另外，RegCM3 区域模式预估结果表明新疆地区年平均降水的未来变化有明显的区域差异（杨绚等，2014）。RCP4.5 情景下，在 21 世纪近期（2021~2040 年），虽然年平均降水在整个新疆区域均呈现出一致增加趋势，但新疆东部、塔里木盆地以及北部部分地区年平均降水的增加幅度相对较大，而天山和新疆南部的昆仑山地区年平均降水增加幅度相对较小。总的来说，RCP4.5 情景下，在 21 世纪近期新疆地区的年平均降水相对当前气候增加了约 5%。RCP8.5 情景下的增加幅度大于 RCP4.5 情景，年平均降水增加了 6%（新疆区域气候变化评估报告编写委员会，2021；王政琪等，2021）。新疆地区未来降水变化也存在明显的季节差异（程雪蓉等，2016）。预估结果表明，未来（2021~2040 年）冬季降水增加明显，而夏季降水变化趋势并不明显（王晓欣等，2019）。

高分辨率全球降尺度预估逐日数据集（NEX-GDDP）对 21 世纪青藏高原平均降水变化预估表明，高原地区平均降水量增加。辐射强迫情景越高，降水量增加越多，且不同排放情景下降水变化的差异随时间而增大。在 RCP8.5 情景下，预估的青藏高原地区近期（2020~2039 年）年平均降水量增加约 0.14 毫米/天（相对于 1986~2005 年）。空间分布上，就绝对值而言，高原南部降水量的增加较北部明显。季节分布上，降水量增加在夏季最强（周天军等，2020a）。

RegCM4 模式预估未来 2018~2040 年贵州年平均降水量表明，21 世纪第 I 阶段（2018~2028 年）相对于基准期年平均降水全省大部地区均是偏少的，偏少幅度在 8.5% 以内，其中，贵州北部地区偏少幅度最大。21 世纪第 II 阶段（2029~2040 年）相对于基准期贵州中西部降水偏少、东部降水偏多，变化幅度基本上在 7% 以内（张娇艳等，2018）。

应用区域气候模式 PRECIS 在 RCP4.5 和 RCP8.5 情景下对 2050 年中国气候的预估结果表明，中国西南部连续多雨日数将增加到 30 多天。同时，在 RCP4.5 和 RCP8.5 情景下，青藏高原地区的连续多雨日数将逐渐增加。特别是在 RCP8.5 情景下，青藏高原将经历超过 30 天的连续多雨（Zhu et al.，2018；Meng et al.，2021）。

（三）极端气温未来变化及风险

21 世纪近期中国西部生态屏障区极端气温基本表现为一致性变化，极端暖事件增加 [主要的极端气温指数包括暖夜日数（warm nights，TN90p）、暖昼日数（warm days，TX90p）、热夜日数（tropical nights，TR20）]，而极端冷事件减少 [主要的极端气温指数包括霜冻日数（frost days，FD0）、冷夜日数（cold nights，TN10p）、冷昼日数（cold days，TX10p）]（Yao Y et al.，2012；Yang S et al.，2014；Yang Y et al.，2018a；Li L et al.，2019）。在不同排放情景下，极端温度事件空间分布变化基本一致，但变化幅度随着温室气体排放强度增大而增加。

在不同升温阈值情形下，多数模式集合预估的中国西部生态屏障区及各个分区平均的日最高气温的最大值（maximum daily maximum temperature，TXx）、日最高气温的最小值（minimum daily maximum temperature，TXn）、日最低气温的最大值（maximum daily minimum temperature，TNx）、日最低气温的最小值（minimum daily minimum temperature，TNn）均表现为增加趋势，且随着全球平均气温的升高，这些指数的增加幅度也增大。各分区 TXn 和 TNn 的差异高于 TXx 和 TNx，且在较高升温阈值情形下，差异更大。未来不同升温阈值昼夜温差（diurnal temperature range，DTR）略微减小，但不显著，各分区的差异也较为明显。其中，北方和青藏高原地区最低气温的升高幅度略大于最高气温的升高幅度，因此 DTR 呈减小趋势，减小幅度的不确定性随升温阈值的升高而增大（陈晓晨等，2015）。

在 RCP2.6、RCP4.5 和 RCP8.5 三种不同排放情景下，21 世纪近期新疆区域年高温日数均呈明显增加趋势，增加趋势随着排放情景加剧而增大；在空间范围上，高温日数覆盖区域随着时间推移逐渐扩大。未来高温高发区主要在新疆东部盆地、天山北坡城市群、塔里木盆地北侧沿天山区域、南疆西南部的喀什及周边区域。未来新疆发生高温灾害的风险逐渐增大，高温灾害高风险区主要分布在天山北坡城市群一带、天山北坡库尔勒及周边、南疆西部喀什至和田一带。随着近期至远期，围绕以上主要风险区，较高风险区和高风险区的范围进一步扩大（新疆区域气候变化评估报告编写委员会，2021）。

（四）极端降水未来变化及风险

未来极端降水呈增加趋势，但空间差异性较大，各模式的预估存在较大的不确定性。模式预估发现各地区极端降水指数中雨日数（heavy precipitation days，R10mm）和大雨日数（very heavy precipitation days，R20mm）都呈增加趋势，其中，西南地区增幅最大，西北地区增幅最小，且各模式的不确定性也较大，如在西南地区 R10mm 的不确定性范围在 12 天。针对表征干旱的连续无雨日数（consecutive dry days，CDD），在未来不同升温阈值下，中国西部生态屏障区均有所减少，其中西北地区减幅最大，集合预估发现在 RCP8.5 情景下当全球升温达 4℃时，CDD 减少可达 8.5 天，而在青藏高原和西南地区不确定性最大（陈晓晨等，2015）。

未来降水极端性在增强，不仅极端降水的量级（日最大降水量、连续五日最大降水量）明显增加，极端降水总量（强降水量、极端降水量）也明显增加。极端降水在西部各区域均为增加趋势，且增幅随升温阈值的升高而增大。分区来看，西南地区降水极端性增幅最大，而西北地区增幅最小。升温阈值在4℃时，西南极端降水量相对参考时段增加116.5毫米，是西北地区增幅的6倍（陈晓晨等，2015）。但不确定性较大，且这种不确定性随升温阈值的升高而增大（Sillmann et al.，2013；Yao et al.，2021）。同样的升温阈值下，西南地区极端降水预估的增幅显著高于其他地区，其不确定范围也高于其他西部地区。在西北干旱地区，降水量级较小，其极端降水变化的绝对值和信号较弱，CMIP5模式预估结果相对一致（陈晓晨等，2015；Yao et al.，2021）。需要强调的是，尽管模式对未来极端降水变化的定量预估存在较大的不确定性，但模式对西北及分区预估结果有较好的一致性，即中国西部生态屏障区极端降水强度在未来依然明显增加，其带来的暴雨山洪和衍生地质灾害风险也逐渐增加（秦大河和翟盘茂，2021）。

在RCP2.6、RCP4.5和RCP8.5排放情景下，新疆21世纪近期强降水事件明显增加，且随着排放情景增大而逐渐增加。在中等排放情景下，中期极端降水的增加趋势明显大于近期和远期；近期未来强降水主要发生在天山山区、新疆北部、新疆东部山区和南疆西部山区。未来暴雨日数和暴雨量均呈增加趋势，中等排放情景下，近期极端降水的增加趋势明显强于中期和远期，暴雨主要集中在新疆北部沿天山一带、南疆西部山区和阿克苏地区、塔里木盆地西南缘等地。CMIP6模式对新疆极端降水预估也得到类似的结果（Guan et al.，2022）。未来新疆发生暴雨引起山洪灾害的风险逐渐增强，暴雨山洪灾害高风险区主要分布在新疆北部沿天山一带、伊犁河谷和南疆西部山区。与近期相比，中期和远期南疆西部山区暴雨山洪灾害风险减弱，而其他区域的高风险范围进一步扩大（新疆区域气候变化评估报告编写委员会，2021）。

伴随全球持续变暖，西部高山区域高山积雪、冰川融化，地表径流增加，土壤储水量增多。全球升温2.0℃时，西北干旱沙漠地区干旱事件的强度有所减弱（Liu W et al.，2018；Su et al.，2018）。如果全球升温持续，西北高寒区域高山积雪、冰川容量大幅减少，它们对地表径流和土壤储水量的补充也持续减弱，发生干旱的风险会逐渐提高（Yao et al.，2019）。

（五）干旱未来预估变化及风险

在 RCP4.5 情景下，21 世纪初期中国西部生态屏障区短期和长期干旱发生次数增加，中国干旱区和半干旱区面积增加。西北地区干旱化趋势最为明显，且短期和长期干旱发生次数增加幅度最大，未来干旱化的发生时间也较其他地区早；在中国西南地区未来或有变湿倾向，但幅度较小。21 世纪初期，在 SSP5-8.5 情景下中国西北地区有显著变干趋势，干旱发生频次较少的区域具有干旱事件持续时间更长的特征，但在 SSP1-2.6 情景下西北地区干旱无明显的变化趋势。CMIP5 模式预估的干燥度结果显示，新疆西北部干旱加剧，而东南部干旱缓解，且主要发生在夏半年；未来新疆是中国干旱事件发生频次和强度增加最为明显的地区之一；21 世纪初期，在高（极高）排放情景下，新疆干旱事件的强度明显增强。在气候变暖背景下，新疆未来降水增多，但伴随气温升高，蒸发需求增强，新疆未来干旱事件频率将增加、强度将增强。21 世纪内蒙古地区干旱指数下降幅度增大，干旱化程度加重；随着温室气体排放浓度的增大，干旱发生频率及等级逐渐增加，且干旱增加趋势和干旱发生频率在内蒙古西部大于东部。21 世纪上半叶（2019～2040 年），云南地区标准化降水蒸散指数（standardized precipitation evapotranspiration index，SPEI）反映的干湿状况呈下降幅度，且随着共享社会经济浓度的增大，干旱幅度有所增大；在 SSP2-4.5 和 SSP5-8.5 情景下，云南地区 SPEI 将分别以 0.639/10 年和 0.764/10 年的速率显著减小，这意味着云南地区未来干旱程度显著增加。

二、陆地水资源未来变化

中国西部地区未来水资源的变化直接影响社会经济发展和水资源利用管理。根据IPCC AR6最新报告，人为排放的CO_2和其他温室气体引起全球升温及极端降水的增加，同时影响全球水循环及水资源分布。我国西部遍布积雪、冰川及湖泊，是长江、黄河、澜沧江—湄公河、雅鲁藏布江—布拉马普特拉河等众多大江大河的发源地，对气候变化十分敏感。而水问题是制约西部发展的关键性因素（夏军等，2003；陈亚宁等，2012；王玉洁和秦大河，2017），本节着重论述我国西部地区地表水资源及地下水资源对未来气候变化的响应。

（一）我国西部地区地表水资源未来变化

在全球气候变暖的背景下，观测资料显示我国西部地区干湿变化具有区域性特征。其中，青藏高原及西北地区呈现暖湿化趋势（Yang K et al.，2011，2018；Cuo et al.，2013；Gao et al.，2015；李明等，2021），而近几十年来西南地区干旱加剧（姚玉璧等，2014），黄土高原呈现暖干化趋势（张强等，2013；黄建平等，2020；马柱国等，2020）。对于水资源而言，青藏高原地区径流呈现上升趋势（张建云等，2019），西北地区径流下降（Wang and Qin，2017），黄土高原地区径流减少、极端水文事件增加。我国西部地区地表径流、极端水文事件对气候变化的响应十分敏感，因此未来气候变化对地表水资源及极端水文事件的影响及评估，需引起重点关注。

青藏高原是我国及亚洲众多河流的发源地，也是我国水资源安全的战略基地。青藏高原的变暖放大效应增加了其对气候变化的敏感性。自20世纪60年代以来，青藏高原降水量整体呈现增加趋势，主要集中于中部及北部地区（Li et al.，2010；Wang X et al.，2014）。受降水影响，青藏高原中部、北部地区地表水资源量也呈现上升的趋势（Yang K et al.，2014；周思儒和信忠保，2022），而南部及东部地区受到升温影响，蒸散发增加、径流减少（Yang K et al.，2014）。三江源地处青藏高原腹地，径流变化呈现出区域性差异（孟宪红等，2020）。其中，黄河源区径流呈下降趋势，通过检测归因分析，发现径流变化主要由自然气候变化引起（Ji and Yuan，2018）。年代际预测结果显示，青藏高原地区2020~2027年相较于1986~2005年降水将增加约12.8%（Hu et al.，2022）。同样，基于CMIP5多模式对青藏高原气温及降水的预估结果表明，随着CO_2排放的增加，青藏高原地区的气温及降水均呈增加趋势，并显著高于中国及全球的平均水平（游庆龙等，2021）。Ji等（2020）利用高分辨率陆面水文模型预估了不同升温情景下三江源区极端径流变化，发现未来升温1.5℃情景下黄河源极端干径流增加，而长江源极端湿径流增加，当升温2℃时极端干/湿径流频次均显著增加。青藏高原地区的积雪及冰川融雪径流对温度、降水变化十分敏感（姚檀栋和姚治君，2010），但未来气候变化情景下融雪径流变化的结论仍不尽相同（Immerzeel et al.，2010；Lutz et al.，2014；Su et al.，2016；Tian et al.，2020）。Immerzeel等（2010）基于融雪径流模型对青藏高原地区的未来水资源进行了预估，发现与2000~2007年相比，到21世纪中叶黄河源年径流量将增加，而其余受冰川径流影响较大的区域年径流量均会有所下降。Lutz等（2014）发现到21世纪中叶由于降水增加及冰川融水的补给，青藏高原地区的径流量也将持续增加（Lutz et al.，2014；Su et al.，2016）。但黄河源近期气候变化预估结果表明，尽管降水将增加，但随着升温引起的蒸散发加剧，径流呈现下降趋势（Hu et al.，2022），因此未来黄河源的水资源形势不容乐观（蓝永超等，2005）。在全球变暖背景下，冰川将持续消退，融雪径流会有所减少，部分河流流量会出现由增转减的"拐点"，青藏高原作为"亚洲水塔"存在失衡倾向，严重威胁下游供水安全（张建云等，

2019；Nie et al.，2021）。但由于目前气候模式对融雪径流等物理过程刻画能力不足、气候变化预估难度大，青藏高原地区径流的未来预估仍存在较大不确定性。

黄土高原是我国重要的粮食、能源基地，同时也是水资源严重匮乏地区。近几十年来受到降水减少及升温的影响，黄河流域的径流量也显著下降（Li H et al.，2020b；宁怡楠等，2021），甚至在黄河中游及下游地区频繁出现断流现象（张建云等，2009）。在气候、植被变化及灌溉等方面水资源管理措施的共同影响下，极端水文干旱事件频率及强度均加剧（Yuan et al.，2017；Omer et al.，2020；Wang F et al.，2020）。在2000年之前气候变化主导黄河中上游区域的径流下降（Tang et al.，2008），而2000年之后由于生态恢复工程的实施，植被长势变好对蒸散发及径流的影响作用增加（Gong et al.，2017；Bao et al.，2019；Li H et al.，2020b；Omer et al.，2020）。研究发现，在21世纪黄河流域温度及降水将会增加，蒸散发也会有所增加，并且未来径流量将呈现上升趋势（Zhang et al.，2017a；Yuan and Zhu，2018；Jiao and Yuan，2019）。尽管未来30年黄河流域中等干旱有所缓解，但极端干旱事件愈发频繁（Ma et al.，2019），并在无定河流域未来干旱强度将增加超1倍之多（Jiao and Yuan，2019）。

气象术语中的西北地区所包括的新疆、内蒙古、甘肃大部分地区和青海是我国缺水最严重的地区，其水资源脆弱性显著高于南方及东部地区（Qin et al.，2020）。自1961年以来西北地区呈现暖湿化（Wang and Qin，2017；李明等，2021），由于降水增加和冰川加速萎缩，黑河、疏勒河和塔里木河径流量增加，而东部石羊河径流量减少（王玉洁和秦大河，2017；张建云等，2020；Qin et al.，2020）。尽管近年来我国西北地区有暖湿化趋势，但其水资源压力仍然很高。在RCP2.6和RCP4.5情景下西北地区的温度先升高后降低，降水在西北西部地区呈增加趋势，而在东部呈减少趋势；而在 RCP8.5 情景下，西北地区温度及降水均将持续增加（Ding et al.，2007；Wang Y et al.，2017；Pan et al.，2020；李明等，2021）。山区降水和冰雪融水是我国西北地区河川径流的主要补给源。与历史时期不同，受升温及降水增加的影响，西部大部分地区未来径流量将增加（李明等，2021）。未来河西走廊地区的平水期及枯水期径流量将会增加，而丰水期径流量不会出现明显变化，并且极端径流（丰/枯）均将加剧（Zhang et al.，2015）。在 2011~2100 年石羊河流域的月径流量也将普遍增加（Wang et al.，2011）。尽管未来西北地区径流量有所增加，但仅满足于升温引起灌溉需水的增加，尚不能满足未来的工业及生态需水，因此，西北地区水资源短缺问题将加剧（Guo and Shen，2016）。到 2030~2050 年，柴达木盆地、青海湖盆地、内蒙古及昆仑山北部的水资源脆弱性较低，而尽管降水增加，但河西走廊及吐哈盆地水资源脆弱性仍较严重（Wan et al.，2015），因而有必要采取适应性措施以应对水资源短缺问题（Huang et al.，2021）。

我国西南地区包含喀斯特地区，其生态环境脆弱，对气候变化的抵抗力较差。近年来由于气候变暖，加之降水量显著下降，云南、贵州、四川等省出现长期干旱（姚玉璧等，2014；韩兰英等，2014），流经该区域的沱江及嘉陵江地表径流也在减少（苏布达等，2020；张建云等，2020）。在未来气候变化情景下由于极端降水增多，西南地区洪水风险将增加（Li J et al.，2016；Xiao et al.，2018）。在 RCP4.5 排放情景下，西南地区持续性干湿事件变化具有区域性特征，其东南部增加，而川西高原显著减少（胡祖恒等，2020）。在高（极高）排放情景下，西南地区未来干旱更加频繁，历时更长（Huang et al.，2018）。

（二）我国西部地区地下水资源未来变化

我国西部地区涉及多种复杂下垫面，包括西南岩溶地区、青藏高原、西北沙漠及黄土高原地区，涉及大气水、地表水、土壤水及地下水复杂的转化过程。土壤水及地下水资源量直接关系生态环境及水资源安全，地下水不仅受到温度、降水补给的影响，还与下垫面特征（如海拔、气候、土壤性质等）、植被生长状况及人类活动息息相关。未来陆地水储量的变化将主要受到气候变化的影响，而非人为用水的影响，并且气候变化引起陆地水储量下降，也会导致我国西部陆地干旱加剧（Pokhrel et al.，2021）。

青藏高原大部分地区土壤湿度主要受到降水的影响，1948～1970年土壤水分有明显的下降趋势，1970～2010年土壤水分整体呈持续增加的态势。而未来升温情况对土壤水分变化的影响加强，在RCP2.6、RCP4.5及RCP8.5不同气候情景下，青藏高原土壤水分均呈下降趋势，并且在高（极高）排放情景下土壤水分下降最为明显（范科科等，2019）。我国重要流域的陆地水储量变化主要受地下水变率的调节（Lü et al.，2021），其中，GRACE卫星资料显示2003～2012年青藏高原北部地区陆地水储量呈上升趋势，主要受地下水增加的影响（Jiao et al.，2015），而南部西藏大部分地区地下水资源量呈显著下降趋势（周思儒和信忠保，2022）。研究指出，在不同升温水平下，三江源地区陆地水储量均呈现微弱下降趋势，这可能是蒸发增加抵消掉了降水的增加，使得陆地水储量得不到有效补给导致的（Ji et al.，2020）。

黄河流域人类活动较为频繁，其陆地水储量的变化主要受地下水开采、灌溉等人类活动的干扰影响。GRACE卫星观测资料显示，黄河流域中下游地区陆地水储量呈下降趋势，主要由蒸散发增加主导（Lü et al.，2019），这与植被恢复工程和灌溉活动密切相关（Jing et al.，2019）。在考虑未来植被变化及人为用水的基础上，预测在2021～2050年黄河流域土壤将会变干，并且农业干旱将加剧。近年来，尽管西北地区呈现暖湿化趋势，其土壤湿度有所增加，而陆地水储量整体呈现下降趋势（徐子君等，2018；Lü et al.，2021）。西北地区陆地水储量的变化存在明显的空间差异，其中，北部地区由于降水减少及灌溉活动引起水储量下降（吴彬等，2021；Guo et al.，2018a），而南部地区水储量增加（如塔里木河流域；Yang et al.，2015）。在未来气候变化影响下，尽管降水和温度均增加，黑河中游地区的陆地水储量仍呈现不断减少趋势（吴斌等，2019）。刘珂和姜大膀（2015）指出，在RCP4.5情景下西北地区土壤湿度下降，而西南地区则为弱的变湿，呈现出"湿的地方越湿，干的地方越干"的趋势。然而，Fan等（2021b）发现，在未来气候情景中，西北干旱地区变湿，而西南地区有变干趋势，与之前的结论相反，因此目前土壤湿度未来的趋势变化仍存在较大不确定性。

由于近年来西南地区干旱加剧，陆地水储量呈下降趋势（孟莹等，2021）。而21世纪西南地区土壤水年际变率增加，因而西南地区的旱涝风险也持续增加（Leng et al.，2015）。在RCP4.5情境下，西南地区未来30年的干湿变化仍存在较大不确定性（刘珂和姜大膀，2015）。Chen和Yuan（2021）基于CMIP6的预估结果表明，在1.5℃、2℃及3℃不同升温阈值下，西南地区土壤干旱增加。

年际乃至年代际尺度水文预测可以使未来更好应对气候变化对我国西部水资源带来的风险，但相关研究仍处于初步探索阶段。Yuan和Zhu（2018）指出水文可预报性来源于初始条件和外强迫两方面，并基于通用陆面模式（community land model，CLM）对陆地水储量年代际可预报性进行了一定探索，发现在我国西北地区依赖初始条件记忆能力的陆地水储量在1~4年仍存在一定的可预报性，增加该区域陆地水储量观测、改善资料同化和模式初始化方案是提高该区域陆地水储量1~4年预测技巧最为有效的方法（Zhu et al.，2019a）。Liu X等（2021）指出在不同升温情景下，我国西部地区表层土壤的降水储存能力有不同程度的增加。表层土壤储水能力的变化将会影响未来区域水文气候可预报性和应对水文极端事件的能力。

全球气候模式和水文模式是预测未来气候水文变化趋势的主要工具，而现有的模式分辨率较低且其中的一些物理过程不够完善，不能很好地刻画我国西部地区陡峭地形和复杂下垫面条件下的气候水文特征，因而对西部区域的模拟能力较低，这严重制约了西部地区气候变化应对和可持续发展战略的实施，也造成西部地区气候预估不确定性较大。为此，亟须进一步加强西部地区气候变化模拟和预测体系建设，发展和完善先进的西部地区气候变化模拟和预测预估系统。

三、中国西部冰冻圈未来变化

（一）冰川变化

对于全球不同区域的冰川变化，国际上趋向于用同一流程开展类似于业务化的研究和评估。IPCC AR6 对冰川变化的评估采用了伦道夫冰川编目（Randolph Glacier Inventory，RGI）6.0 版本提供的最新冰川分布数据；基于 5 个数值模型对全球冰川厚度分布进行了估算，并用全球范围冰川厚度数据集（GlaThiDa3.0）对其进行了校正。评估结果表明，21 世纪初期全球冰川退缩在过去 2000 年来是前所未有的（中等信度）。首先，许多区域的冰川变化重建结果验证了这一结论，并且发现在百年时间尺度上冰川退缩与温度增加的趋势都是一致的。其次，1850 年以来，冰川学和大地测量学观测结果均表明 21 世纪早期冰川退缩程度也是最高的。

据 RGI 6.0 冰川编目数据，青藏高原及周边地区冰川共有 97 760 条，面积为 98 739.7 千米^2，冰储量约为 7481 千米^3，分别约占全球山地冰川（冰帽）总数量的 45.4%、总面积的 14.0% 和总冰储量的 4.6%。据统计，在青藏高原及周边地区，森格藏布（狮泉河）—印度河流域分布的冰川达 22 431 条，总计 27 267.2 千米²，占冰川总数量的 22.95%、总面积的 27.61%。塔里木河流域的冰川面积占青藏高原及周边地区冰川总面积的 20.61%（王宁练等，2019）。

2000～2018 年，亚洲高山地区物质损失估算约为（-19.0±2.5）吉吨/年。由冰川负物质平衡导致的流域径流增加占总体冰川融水径流的 12%～53%。据测算，喜马拉雅山、念青唐古拉山、天山处于物质负平衡状态，西昆仑和东帕米尔地区处于物质正平衡状态。2000～2050 年，亚洲高山地区冰川体积损失速率预测值为 0.3%/年～0.85%/年，其中，像天山、祁连山、喜马拉雅山和横断山区域，都是冰川物质损失速率较快的区域。到 2050 年，亚洲高山地区冰川面积将减少 22%～35%，76% 的冰川将会退缩，其中绝大多数是海洋性冰川。在喀喇昆仑山和喜马拉雅山北坡，大约 35% 的冰川将会向外扩展。

在 RCP8.5 情景下，到 21 世纪末，青藏高原及周边地区冰川的冰储量将减少到目前的（36±5）%。在未来全球升温 2℃情景下，到 21 世纪末青藏高原及周边地区冰川冰储量减少比例在中亚地区达到（80±7）%，在青藏高原西部地区高达（98±1）%（王宁练等，2019）。根据大气环流模型（General Circulation Models，GCM）和全球冰川演化模型对亚洲高山地区冰川质量变化的预估，相对于 2015 年的冰川总质量，到 2100 年，冰川可能会损失（45±8）%（RCP 2.6）～（69±14）%（RCP 8.5）（Hock et al.，2019）。由于冰川质量损失，冰川径流会随着冰川融化的加剧而增加，然后达到峰值，超过峰值，年径流量将下降。预计到 21 世纪中叶，亚洲高山地区的大多数河流径流将达到峰值。由于冰川径流是总径流的重要组成部分（尤其是在旱季），因此西南亚和中亚的河流径流将受到更大的不利影响（Huss and Hock，2018）。

全球山地冰川全部融化对海平面上升的贡献约为 0.4 米。其中，青藏高原及周边地区冰川物质损失的贡献约为（19±0.6）毫米；在

RCP2.6、RCP4.5 和 RCP8.5 情景下，到 21 世纪末全球山地冰川物质损失可引起的海平面上升量分别为（79±24）毫米、（108±28）毫米和（157±31）毫米，其中青藏高原及周边地区冰川的贡献分别约为 13.4%、13.6% 和 11.4%（王宁练等，2019）。

在亚洲高山地区，由于目前的气候-地形不平衡状态，到 2100 年，将有（21±1）% 的冰量消失。这意味着冰川融水对河流径流的贡献会减少（28±1）%。喜马拉雅山和天山的冰川消融普遍不可持续。到 2100 年，这些地区的冰量将至少减少 30%。一些重要但相对脆弱的河流 [阿姆河、森格藏布（狮泉河）—印度河、锡尔河、塔里木内陆河] 径流 50% 以上由冰川消融供应，但从未来长期来看，冰川融水供应将处于减少趋势。

在亚洲高山地区，在 RCP2.6 情景下，相对于 2015 年，到 2100 年冰川物质会损失（29±12）%，而在 RCP8.5 情景下，冰川物质将损失（67±10）%。Huss 和 Hock（2018）的研究指出，在 RCP4.5 情景下，季风区的河流，如冈底斯河、雅鲁藏布江、怒江和澜沧江径流峰值出现年份分别是 2044 年、2049 年、2049 年和 2049 年；受西风带影响区域，如森格藏布（狮泉河）、塔里木河的径流峰值出现年份分别为 2045 年、2051 年。

（二）冻土变化

中国西部多年冻土主要分布在青藏高原地区，面积约为 $1.06×10^6$ 千米^2（Zou D et al.，2017），属于典型的高海拔多年冻土，相对高纬度多年冻土，其对气候变化更为敏感（Guo and Wang，2017a）。由于其对生态系统、水文与水资源、人类基础设施和气候等的潜在重要影响，青藏高原多年冻土的未来变化趋势已经受到越来越多的关注。

青藏高原多年冻土变化预估研究可基于统计模型和数值模式来区

分。较早的预估研究是基于统计模型和升温幅度设定来开展的（Li and Cheng，1999；Nan et al.，2005）。随着气候模式的发展和温室气体排放情景的制定，学者们开始利用多气候模式数据驱动冻土统计模型，开展多情景下青藏高原多年冻土的预估研究（Guo and Wang，2016；Chang et al.，2018；Yin et al.，2021）。除了基于统计模型的预估之外，包含了冻土物理过程的数值模拟随后也用于青藏高原多年冻土预估研究中（Guo et al.，2012）。

从表 2-1 可以看出，已有研究结果之间存在较大的差异，这主要与所用气候模式数据、冻土模型、相较时间和未来情景不同有关。尽管如此，各项研究结果一致显现出未来青藏高原多年冻土很可能发生显著消

表 2-1　已有青藏高原多年冻土面积变化预估研究所得结果的归纳

模式	情景	相较时间	未来预估时间	百分比变化 /%	参考文献
高程模型	升温 1.1℃	1960～1990 年	2049 年	18	Li and Cheng，1999
年平均地温模型	升温 0.2℃ / 10 年	约 2005 年	2050 年	9	Nan et al.，2005
MIROC3.2/ RegCM3/ CLM4.0	A1B	1980～2000 年	2030～2050 年	39	Guo et al.，2012
8 个气候模式 / 地球物理研究所多年冻土实验室模型	SSP1-2.6	2001～2018 年	2021～2040 年	17	Yin et al.，2021
	SSP2-4.5			60	
	SSP5-8.5			22	
5 个气候模式 / 机器学习	RCP4.5	2003～2010 年	21 世纪 40 年代	26	Wang T et al.，2019
5 个全球模式 / 地表冻结指数	RCP2.6	1981～2010 年	2011～2040 年	17	Lu et al.，2017
	RCP4.5			18	
	RCP6.0			13	
	RCP8.5			16	
20 个气候模式 / 地表冻结指数	RCP4.5	1986～2005 年	2050 年	27	Chang et al.，2018
	RCP8.5			31	

融和退化。例如，最新一项基于统计模型的研究表明，相对于2001～2018年，2021～2040年青藏高原多年冻土面积将减少17%（SSP1-2.6）和22%（SSP5-8.5），在空间上表现为从多年冻土南缘和东缘向腹地退缩的变化格局（Yin et al.，2021）。需要指出的是，这些研究预估的仅是近地表多年冻土范围的变化，而未考虑深层多年冻土，深层多年冻土退化要慢于近地表层（Lawrence et al.，2008）。此外，由于上述预估研究未考虑地下冰的影响，其中部分研究也未考虑植被、土壤有机质等的影响，在一定程度上可能导致了更大的不确定性。

除面积之外，活动层是表征多年冻土变化的另一个重要指标。较早的基于数值模式的预估显示，在A1B情景下，1980～2000年0.5～1.5米的活动层到中期（2030～2050年）将可能增至1.5～2.0米（Guo et al.，2012）。最新的基于统计方法的预估显示，2015～2035年，青藏高原活动层厚度在不同情景下将可能增加5厘米（SSP1-2.6）、11.6厘米（SSP2-4.5）或35厘米（SSP5-8.5）(Xu and Wu，2021）。同时，已有研究表明升温是活动层增厚的主要原因，降水、植被和雪深变化也有重要影响（Xu and Wu，2021）。

青藏高原多年冻土退化会导致地下冰减少和土壤有机碳释放，从而对生态环境、冻土工程设施和气候等产生重要影响。多年冻土能为地表植被生长提供部分水分。多年冻土退化会使得活动层变厚、地表变干和植被覆盖度降低（Yang et al.，2010），会进一步导致风成作用加剧，沙漠化加剧。沙漠化又会加速多年冻土消融，因此形成了一个负反馈循环（Wu et al.，2017）。未来多年冻土退化引起的地下冰减少，还会使得液态水渗入土壤的障碍减小，导致地表径流减少、次表层径流增多，进一步影响地表的水文过程（Guo et al.，2012）。

北半球多年冻土中储存着相当于当前大气中碳的两倍的土壤有机碳。多年冻土消融使得土壤有机碳释放进入大气，很可能会加速气候变暖，产生正反馈效应。青藏高原多年冻土区 0~25 米深度储存了约 50.43 拍克（拍表示 10^{15}）的土壤有机碳，活动层内约含 13.22 拍克，多年冻土层中约含 37.21 拍克（Wang T et al.，2020）。这些碳由于储存于中低纬度、高海拔多年冻土区，因此对气候变化更为敏感。最新的预估显示，相对于 2006~2015 年，到 2091~2100 年青藏高原 0~6 米深度的多年冻土碳将可能减少（22.2±5.9）%（RCP4.5）或（45.4±9.1）%（RCP8.5）（Wang T et al.，2020）。这些碳的释放可能会抵消青藏高原的碳汇功能，甚至使其成为一个碳源地，对该地区乃至整个中国陆地生态系统碳收支平衡将产生重要影响（Wang T et al.，2020）。

此外，多年冻土退化引起的融沉作用，会导致地表变形，对铁路、公路、路网、电讯、输油线、气管线、居民点等的稳定性产生重要影响（吴青柏和牛富俊，2013）。已有监测显示，青藏公路 85% 的破坏路段是由热融沉降引起的（Tong and Wu，1996）。青藏铁路有 550 千米的路段建在多年冻土之上，因此具有很大的潜在融沉损坏风险（吴青柏和牛富俊，2013）。预估表明，RCP4.5 情景下约 1/4 青藏工程走廊区域的热融灾害可能发生在 2050 年之前，其中包括了西大滩、北麓河、开心岭和安多地区（Guo and Sun，2015）。最新的一项预估研究显示，相对于 2001~2015 年，RCP4.5 情景下，到 2061~2080 年青藏铁路沿线区域的中高风险区将占总区域的 40%，主要分布在当前多年冻土区的边缘地带（Ni et al.，2021）。这可能对该地区冻土工程设施的建造与维护具有重要影响。当前已经采取了一些有效的冻土工程保护措施，如块石结构路基、通风管路基、热棒结构路基和保温材料等，未来需进一步加强相关保护措施的制定和技术研究。

（三）积雪变化

未来山地积雪量变化不仅与排放情景密切相关，而且与海拔有关。

预估 RCP8.5 情景下，到 2070~2099 年，中国西部山地冬季温度的升高将使降雪量、降雪日数和雪雨比例分别降低 32.8%、47.3% 和 42.3%（相对于 1976~2005 年），积雪覆盖的区域将仅占西部山地的 17.9%（Li Y et al.，2020）。在所有 SSP-RCP 情景下，亚洲高山区低海拔山地雪深和积雪范围都将普遍减小（IPCC，2021），高海拔山地积雪的减少相对较小，到 21 世纪中叶积雪减少的相对量受排放情景影响不大，但到 21 世纪下半叶，高温室气体排放情景下积雪的减少将远远高于低（极低）排放情景下积雪的减少（IPCC，2019）。与 1986~2005 年平均水平相比，2031~2050 年不论在哪种排放情景下，喜马拉雅山脉低海拔地区雪深或积雪量都将减少约 25%，到 2081~2100 年，RCP2.6、RCP4.5、RCP8.5 情景下积雪将分别减少约 30%、50%、80%（IPCC，2019）。

预计高海拔山区冬季积累期积雪的增加可能导致整个冬季雪量净增加，因为高海拔山地的升温主要影响积雪的消融，而不是积雪的开始和积累（IPCC，2019）。在 RCP8.5 情景下，21 世纪中叶和末期兴都库什—喀喇昆仑山脉和喜马拉雅山脉冬季雪水当量将减少，其减少幅度均随海拔的升高而递减；到 21 世纪末，海拔 1000~2000 米处雪水当量可能较 1986~2005 年减少 90% 左右；兴都库什—喀喇昆仑山脉在 21 世纪中叶低海拔处雪水当量减少的不确定性较大，而喜马拉雅山脉则到 21 世纪末高海拔处雪水当量减少的不确定性较大。

从融雪径流看，未来亚洲高山区积雪融水的供给将大幅减少，其变化幅度很大程度上取决于升温和干湿的程度。预估显示，SSP1-2.6 和 SSP5-8.5 情景下，2071~2100 年亚洲高山区年融雪量将较 1999~2019 年分别减少（11.1±5.4）% 和（40.5±6.5）%，其中，塔里木内陆河流域和青藏高原腹地将分别减少（6.7±9.8）% 和（30.1±12.1）%，长江流域和黄河流域则将分别减少（30.4±16.9）% 和（72.5±11.9）%。在温升 1.5℃ 和 2℃ 水平下，亚洲高山区积雪融水将分别减少（5.6±3.4）%

和（11.2±5.1）%，这表明控制温升水平将明显有利于保持积雪融水对流域径流的供给。要维持亚洲高山地区积雪融水的重要季节缓冲作用，就必须限制未来气候变化（Kraaijenbrink et al.，2021）。此外，由于未来大多数情景下冰川融水减少幅度较积雪融水减少的幅度大，而且即使辐射强迫加大，冰川融水的减少幅度也相对稳定甚至下降，所以从冰冻圈和水文两方面看，积雪对亚洲高山区河流的相对重要性会越来越大。因此，未来融雪减少对下游融水供给的影响要比冰川大得多（Kraaijenbrink et al.，2021）。

随着全球气候持续变暖，未来北半球的季节性积雪范围和持续时间将继续减少。据IPCC AR6评估报告，在北半球春季，全球平均表面温度每增加1℃，季节性积雪范围就减少约8%（中等信度）。预估的季节性积雪变化是可逆的（很高信度）。但在变暖背景下，如果不发生气候突变，未来季节性积雪范围也将会延续目前的变化趋势。

积雪变化不仅影响西部地区融雪水文水资源，而且与牧区雪灾息息相关。未来不同温升情景下，西部地区降雪量、雪深和积雪范围普遍减小的概率较大。然而，雪灾的发生不仅受降雪、气温、雪深、积雪日数影响，而且与畜群结构、草畜平衡、饲草料储备、路网可达性等因素相关。尽管未来一定时期降雪呈减小态势，但也不排除因超载等因素引发的小概率、大雪灾事件的发生。已有研究显示，中国西部雪灾主要发生在青藏高原中东部大片区域（青海省海南藏族自治州、玉树藏族自治州、果洛藏族自治州和四川省西北部的甘孜藏族自治州和阿坝藏族羌族自治州）、西藏自治区那曲市，以及新疆维吾尔自治区阿勒泰地区和伊犁河谷等（Wang S et al.，2019；王旭等，2020）。这些地区畜牧业较为集中、牲畜较为稠密。由于游牧等传统牧养方式的限制，加之总体经济实力较弱，受复杂地理环境的影响，与外界连通性较差，故这些地区抵御雪灾的能力较弱。加上灾害频发，历史上这些地区的雪灾曾造成过频繁而严重的牲畜死亡事件，对畜牧业发展造成了破坏性的影响（王世金，2021）。

四、陆地生态系统与气候变化

我国西部生态屏障区陆地生态系统主要包括森林、草地、荒漠和湿地，具有重要的生态服务功能。生态系统结构与功能是反映陆地生态系统对气候变化响应的重要指标，包括群落结构与组成、种间关系、生产力、碳汇功能等（Grimm et al.，2013）。未来气候变化将对陆地生态系统结构与功能、地理格局等带来一系列影响，使其良性发展存在较大气候风险。因此，明确未来气候变化对西部生态屏障区陆地生态系统的影响与风险，并提出相应的应对措施，对保障国家生态安全、实现"双碳目标"、促进区域经济社会可持续发展具有重要的意义。

（一）生态系统结构变化

物候是物种为了适应环境条件，通过长期的自然选择进化而形成的生长发育节律，生态系统与气候变化相互作用对物候具有重要的影响（Johansson et al.，2015）。植物物候期的改变是陆地生态系统对气候变化的主要响应方式之一。在水分充足的条件下，升温使植物返青期和花期提前、枯黄期推迟，从而生长季得以延长（Li L et al.，2016）。但升温也会导致春季干旱加剧，从而使物候期推迟（Ganjurjav et al.，2020）。而干旱则会造成草地植物返青期推迟、枯黄期提前，进而生长季缩短（Hu et al.，2021）。此外，持续性的冬季变暖可能导致植物的春化作用难以满足，从而推迟返青期。温度和降水改变的交互作用对植物物候的影响则存在不确定性。以青藏高原高寒草地为例，升温将导致植物物候期推迟，增雪将抵消升温带来的负面影响，其主要原因为增雪可以增加地表土壤水分，从而促进植物生长（Dorji et al., 2013）。在 IPCC SRES 中等排放情景下（A2），内蒙古草地生态系统返青期呈现较显著的提前趋势，但是枯黄期的提前可能使得整个生长季反而缩短（Li L et al., 2016）。

群落小气候、水分和养分有效性等决定着植物物种间的关系，作用于植物群落结构和组成的形成，因此气候变化将对植物群落结构与组成带来巨大的改变，进而影响生态系统服务功能（McCluney et al., 2012）。近年来，大量研究采用模式模拟、长期观测、Meta 分析以及模拟实验等方法证明了气候变化将改变西部生态屏障区植物群落结构与组成，而植物对气候变化的响应在不同物种、功能群、群落类型以及地理分布之间存在差异（Klein et al., 2008；Yang H et al., 2011；Shi et al., 2015）。在内蒙古温带草地，升温将降低优势物种的优势度，从而降低植物群落的稳定性（Yang et al., 2017）。在青藏高原高寒草地，升温条件下植物物种丰富度降低了 27%，其中禾草比例降低 40%（Klein et al., 2008）。水热配比决定了升温对植物影响的方向和程度。在水分受限的草地生态系统，雨季升温可促进植物光合作用，提高生产力；但在旱季，由于水分条件限制，升温对植物产生负面影响（Ganjurjav et al., 2016）。降水增加条件下青藏高原高寒草甸禾本科、莎草科以及杂类草生物量均有所提高，豆科生物量降低，从而导致群落中禾本科比例显著增加（Xu W et al., 2018）。在未来的气候变化情景驱动下，气候变化对青藏高原植被生态系统的影响呈现出从低海拔到高海拔递增的趋势，青藏高原的生态系统的斑块连通性和生态多样性呈减小趋势（范泽孟，2021）。在黄土高原，升温和降水减少有利于灌木和禾草比例增加（Su et al., 2019）。而在荒漠地区的研究结果显示，升温可能会增加 C4 禾草优势度（Hou et al., 2013）。在荒漠、荒漠草原和典型草原，降水减少和降水增加对其物种丰富度和多样性影响不大，但物种的密度和生物量差异明显（Zuo et al., 2020）。

（二）生态系统生产力影响

植物的生长往往受到生物因子（采食、微生物活动）和非生物因子（光、温度、水分、土壤条件等）的双重影响。但对于生态脆弱区而言，环境条件是影响其生长的主要因素。干旱、寒冷的气候作用于环境温度、土壤养分有效性以及土壤水分，形成了西部生态屏障区植物生长最主要的限制因子。因此，以升温为主要特征的气候变化势必将对高寒区域植物生产力产生重要的影响。

年均降水量是决定生态系统 NPP 的主要因素。在黄土高原荒漠生态系统中，降水减少将造成生产力显著降低（Zhang L et al.，2018）。在内蒙古荒漠草原和典型草原，植物生产力与降水梯度呈显著正相关，其中以禾本科为建群种的草地生产力比灌丛草地对降水变化更为敏感（Zuo et al.，2020）。干旱的季节性对生产力具有决定性作用，一般而言，植物生产力对春季干旱的敏感性高于对夏季干旱的敏感性（Xu and Wu，2021）。

温度升高往往对植物生产有促进作用，但是，不同生态系统对升温的响应不尽相同；升温增加西藏高寒草甸生产力，但降低高寒草原生产力（Ganjurjav et al.，2016）。在贡嘎山森林生态系统中，升温对幼苗生长和生物量积累具有明显的限制作用，对叶片生长的阻碍作用尤为突出（羊留冬等，2011）。受大幅度升温引起的热效应作用，植物生长发育进程加快、成熟期提前，植物生长季缩短、植物干物质积累减少，可能会最终导致草地生产力降低。

在环境持续发展情景下，建议强化环境保育相关政策，包括积极实施生态保护与恢复、合理控制城市化进程等，增加对环境保护与恢复的资金支持。2021～2050 年，西部地区生态系统 NPP 以增加为主，雅鲁藏布江河谷以南、藏北高原、塔里木盆地周边地区 NPP 增幅均超过 60%，但在天山北部、阿尔泰山、西藏东南、广西等地区的 NPP 减幅约为 10%

（赵东升和吴绍洪，2011；陈惺等，2023）。

（三）生态系统碳库潜力

生态系统碳库对气候变化的响应尚未有明确的定论。森林和草地生态系统是最重要的碳库，大量土壤碳储存于土壤中，以变暖为主要特征的气候变化对土壤碳库产生着巨大影响。作为碳吸收的反向过程，陆地生态系统通过土壤、植物、微生物相互作用，向大气排放 CO_2、CH_4 和 N_2O 等温室气体，对气候变化具有反馈作用。温度升高和降水增加均显著提高宁夏荒漠草原土壤呼吸，增加了土壤碳排放（Zhang Y et al.，2021）。但升温导致土壤含水量降低，从而使土壤碳排放减少（Yu et al.，2020）。在半干旱地区，降水增加对禁牧草原土壤呼吸无显著影响，但在放牧条件下，降水增加显著促进土壤碳排放（Li J et al.，2018）。温度升高使秦岭阔叶林、针叶林和草甸生态系统的土壤呼吸增加，与此同时，土壤 N_2O 排放也将随之增加（Zhang J et al.，2016）。极端干旱和高温会造成草原 CO_2 净吸收减少，促进 CH_4 吸收，减少 N_2O 排放，总体上导致碳汇功能减弱（Li L et al.，2016）。

生态系统碳汇功能对气候变化的影响存在异质性。在碳吸收方面，随着气候变暖、温度升高，土壤中微生物活性增加，促进土壤有机碳分解，使土壤中大量的碳被排放到空气中，造成土壤碳流失，即土壤碳库对气候变化具有正反馈（Liu et al.，2018；Xu Z et al.，2018）；但温度升高有利于光合作用增强，从而使碳固定量增加，碳汇功能增强（Ganjurjav et al.，2015）。在温带草原，由于升温可能使碳吸收和碳排放过程作用相互抵消，从而保持碳净吸收相对稳定（Song et al.，2019）。生态系统水分条件是影响碳库对气候变化响应的关键因素（Quan et al.，2019）。在水分条件充足时，土壤温度和地上生物量的增加促使生态系统碳净吸收增加；但在干旱条件下，升温不仅导致土壤水分降低，并且地上生物量也可能显著减少，因此该效应与土壤温度增加所带来的正效应抵消（Peng et al.，2014；Xia et al.，2009）。干旱将加速陆地生态系统碳库流失（Hu et al.，2019；Luo et al.，2020）；在降水减少条件下，凋落物的分解速率也将降低，从而减缓生态系统碳循环过程（Zhou S et al.，2018）。因此，在未来气候变化条件下，干旱地区生态系统的碳库流失风险较湿润区域更大。根据RCP2.6、RCP4.5、RCP8.5三种不同气候变化情景的预估，黄土高原、祁连山中部在降水和土壤湿度增加显著的区域均有显著的土壤碳流失。极高排放情景下（RCP8.5），土壤碳的流失更高。

未来生态系统的碳循环过程建立在不同的气候变化和人类活动情景下，除环境持续发展情景外，还包括基准情景和经济快速增长情景。基准情景主要考虑各地区土地利用总体规划与远景规划，假设各生态区的发展均遵循历史趋势，土地利用变化的各类影响因素作用缓慢，各种政策对生态系统宏观结构不会产生急剧影响。经济快速增长情景则强化有利于经济快速增长的相关政策，城镇化快速发展，侧重对地方经济发展的激励，从而增加对生态环境的压力。三种情景下，相比于1990～2010年，2010～2030年我国西部陆地生态系统碳固定总量呈现较明显上升态势。基准情景下，西南地区增加约148.86太克碳（太表示10^{12}）（5.87%），西北地区增加约55.71太克碳（8.42%）。环境持续发展情景下的碳固定总量增加较高，其中，西南地区增加约162.30太克碳（6.41%），西北地区增加约64.58太克碳（9.76%）。经济快速增长情景下，西南地区增加约141.95太克碳（5.6%），西北地区增加约48.41太克碳（7.32%）（黄麟等，2016）。

（四）生态系统脆弱性

从近期（2021～2050年）和远期（2051～2080年）对比来看，青藏高原整体脆弱程度有所减轻，具体表现为生态基准和轻度脆弱面积增加，重度脆弱和极度脆弱面积减少；在西北干旱区，很多极度脆弱生态系统转为中度脆弱（赵东升和吴绍洪，2013）。由于气候变暖，预计2035年前，青藏高原牧区牧草生长季、青草期开始日提早、结束日推迟，持续日数显著延长，从而有利于牧区的牧业生产（刘彩红等，2015；杜军等，2021）。气候变化导致的气温升高，使得冰川冻土融水增加，降水增多，对国家天然林保护区、"三北"防护林体系建设工程区的植被生长起到促进作用，有利于区域生态的恢复（吴绍洪和赵东升，2020）。植被的恢复有利于缓解黄土高原和川滇地区的水土流失，但这些地区也面临未来农田面积增加带来的水土侵蚀压力（郎燕等，2021）。

气候变暖一方面促进植被恢复，另一方面加速冻土退化。青藏高原的冻土退化会削弱冻土的生态环境地质功能，导致生态环境恶化。冻土退化后形成的地下水流系统新格局导致植被覆盖度降低，"黑土滩扩大"，荒漠化加剧。同时，活动层厚度增大将促进土壤中有机质的分解和温室气体的排放，并引起生态环境和水文循环过程的变化，从而影响青藏铁路和青藏公路等工程构筑物的稳定性与安全。在干湿过渡区，如内蒙古高原东南边缘和黄土高原北部的农牧交错带，在未来（2041~2099年）生态系统生产力面临的气候变化风险面积可能扩大，风险等级可能提升，尤其在高浓度排放情景下，81.85%的地区可能面临气候变化风险，54.71%的地区将达到高风险（尹云鹤等，2021）。由于气候变化导致的干旱，西南部热带森林生态系统也面临较高的生产力下降的风险（Yin et al.，2018）。

（五）气候变化应对

生态系统能够通过吸收固定大气中的CO_2有效减缓气候变化。因此，加强生态系统适应性管理，改善并维护生态系统健康，增强其碳汇功能，减少退化导致的碳排放，提高生态系统对气候变化的适应、恢复和抵抗力已成为应对气候变化策略与技术体系中的一项重要措施（葛全胜等，2009；潘韬等，2012；刘燕华等，2013；何霄嘉等，2017）。我国也十分重视生态系统应对气候变化的作用（吕达仁和丁仲礼，2012）。目前，我国在西部生态区主要采取了如下适应措施。

一是生态系统恢复与保护。我国95%以上的荒漠化与沙化土地分布在西部生态屏障区（江泽慧，2012），伴随着土壤侵蚀，土壤有机碳库大量流失。我国通过实施退牧还草、天然林保护等重大生态工程有效促进了退化生态系统的恢复（吴绍洪和赵东升，2020），生态系统碳汇功能得以提升。在三江源地区，围封、建植人工植被和退耕还草可分别提高退化草地碳储量的37.1%、15.9%和11.5%；在西南喀斯特地区，随着植被的恢复，生态系统碳储量由稀灌草丛的38.05兆克/公顷增至次生乔木林的150.65兆克/公顷。2000~2010年，退牧还草工程贡献生态系统碳汇117.8太克碳（方精云等，2015）。

二是生态系统建设与利用。造林和再造林是生态系统应对气候变化的最有效措施（IPCC，2018；王灿等，2021），通过种植适合当地生境的植被，一方面扩大生态系统面积，另一方面加速生态系统服务功能的恢复与提升。2000~2010年，京津风沙源治理工程贡献生态系统碳汇69.7太克碳，"三北"防护林第四期工程贡献生态系统碳汇340.7太克碳（方精云等，2015），各类生态工程为西部生态系统贡献碳汇551.9太克碳（Lu et al.，2018）。

三是生态系统管理与防灾减灾。气候变化导致森林火灾的频率和强度逐年增加，森林病虫害呈现恶性暴发态势（刘世荣等，2014），而大多数自然保护区仍缺乏应对气候变化损失损害的建设能力（李海东和高吉喜，2020）。需要建立生态系统环境监测体系，加强气候变化背景下气象灾害、火灾、病虫害的风险、致灾机理及演变规律以及对生态系统影响研究（肖风劲等，2021），通过轮伐期延长、火灾管理和病虫害防治等手段，维持景观水平的碳密度，降低碳流失风险（刘世荣等，2014；刘霞飞等，2017）。

随着对生态系统服务和管理认知的不断加深，借助自然途径的力量加强应对气候变化能力的基于自然的解决方案（nature-based solutions，NbS）得以提出，通过对生态系统的保护、恢复和可持续管理来减缓气候变化，同时利用生态系统及其服务功能帮助人类和野生生物适应气候变化带来的影响和挑战（张小全等，2020）。我国人工林建设也发生了转变，从追求木材产量的单一目标经营转向提升生态系统服务质量和效益的多目标经营（刘世荣等，2018）。国家林业和草原局也提出了乔灌草结合，宜乔则乔，宜灌则灌，宜草则草，真正做到乔灌草的有机融合的因地制宜生态系统保护与建设思路。未来我国仍需进一步加强对NbS从理论到实践、从路径到政策的研究，为决策制定提供系统解决方案，提升NbS的保障能力，建立健全生态系统碳排放监测、报告、核查（monitoring，reporting，verification，MRV）体系（安岩等，2021）和生态系统保护、恢复及可持续管理的气候效应评估体系。

五、未来气候变化对西部重大工程及重点领域的影响

（一）未来气候变化对青藏铁路的影响

气候变化对水利工程、电力工程、通信工程、输油管线均有一定的影响，特别是对多年冻土区重大工程影响显著（吴青柏等，2003）。其中，青藏高原作为世界上中低纬度海拔最高、面积最大的多年冻土区，其多年冻土以高温、高含冰量以及对环境敏感为突出特点（Xu and Wu，2019）。高温、富冰多年冻土更容易诱发地面长期形变（Chen J et al.，2022），气候变暖加剧了青藏高原多年冻土区斜坡失稳、热融湖塘增加、热融滑塌、融沉与冻拔灾害的发生，威胁着青藏高原多年冻土区工程基

础设施的稳定性（Zhang and Wu，2012；Guo and Wang，2017b），并对青藏铁路的安全运营构成了潜在风险。

青藏铁路是内地通往西藏的国铁Ⅰ级铁路，是世界上海拔最高、线路最长的高原铁路。青藏铁路由西宁通往拉萨，全线长1956千米，其中，格尔木到拉萨全长1142千米，海拔4000米以上路段960千米，多年冻土区长度632千米，大片连续多年冻土区长度约550千米。其中，多年冻土年平均地温高于-1℃的高温冻土路段长约275千米，高含冰量冻土路段长约221千米，高温高含冰量重叠路段长约134千米（吴青柏等，2003；Wu et al.，2024）。

近年来，随着气候变暖，高原多年冻土区表现出年平均地温升高、活动层厚度增厚、多年冻土厚度变薄、地下冰消融等一系列现象。1995~2014年，青藏铁路沿线活动层厚度在加速变深，平均达8.4厘米/年，6米深的冻土平均升温速率达0.23℃/10年，年平均地温（12~15米深）升温速率为0.15℃/10年，大于20米多年冻土处于持续升温状态（Zhang Z et al.，2020）。冻土退化诱发的热融滑塌、热融滑坡、融冻泥流等冻融灾害严重影响高原冻土区的青藏铁路工程路基以及冻土区环境（Niu et al.，2014）。

地下冰的存在是多年冻土发生沉降的必要条件。融沉风险评估模型（含地下冰、年平均地温和活动层厚度的相对变化）模拟显示，2061~2080年，在代表性浓度路径RCP4.5情景下，青藏铁路沿线低风险区占比45.38%，中高风险区占40%以上，且位于目前多年冻土区边界，南部边界中高风险区的范围要明显高于北部边界。其中，InSAR数据显示，2010~2018年北麓河南部区域沉降显著（Zhang et al.，2019）。随着气候变暖和人类活动的加剧，青藏铁路沿线依然可能成为沉降发生最严重的区域。基础设施对多年冻土变化的敏感性较为复杂。因此，需要在中高融沉风险区采取紧急和必要的措施。同时，建立工程基础设施的预警系统，防止更大的经济损失（Ni et al.，2021）。

当前，青藏铁路工程采取了冷却路基、降低多年冻土温度的设计思路（Chen，2005），在大片连续多年冻土区中采取了块石结构路基、碎石护坡、热棒补强和"以桥代路"的工程技术措施，确保青藏铁路在未来气候变化影响下安全运行。数值模拟显示，块石结构路基可以适应未来气温升高 1.0~2.0℃所带来的影响（Zhang M et al.，2016；Hou et al.，2018）。由于模拟参数和模式存在不确定性，因此其数值模拟结果也存在较大不确定性。

（二）未来气候变化对西部地区农业的影响

我国西部地区的 12 个省（自治区、直辖市）面积约占全国陆地面积的 71.4%，耕地面积占全国的 30% 左右，草地面积广阔（中华人民共和国国家统计局，2021；郭威威，2021），农业气候资源丰富且空间差异明显。其中，青藏高原拥有著名的河谷农业区和高寒牧区，太阳辐射强、昼夜温差大；黄土高原、内蒙古高原和北方防沙带夏季温度高、太阳辐射强，降水稀少，气温年较差和日较差大，种植制度为一年一熟或两年三熟，以旱作为主，新疆、宁夏和内蒙古河套地区的灌溉农区是我国重要的优质棉花、温带水果和瓜果蔬菜基地；川渝滇黔大部分地区属于亚热带，多雨多雾，年降水量充足，但季节性分布不均，四川盆地是主要高产区，以水稻、小麦、油菜等粮油作物为主，云贵高原坝子与河谷以水稻、小麦、玉米、马铃薯及亚热带经济作物为主，立体气候明显，农业垂直差异大。

全球气候变化背景下，青藏高原、黄土高原、内蒙古高原和北方防沙带气温显著升高，降水增加，总体呈暖湿化趋势，特别是 1997 年之后全区暖湿化趋势明显，且暖湿化程度自西向东降低（王鹏涛，2018；张强等，2021）；川渝滇黔地区气候则呈现明显暖干化趋势，平均气温每

10 年上升 0.12℃，年降水量每 10 年下降 13 毫米（庞艳梅等，2021）。未来西部地区将持续变暖，基于 CMIP6 多个地球气候系统模式模拟数据显示，21 世纪中叶升温幅度为 0.9～2.3℃，到 21 世纪末升温幅度将达到 1.0～4.6℃（孟雅丽等，2021；张佳怡等，2022）。

气候变暖对农业利弊共存，有利方面为气候变暖使西部地区农业生产中的热量限制程度减弱。热量资源增加，农作物种植界限向高寒地区扩展，不可种植区主要位于青藏高原与西北的沙漠戈壁，实际与潜在种植面积呈增加趋势，其中一年一熟种植带由内蒙古东部北移、内蒙古西部往青藏高原北部南移，一年两熟可种植区面积扩大（李克南等，2010；付雨晴等，2014；孙昊蔚等，2021），南疆两年三熟可种植区面积扩大（曹占洲等，2013），青藏高原青稞种植和牧草生长范围也向更高纬度和高海拔地区推进。气候变暖使无霜期、作物生长期和草地生长期延长、积温增加（孙杨等，2010），受温度限制地区的作物生产力不断提高，对于黄土高原南部、关中平原、陕南汉水河谷、四川盆地与大部分云贵地区，作物复种指数都可能提高；对于一年一熟区，改用生育期更长的品种，加上 CO_2 浓度增加的施肥效应，大部分地区作物生产潜力有望得到提高；对于高寒地区等受温度限制的草地，气候变暖使草地休眠期缩短、牧草生长期延长、草地生产力提高（张镱锂等，2013）；但随着未来全球持续变暖，青藏高原草地 NPP 总体呈现下降趋势，如在 SSP5-8.5 极高排放情景下，到 2081～2100 年，相比 1971～2021 年青藏高原草地 NPP 将减少 23%（徐士博等，2024）。气候变暖加上降水量和融雪量增加使水资源总量增加，在严格控制不超出水资源承载力的前提下，通过按流域统筹配置水资源、有计划修建山谷水库和推广先进节水与集雨技术，有可能适度扩大西北地区的绿洲种植面积（郝宏蕾等，2019；刘慧和马丁丑，2021）。青藏高原地区的暖湿化也有利于河谷农业的开发。变暖还有利于高寒牧区牲畜安全越冬和减少牲畜掉膘损失（普布多吉和顿珠，2018；

杜军等，2015，2021）。

不利的方面是气候变暖加大了农业生产的不确定性，农作物面临更大的气候风险。温度升高影响农作物的物候期，冬小麦播种期延迟，越冬返青明显提早，穗分化期延长，成熟略有提前。由于物候提前和气候波动加剧，黄土高原果树开花期和小麦拔节—孕穗期霜冻灾害加重，对产量影响的不确定性随时间呈增加趋势（Li M et al.，2020；王润红等，2021）。温度升高使实际蒸散量增加，尽管部分地区降水增加，但降水量仍然无法满足农业生产的水分需求，尤其西南地区的冬春干旱明显加重，加之气候要素变化的不同步和空间差异性，气候变化对农作物气候生产潜力总体呈不利影响（隋月等，2012，2013；马玉平等，2015；汪景彦，2018；李焱等，2022）。例如，降水直接影响西南地区冬小麦和玉米的高产性和稳定性（Sun et al.，2018；Zhao and Yang，2018），少雨年型下水稻气候生产潜力相较于平均水平降低至少 14%（庞艳梅等，2021）。此外，随着气候变暖，病虫害越冬基数增加，适生区面积将增加，并向更高海拔区域蔓延，危害期延长，繁殖世代增多，危害加剧（许吟隆等，2014；李培先等，2017）。

（三）未来气候变化对西部能源的影响

我国能源发展受到全球应对气候变化的严峻挑战（何建坤，2015）。发展可再生能源是应对全球气候变化的主要举措。但高比例可再生能源发展情景下的电力系统更容易受气候变化和极端天气气候事件的影响。未来气候变化和极端天气气候事件，将对可再生能源资源、可再生能源发电厂运营、可再生能源发电厂基础设施和传输设施等产生重大影响。

西北和青藏高原地区是我国风能资源丰富的地区。未来气候变化导致风速变化，西部地区的风能资源整体呈下降趋势，且年际振荡更加剧烈。CMIP5 和 CMIP6 模式的预估结果都显示，未来气候变暖情景下，我国大部分地区风速都呈下降趋势（Chen L et al.，2012；Wu et al.，2020）。CMIP5 结果显示，RCP8.5 情景下，我国西北地区风速下降最多，风能的年际振荡可能更加剧烈（Chen L et al.，2012）；CMIP6 结果显示，在 SSP1-2.6、SSP2-4.5 和 SSP5-8.5 三种变暖情景下，青藏高原地区都是我国风速下降最多的地区（Wu et al.，2020）。

水电资源在我国的能源结构中占有重要地位。未来气候变化对西部水电资源的影响存在区域差异。西南地区是我国水电资源最丰富的地区，但西南地区的水电生产面临的气候变化脆弱性也高于其他地区（Wang B et al.，2014）。RCP8.5 情景下，到 2035 年，西南的年总水电潜力下降幅度超过 10%，部分水库的开发水电潜力下降超过 20%，主要发生在当地的旱季（秋季和冬季）。西北地区东部水电潜力的变化总体与西南地区类似，西藏地区增幅超过 5%（Liu et al.，2016）。

西部地区也是我国太阳能资源最丰富的地区。未来气候变化对西部地区太阳能资源的开发利用以不利影响为主。未来全球变暖背景下，到 21 世纪末太阳辐射变化趋势不显著，但值得注意的是，特别是极端天气气候事件增多增强，其对能源基础设施的危害加强，加大了能源生产与传输设备的脆弱性（武斌等，2015）。极端天气气候事件引起的风电和光电供应急剧变化，容易威胁电网的安全运行，需要加强关于电网安全的气候风险评估和预估。

除能源供给外，气候变化还将影响能源的消耗。未来除以冬季采暖为主的地区外，西部其他地区能源消耗呈增加趋势。在 A1B 和 B1 两种排放情景下，21 世纪中期，在西北及青藏高原等以冬季采暖为主的气候区，采暖能耗的减少量大于制冷能耗的增加量，导致总建筑能耗的减少；在西南地区等以制冷能耗为主的气候区，总建筑能耗增加（李红莲等，2020）。但不同类型的建筑能耗变化有所不同，例如，在 A1B 情景下，2050 年相对基准年，西安地区的高层住宅建筑增长的制冷能耗和降低采暖能耗基本相当，总能耗基本不变；办公建筑由于以供冷为主，总能耗约增长13.7%（李红莲等，2018）。到21世纪末，在RCP2.6、RCP4.5和RCP8.5情景下，中国城市耗电量将达到当前的7.2倍、9.8倍和15.4倍；在升温1.5℃、2.0℃和4.0℃情况下，城市耗电量将比现状增加1.8~4.1倍、3~12.4倍和2.4~18.3倍（占明锦，2018）。

（四）未来气候变化对西部旅游业的影响

由于暴露于大气环境，旅游业也是受气候变化影响较大的敏感产业（黄鑫，2018）。

首先，气候变化对居民旅游意愿产生很大影响。随着气候变暖，冬季交通条件改善，居民出行意愿增加，特别是西部高寒地区，这种现象尤为明显。夏季酷热天气虽不利于出行，但促进了滨海和山区的避暑旅游。例如，贵州利用其较低纬度和较高海拔的气候优势大力发展避暑旅游，以"爽爽的贵阳"吸引了各地大量游客（张娇艳等，2021）。

其次，气候变化引起自然物候、气象景观和历史文化遗产等旅游资源的改变，需要对旅游业的时空分布和活动项目进行调整。物候改变表现在春季花期提前、秋季红叶延后、候鸟迁徙与特色农产品成熟时间改变等（刘俊等，2016）。冬季明显变暖地区的冰雪景观将向更高纬度与海拔转移，降水减少对部分山区的云海、瀑布、雨虹等景观产生不利影响。河流水位暴涨可能淹没沿岸历史文化遗址，枯水期则有可能再现被淹没遗迹。CO_2与水汽浓度增加导致空气酸化，可能对敦煌石窟等产生侵蚀；融雪性洪水频发会影响楼兰等遗址的安全。气候变化使物种生境迅速改变，导致生物多样性减少和濒危物种的灭绝，对生态旅游产生不利影响。气候变化引起不同季节人体舒适度的改变，也将影响各地旅游旺季与淡季分布的季节变化。对于西部高寒地区，夏半年的旅游旺季将得以延长（杨宗英和谢洪，2020；曾瑜皙等，2021），冬半年的旅游淡季将会缩短，但吐鲁番和西双版纳等夏季炎热地区的舒适度下降，西南低纬度河谷冬季舒适度提高，旅游淡旺季格局变化相反（朱槟桐和赵华荣，2017；李东，2017）。

最后，随着气候变化，极端天气气候事件频发，威胁游客安全，对旅游设施造成破坏。例如，2008年的南方低温冰雪灾害中西南地区大量游客被困。西部山区融雪性洪水和暴雨引发的山洪、滑坡、泥石流经常冲断公路和毁坏旅游设施，冷暖骤变常导致游客患病甚至失温，低海拔低纬度地区夏季热浪引起中暑的风险加大，臭氧层变薄使高原紫外辐射增强（余志康等，2014）。但随着全球冷空气活动和平均风速减弱，沙尘暴与冬季寒潮总体呈减轻态势。随着气候变暖，白蚁危害区域明显北扩，北方降水回升与融雪性洪水频发，对西北地区的木质古建筑的威胁也日益增大。

（五）未来气候变化对西部交通运输业的影响

交通运输作业大多在野外运行，受气候变化的影响很大，包括交通运输市场需求、交通工程建设与运行安全三个方面（郑大玮等，2016）。例如，道路交通从勘察设计、施工到投入运行，都要考虑气候因素。

气候变化通过对资源禀赋、产业优势和交通环境条件的影响，进而影响交通运输的时空格局。例如，气候变暖促进夏季避暑旅游的同时，带动了交通运输需求的增加。由于气候变暖病虫害加重，中国棉花主产区从东部地区转移到新疆后，商品棉向东部纺织工业密集城市的运输量大增。

气候变化对交通工程建设有重要影响。炎热地区升温使得公路沥青路面熔化，增加交通事故风险，需改用更高标号的沥青或水泥路面。高寒地区冻土层变浅且不稳定，对公路、铁路的路基建筑提出了更高要求。暴雨增多，山洪或融雪性洪水增多对山区公路的威胁加大，不得不增大桥隧比而使建设成本成倍增加。大风与沙尘暴减少，使得中国西北干旱区修建公路和铁路的难度与成本降低。地温升高可减轻输油气管道沿途加温的需求。

气候变化造成极端天气气候事件频发，严重威胁交通安全（祝毅然，2018）。2008年初的南方低温冰雪灾害由于路面积雪或凝冻，导致大面积铁路、公路交通中断和机场停飞，最多时21条国道近4万千米路段通行不畅，上万车辆和人员被困（李克平和王元丰，2010）。风速减弱与气溶胶增多导致雾霾发生频率增大，能见度降低，给陆地交通和空运都造成很大困难，增加了交通事故风险或需要被迫临时关闭高速公路与机场。例如，2010年11月初乌鲁木齐因连日大雾，机场连续关闭4天之久。但大风与沙尘暴日数总体趋于减少，也减轻了西北地区春季交通事故风险。青藏高原融雪性洪水频发与湖泊扩张，对附近公路设施的威胁增大。极端高温天气会引起汽车轮胎老化和油箱过热，司机容易疲劳，极大增加交通事故的危险。西北地区大多数城市的排水系统不完善，同等强度暴雨造成的交通阻断更加严重。

（六）未来气候变化对西部居民健康的影响

气候变化对人体健康具有多层次和多尺度的影响。虽然气候变暖对高寒地区人群的健康总体上有利，但对全球大多数地区总的影响以负面效应为主（许吟隆等，2013），对我国西部地区则有利有弊（易长模，2004）。

极端天气气候事件及关联灾害威胁人身安全。新疆的沙漠附近与盆地夏季经常出现酷热天气，尤其是吐鲁番盆地；西北干旱区的冷暖骤变也容易致病甚至导致丧生。例如，2021年5月22日甘肃白银市组织的山地马拉松越野赛突遇寒风而导致多人失温和受伤等。西北地区东部的洪涝主要发生在夏季，随着全球变暖，发生风险加大。2021年10月上旬由于副热带高压位置异常偏北，陕西、山西等地发生历史罕见的秋汛，陕西大荔县漫堤决口。西北地区还是大风与沙尘暴的重灾区，1993年5月5日发生了席卷甘肃等地的特大黑风暴。西南地区气候呈暖干化趋势，2010年前后发生特大冬春干旱，2000多万人饮水困难，还引发了多处森林火灾（刘建刚等，2011）。气候变化还导致青藏高原融雪性洪水和冰雪灾害多发（刘通等，2021）。

热应激与热浪危害加重。气候变暖使极端高温事件出现频率显著增加，高温天气会使人体自身的温度调节系统处于超负荷状态，导致人群死亡率显著升高。心脑血管和呼吸系统疾病、中暑及其他热相关疾病是常见死因（黄存瑞等，2018）。据统计，1990以来中国与高温有关的死亡人数上升了4倍（卢健，2020）。西部地区高温热浪危害最严重的地区，一是西北干旱区的沙漠附近与盆地，尤其吐鲁番曾出现49.6℃的中国极端高温记录；二是西南地区的低海拔河谷，2006年重庆全市遭遇百年一遇的严重伏旱，40℃以上高温天数平均为6.4天，其中綦江县的最高记录达44.5℃（刘毅等，2006）。

媒传疾病蔓延与北扩。气候变暖导致病原体和传病媒介生物的越冬基数增大，春季发生时间提前，发生区也可能向北扩展。基于广义可加模式的预测发现，在RCP4.5和RCP 8.5情景下，间日疟和恶性疟分布范围在西北、东北预计会有较高增长，间日疟空间变化比恶性疟更加明显（刘起勇，2021）。西北地区的牧区与境外牧区相邻，气候变化导致生物多样性减少和生物入侵加剧，也容易引起境外人兽共患病的侵入与蔓延。青藏高原冰雪加快消融，还有可能使冰封下的古老病毒与细菌复苏，而目前人畜可能对此尚无免疫能力。由于气候变化导致的病原体基因变异速率要比人体基因的变异速率快几个数量级，人体免疫功能的提升往往赶不上新发传染病的传播与感染速率。

气候变化导致环境质量恶化。由于平流层臭氧层变薄，青藏高原到达地面的紫外辐射增强，对高原居民的健康造成潜在危害。平均风速减弱还使西北地区城市的污染空气不易扩散，尤其是冬季供暖期间的雾霾重污染天气多发。气候变暖加速富营养化水体的藻类繁殖，如少雨和缺水地区的水体不能及时更新，死亡藻类腐烂可造成水质恶化，尤其饮用水源的水质恶化会严重威胁附近居民的健康（陈重酉等，2011）。气候变暖导致植物开花提前，花粉过敏和哮喘的发生也会相应提前。

第三节 关键科学问题与重点发展方向

一、西部生态屏障区空–天–地一体化高分辨率综合监测网络

全球气候变暖严重危害着西部生态环境，沙漠化风险高、灾害加剧、大气环境恶化、生态系统脆弱等问题日益凸显。目前，西部地区站点稀疏，观测站网的布局和密度很不均匀、观测要素的配置不尽合理、实时数据组网传输效率不高、运行保障体系不完善，亟待建立与完善满足生态屏障建设和国家重大工程评估的气候系统立体综合观测体系，进而形成具有统一标准的空–天–地一体化高分辨率的气象水文生态环境综合监测网络。

主要研究内容：①西部生态屏障气候系统综合监测网络建设。基于现有的气象观测网络，针对不同生态系统和关键区陆气相互作用、水循环关键过程、大气成分、自然灾害，加密自动化观测站点布网，建立空–天–地一体化综合观测网络。②西部生态屏障关键区气候系统综合协同加强观测试验。强化自动站定位观测，构建包含移动观测与卫星遥感监测的跨区域、跨尺度的综合性野外观测体系。③西部气候生态环境

综合数据库构建。建立西部生态屏障气候系统观测体系质量评价、服务与共享平台，集成和研发空–天–地一体化综合观测数据服务系统，研制科学规范的高分辨率气候系统数据集，实现多层次和全方位信息共享。

2025年预期目标是设计西部生态屏障区统一、规范的观测工程网络体系；2035年预期目标是建设和完善气候系统综合监测网络，并开展空–天–地一体化综合观测试验；2050年预期目标是建立西部生态屏障气候系统观测数据库。

二、高分辨率区域地球系统模式构建

数值模式是研究区域气候变化及水文、生态环境响应的重要工具，也是预测未来气候环境变化的主要手段。现有的天气气候模式难以刻画西部复杂下垫面和关键物理过程，模式分辨率低，模拟能力不足，缺乏包括大气–水文–生态多圈层耦合的区域高分辨率地球系统模式。

主要研究内容：①无缝隙的高分辨率天气气候模式研发。研发适用西部区域大气模式的动力框架，改进物理过程参数化，建立包含次网格地形、植被、冰雪、冻土、湖泊等寒旱区关键过程的高分辨率陆面模式。②区域地球系统模式研发。开展大气–水文–生态多圈层耦合关键技术的研究，建立适用于西部地区的高分辨率区域地球系统模式。③西部区域天气气候环境的高分辨率模拟系统构建。开展多源数据同化技术研究，构建高分辨率区域地球系统模式与可视化智能平台。

2025年预期目标是突破模式物理过程参数化、多圈层耦合、多源资料同化等关键技术；2035年预期目标是建成无缝隙的高分辨率天气气候模式、高分辨率地球系统模式；2050年预期目标是构建高分辨率区域地球系统模式与可视化智能平台。

三、全球变暖背景下西部气候与环境变化的关键过程与机制

工业化以来，受自然和人类活动共同影响，全球气候显著变暖，严重威胁人类生存环境与可持续发展。我国西部是气候变化的敏感区，也是生态环境变化的脆弱区。受气候变化影响，极端天气气候事件趋多趋强，气象灾害损失增多，生态环境脆弱性加剧，成为西部可持续发展面临的严峻问题。由于气候系统的复杂性，科学应对西部气候与环境变化，亟须深入认识变化规律与影响机理。

主要研究内容：①西部气候变化的关键过程与驱动力。次季节–季节–年际–年代际–长期趋势多时间尺度气候和极端气候的变化事实、多圈层相互作用和复杂地形等对气候和极端气候变化的影响与机理、人类活动和自然外强迫对极端气候的影响和相对贡献。②西部区域气候变化的精细化预估。气候变化年代际预测（近期气候变化预估）新理论与方法、约束长期气候变化预估不确定性的新方法、西部地区气候和极端气候未来变化的精细化预估。③西部区域环境对气候变化的响应机制。气候变化对区域水文生态环境影响的检测归因、气候和极端气候变化对区域水文生态环境的影响及机理。

2025 年预期目标是深入理解西部区域气候变化的驱动机制，提升对区域气候变化的认识；2035 年预期目标是深入理解气候变化影响区域水文、生态环境的机制；2050 年预期目标是在区域气候变化及其对自然生态环境的影响方面形成系统的科学认知和理论框架。

四、西部气候变化与可持续发展

气候变化背景下，西部地区作为国家战略资源储备库和生态安全屏

障区，其水资源和生态环境发生了巨大变化，西部生态屏障区极端气象水文环境灾害频发，严重威胁区域的农业、水资源、生态安全和可持续发展。然而，气候变化背景下西部地区气候资源和水资源承载力仍不明确，农业应对气候变化的科学机制和关键技术缺乏系统研究。

主要研究内容：①气候变化对西部生态屏障区地表水循环、水资源承载力和水资源安全的影响与预估；②西部生态屏障区气候变化与极端气象水文事件对脆弱区生态系统格局、生物多样性和生态安全的影响与预估；③农业气象灾害与种植业防灾减灾技术、气候变化与作物优势布局、农业应对气候变化关键技术、种植管理技术优化和周年土地生产力有序提升。

2025 年预期目标是厘清气候变化对水资源、生态和农业的影响及其机理；2035 年预期目标是系统评估西部地区水资源、生态和农业的气候变化风险；2050 年预期目标是面向西部地区水资源、生态和农业，构建气候变化适应技术体系，提出应对气候变化策略。

五、西部绿色能源开发关键技术

构建以可再生能源和新能源为主体的新型电力系统是低碳能源转型的重中之重，而新型电力系统的核心是其经济性和安全性。西部地域辽阔，风能、太阳能、地热能等绿色能源资源丰富，开发潜力巨大，在我国高比例可再生能源开发利用战略布局中占有重要地位。

主要研究内容：①西部风能、太阳能、生物质能资源评估（面向大风机、低风速区，风光水时空互补调剂、跨地区跨流域补偿调节等）；②气候变化背景下，风能、太阳能资源时空变化特征及经济性评估；③新型电力系统安全的鲁棒性、资源齐备性和恢复能力与极端天气气候事件预报预警；④风力和光伏发电的电网友好性与绿色电力交易服务；⑤大规模建设风电场、光伏电站的气候环境生态效应；⑥城区分布式太阳能资源开发及对城市热岛效应影响评估。

2025年预期目标是揭示我国西部绿色能源资源可利用潜力，查清可再生能源资源的变化事实并科学预估其变化趋势；2035年预期目标为阐明大规模布设风电、光伏组件的气候环境生态效应，建立西部绿色能源开发利用策略，并建成风能太阳能资源与电力供需实时智能预测预警系统；2050年预期目标是形成指导我国西部绿色能源开发利用的理论框架，建立科学有效的包括风光水时空互补调剂、跨地区跨流域补偿调节在内的绿色能源开发、调配和再生调控体系。

六、气候变化背景下西部气象及衍生灾害的风险评估与适应

西部生态屏障区是全球气候变化敏感区和影响显著区之一，极端气象及衍生灾害类型多、分布广、突发性强且往往呈链式演进，相比单一灾害致灾后果更严重，加之该地区生态环境脆弱且经济发展极不均衡，脆弱性和暴露度较高。目前，灾害评估研究已在单一气象灾害致灾因子危险性评估方面取得较多成果，但缺少气象及衍生灾害多灾种的级联传导过程及其影响的非线性特征研究；缺乏社会经济承灾体的动态暴露度和纳入适应能力的脆弱性评估，严重制约了气象及衍生灾害的影响、风险评估和适应措施研究，亟须加强西部生态屏障区未来极端气象链式灾害的风险评估与适应研究。

主要研究内容：①西部气象及衍生灾害事件辨识和演化机制研究、气象链式演进致灾过程（干旱—农作物病虫害、暴雨/融雪—洪水—地质灾害、雪灾—低温冷害、大风—沙尘暴等）模型构建、气象及衍生灾害的级联传导过程和趋势预估；② SSPs下2025～2100年西部典型生态屏障区高分辨率（1千米）人口经济数据库构建、气象及衍生灾害的承灾体

暴露度指标体系和脆弱性评估模型研发、动态暴露度和脆弱性的多尺度精细化气象链式灾害综合风险评估技术体系构建；③气象及衍生灾害场景推演与风险评估示范研究、西部气象及衍生灾害综合风险评估与防范适应业务平台构建。

2025 年预期目标是完成主要气象及衍生灾害的风险调查，形成西部气象链式灾害过程模拟与综合风险评估模型；2035 年预期目标是初步建立综合灾害风险适应示范工程，构建西部气象及衍生灾害风险综合防范技术集成平台；2050 年预期目标是气象及衍生灾害风险综合防范技术集成平台的业务应用。

七、西部生态屏障区气象水文生态环境精细化预测系统

气象水文生态环境的精细化预测是西部生态屏障区防灾减灾、生态文明建设和灾害风险防控、水资源和生态安全及可持续发展的迫切需要，也是地球科学研究领域面临的重大科学挑战。目前，气象、水文、生态环境的预测主要依赖单一学科领域来开展，综合考虑多圈层耦合的气象水文生态环境预测系统研究刚刚起步，预测系统的关键过程和系统还有待完善，精细化程度不够，预测水平较低，迫切需要开展西部生态屏障区气象水文生态环境精细化预测系统的关键技术研究，研发西部生态屏障区气象水文生态环境无缝隙、精细化综合预测系统。

主要研究内容：①基于多元观测资料的气象水文生态系统耦合同化的关键技术研究；②发展气象、水文、生态不同分量高分辨率模式的耦合技术，研发适用于西部生态屏障区的包含气象水文生态系统的高分辨率区域地球环境预测模式；③基于高分辨率区域气象水文生态耦合系统的动力预测、动力统计、人工智能和机器学习理论相结合的区域地球环境预测的新方法和理论研究；④构建适用于西部生态屏障区的高精度区

域气象水文生态精细化预测系统和平台。

2025年预期目标为突破气象水文生态系统同化和耦合的关键技术；2035年预期目标是研发包含气象水文生态系统的高分辨率区域地球环境预测模型；2050年预期目标为发展区域地球环境预测的新方法和理论，构建高精度区域气象水文生态精细化预测系统和平台。

八、西部环境监测、预警和风险管理系统

西部生态环境问题关系全国经济社会持续健康发展，保护生态环境是高质量发展的基本前提和刚性约束。气候变化和人类活动的共同作用加剧了西部生态环境的脆弱性，目前对于西部气象水文生态环境变化的智能监测能力不够，风险预警和管理系统不健全，亟待构建西部气象水文生态环境监测、预警和风险管理系统。

主要研究内容：①西部气象水文和生态环境演变的综合监测方法体系与智能化综合监测平台；②气象水文和生态环境脆弱区识别技术、气象水文生态环境灾害的预警指标体系和系统；③西部极端气象水文和生态环境灾害风险评估与综合管理系统、集成与示范应用平台。

2025年预期目标为初步建成西部生态环境脆弱区极端气象水文事件、生态环境智能监测和预警平台；2035年预期目标为构建西部极端气象水文和生态环境灾害风险评估与综合管理系统；2050年预期目标是实现西部生态环境监测、预警和风险一体化智能管理。

第三章
促进气候变化应对领域科技发展的举措建议

第一节　建立西部气候变化综合立体监测体系

中国大陆的自然地貌在总体上呈现出"西高东低"的三级阶梯形状，西部地区处于第一级和第二级阶梯，第一级阶梯涵盖了青藏高原和柴达木盆地，而第二级阶梯则包括内蒙古高原、黄土高原、云贵高原、准噶尔盆地、四川盆地、塔里木盆地等。同中原腹地和沿海地貌相比，这一区域较为显著的特征就是高原和山地众多，且大多处于干旱、半干旱或荒漠、半荒漠的自然状态中，属于典型的"高地"环境。气候变化背景下西部生态环境的变化不仅反映在水环境与植被环境方面，而且影响生态系统的关键生态过程，对亚洲甚至北半球的人类生存环境和可持续发展起着重要的生态屏障作用，直接关系西部地区经济社会的可持续发展，甚至我国的国际影响与地位。尽管针对西部气候环境变化已经设置了一些观测系统，但将西部气候环境变化作为一个整体进行系统监测的体系尚未建立。因此，通过对中国西部地区气候系统进行全面大范围的系统监测，进而开展气候变化的相关科学研究，对深入理解西部气候变化机制和减小对气候环境变化认识的不确定性具有重要战略意义与科学价值。

一、西部地区气候系统观测现状

自20世纪60年代以来，中外科学家开展了多次青藏高原大气科学试验。1979年5~8月中国科学院与中央气象局开展的第一次青藏高原大气科学试验（QXPMEX-1979），包括地面热量与辐射平衡观测、地面和高空常规气象要素加密观测，推动了20世纪80年代高原气象研究工作。1993年3月~1999年3月，在"中日亚洲季风机制合作研究计划"

的支持下，中国气象局联合中外科学家开展了高原外场观测试验，分别于林芝、日喀则、拉萨和那曲布设了自动气象观测仪器，分析了高原上热量平衡、水分平衡、近地边界层的结构和性质以及与冰雪、冻土有关的水文特性，为亚洲季风形成机制的研究作基础性的工作。1998年5～8月，中国气象局与中国科学院联合实施了第二次青藏高原大气科学试验（TIPEX-Ⅱ），相比于第一次大气科学试验，这次增加了大气边界的加密观测，分别在青藏高原中部的当雄、西部的改则和东部的昌都开展了大气边界层科学试验，与常规的高空探空、地面以及辐射加密观测一起，取得了边界层与大气结构三维立体的时空观测样本。1998～2000年，中日科学家在青藏高原中部开展了"全球能量水循环之亚洲季风青藏高原试验"［Global Energy and Water Cycle Experiment (GEWEX) Asian Monsoon Experiment on the Tibetan Plateau, GAME/Tibet］，在藏北那曲地区和青藏公路沿线设置了2个大气和土壤的多学科综合观测站、6个自动气象站、2个湍流观测站、9个土壤温湿度观测点、1个三位多普勒雷达站和7个加密雨量站，为青藏高原地表和大气之间能量交换提供了数据支撑（马耀明等，2006a，2009；姚檀栋等，2022）。进入21世纪，在全球协调加强观测计划亚澳季风之青藏高原试验研究［Coordinated Enhanced Observing Period (CEOP) Asia-Australia Monsoon Project on the Tibetan Plateau, CAMP/Tibet］和中国青藏高原综合观测研究平台（Tibetan Observation and Research Platform，TORP）的支持下，中国科学院于2002～2004年开展了高原中部的加强期观测试验研究（马耀明等，2006b；Ma et al.，2008），除了继续GAME/Tibet观测项目外又增加了4个自动气象站、1部机载微波雷达、2个微波辐射计、1个风温廓线仪、2个湍流观测塔、1部激光雷达和2个深层土壤温度测量系统等仪器，进一步加深了对高原地区地气相互作用的定量理解，并为区域尺度，即大气环流模式网格点提供了有代表性的陆面过程参数化方案。2006～2009

年，在日本国际协力机构（Japan International Cooperation Agency，JICA）项目支持下，中日科学家实施了"青藏高原及周边新一代综合气象观测计划"，建立了包括 GPS 水汽观测、探空观测、自动气象站等组成的青藏高原及其东部大气的综合监测网。该大气的综合监测网不仅在提高对高原及其东部灾害天气气候的认识方面具有重要的科学意义，也在提高高原及其东部灾害天气气候的监测、预报、预警和评估的业务能力，减轻气象灾害造成的损失，提高气象部门防灾减灾决策能力等方面具有重要的实际应用价值。2014 年，第三次青藏高原大气科学试验（TIPEX-Ⅲ）正式启动，在青藏高原西部森格藏布（狮泉河）、改则和申扎新建全自动探空系统，填补了青藏高原西部缺少常规探空站的空白；在青藏高原中、西部建成土壤温度、湿度观测网；实施了青藏高原尺度和那曲区域尺度的边界层观测、那曲多型雷达和机载设备的云降水物理特征综合观测、高原多站的对流层–平流层大气成分观测（赵平等，2018）。前两次科学试验（QXPMEX-1979 和 TIPEX-Ⅱ）开展的陆面–边界层观测扩展到陆面–边界层–对流层–平流层综合观测，构建了青藏高原尺度和区域尺度的加密观测网，并利用多型地基雷达和飞机观测在青藏高原云降水多发区开展云降水物理过程的综合加密观测，为深入研究高原陆–气相互作用特征以及发展陆面–大气耦合模式系统提供了基础数据。

除了大气的观测，于 2017 年 8 月启动的第二次青藏高原综合科学考察研究（简称第二次青藏科考），还在青藏高原进行了水资源、生态环境地质灾害等观测，围绕青藏高原地球系统变化及其影响这一关键科学问题，重点考察研究过去 50 年来变化的过程与机制及其对人类社会的影响。第二次青藏科考将充分体现新时代"智能科考"的特点，建立空–天–地观测研究网络体系，充分采用卫星、高海拔自动科考机器人、互联网、大数据处理与超级计算等新技术、新手段和新方法，从流动式观测到长期固定观测，从静态观测到动态监测，从人工观测到智能辅助观测，不断提高科考效率，助力川藏铁路、青藏铁路、川藏公路等重大工程建设、经济社会发展和国家重大战略任务实施（引自 http://www.step.ac.cn/）。

中外科学家不仅在我国第一级阶梯青藏高原上开展科学考察，还在第二级阶梯黄土高原、内蒙古高原等地区进行了多次关于大气、水文、生态学等的野外综合观测实验。1990~1992 年，在我国著名气象学家叶笃正先生和日本著名气象学家山元龙三郎教授的创议下开展了黑河地区地气相互作用野外观测实验研究（Atmosphere-Land Surface Processes Experiment at Heihe River Basin，HEIFE），简称"黑河试验"，取得了欧亚大陆腹地典型干旱地区黑河流域沙漠、戈壁、绿洲等不同下垫面上的太阳辐射、大气边界层气象资料和绿洲生物气象资料，并收集了该地区常规气象和水文资料，为干旱地区陆面过程的理论研究奠定了观测试验基础。2007~2009 年，"黑河综合遥感联合试验"（Heihe Watershed Allied Telemetry Experimental Research，HiWATER）在黑河流域开展，主要进行了大型航空、卫星遥感和地面同步观测试验，并发展了多尺度、多分辨率、高质量及最终完全共享的综合数据集。随后 2012~2015 年，在 HiWATER 成果的基础上，研究人员在黑河流域又开展了黑河流域生态–水文过程综合遥感观测联合试验，通过卫星和航空遥感及地面观测互相配合的多尺度综合观测试验，实现对黑河流域生态–水文的集成研究。

1997~2001 年，"内蒙古半干旱草原土壤–植被–大气相互作用"（Inner Mongolia Semi-arid Grassland Soil-Vegetation-Atmosphere Interaction，IMGRASS）项目在内蒙古锡林郭勒草原执行，在草甸草原、稀疏沙地草原等试验区开展了土壤、植被、大气的相关要素和潜热、感热通量等微量气体交换量、辐射与降水分布等中尺度观测试验，以及微量气体收支、遥感和沙尘天气相关的专项观测，结合草原站已进行的长期监测资料，分析了气候生态长期相互作用，特别是人类活动干预的影响。

　　除此之外，目前在西部具有代表性的青藏高原已经建立了近20个气候系统多圈层地气相互作用综合观测站点。在第二次青藏科考中，科研人员在高原不同区域典型下垫面上建立了综合观测系统，积累了大量的一手观测数据。近几年，进一步在青藏高原西部和一些特殊地形区（如复杂山脉的不同海拔、不同坡面）进行综合观测，完善空－天－地一体化的多时空、多手段、全方位、高精度、多要素综合观测系统，建立对整个青藏高原气候变化及其对应要素进行长期、动态、自动化的综合立体观测和监测系统，并设立技术支撑平台，建立严格的质量控制标准和数据质量评估方案、规范的仪器维护和标定方法及完善的数据汇交和共享体系，实现数据远程传输、实时监控以及有效的共享与应用，建成一流的气候变化及其应对综合立体观测和监测体系。例如，中国科学院牵头组织院内所属的17个野外站（点），并通过与其他系统的野外站联合组建了"中国高寒区地表过程与环境观测研究网络"（简称高寒网），实现对高寒区地表过程与环境变化的长期连续监测，为地球系统集成研究、关键区域对全球变化的影响与响应、定量化辨识人类活动在全球变化中的作用等研究提供了平台支撑；为揭示大江大河源头区气候变化规律和水资源形成转化规律、合理开发利用水资源，探明生态系统结构与服务功能变化、构建生态屏障，掌握冰雪冻融等自然灾害发生机理、科学防灾减灾，以及促进区域经济社会可持续发展等提供了数据支持。中国气象局乌鲁木齐沙漠气象研究所建立了以沙漠腹地塔中站为核心，肖塘站、民丰站、红其拉甫站和红柳河站为协同站，以及穿插在它们之间的18个可观测风速、风向、气温、空气湿度、气压和降水的自动气象站为整个观测体系的塔克拉玛干沙漠环境与气候观测网，为沙漠和高原间的相互作用研究、塔克拉玛干沙漠沙尘暴发展的影响研究，以及沙尘暴影响下的沙尘气溶胶远距离输送研究等提供关键的数据支撑。

综上所述，西部地区地形复杂，自然环境和气候条件恶劣，造成该地区气候系统观测不完善。一方面，虽然已经建立了一定数量的气候系统不同要素观测站点，但是专门用于观测气候系统全要素的综合观测站点稀疏；另一方面，对西部地区特有的冰雪、冻土、湖泊、沙漠等生态系统的综合观测仅处于小范围布点阶段。此外，西部地区大部分观测站点的自动化监测水平仍很低，观测精度尚未全部达到气候系统监测的要求，且很多资料不具备时间、空间上的可比性，这在很大程度上制约了我国气候变化预测的准确率。同时现有观测站网的管理、运作、维护成本高，设备保障难度大，缺乏持续支持。

二、设计建立西部地区应对气候变化的综合观测体系

针对西部地区气候系统观测要素不完善、观测站点稀疏、技术水平有限等问题，需要统筹优化西部地区大气–水文–生态–环境等综合观测站网布局，建立西部地区应对气候变化的综合观测体系，重点提升多圈层、多要素的综合协同联网观测能力。一方面，综合观测体系要充分考虑大气、陆地、生态、冰川、冻土、水体等之间的动力、热力以及生物地球理化等相互作用过程和物质交换过程的观测，加大西部地区大气要素以下方面的观测：常规探空，云微物理特征，对流层–平流层交换过程，生态系统碳交换，冰川、冻土和积雪变化等。同时，观测体系应当具有较为广泛的社会价值，为企业、政府部门和其他用户提供包括温度、风、降水、大气湿度、土壤湿度等气候状态变量观测以及极端天气、滑坡、泥石流、冰崩等灾害性监测，为天气预报、人类健康、能量、环境监测等相关领域提供关键且要素全面的观测资料，以减少与气候风险有关的损失。观测系统还应考虑温室气体、沙尘、气溶胶输送等的观测，为西部地区经济战略发展规划提供决策服务等。此外，气候模式也是西

部地区气候预测的重要工具，模式初始场对气候预测准确性有极大影响，初始场的准确性依赖于各生态系统，如大气、水体、冰川、冻土、沙漠等的综合观测结果。多源信息综合观测资料的不足乃至空白是西部地区气候预测研究的重要瓶颈，由此造成气候模式模拟能力的欠缺也极大地制约了气候变化对各圈层影响机制的认知。因此，应满足模式预测所需要的各种初始观测资料。此外，应充分考虑气候系统模式中不同圈层相互作用过程的描述对观测资料的需求，为模式中参数化方案的建立和发展以及模式本身的发展和评估提供观测依据。

另一方面，综合观测体系应统筹优化西部大气－水文－生态－环境等综合观测站网布局，增强冰冻圈和干旱关键区的观测站网建设。气候系统的演变涉及五大圈层的相互作用，不同特征的下垫面与大气之间具有不同的相互作用。因此，气候观测系统应覆盖山川、河流、高原、森林、农田、草地、湿地、沙漠、冰川、冻土等各种地域特征，并且其观测应是空基、天基和地基相互补充的、立体的，可为地球科学多学科以及相关学科的研究系统地提供关键要素的大范围且长期的观测资料。针对西部地区的生态因素，对个别地区应加强观测密度，使观测要素更加合理与连续。例如，在西部地区选择有代表性的流域、主要矿产资源区和典型生态功能区，在常规气象观测基础上，利用大气边界层塔站和涡度相关系统，开展陆地生态系统的 CO_2、水分、热量、动量、能量和物质交换等基础性观测，科学确定碳源或碳汇。目前各圈层的观测网在观测平台方面并不全面，在地域布局方面也缺乏综合考虑，在覆盖各种地域特征方面也存在着不足。对于卫星信息的应用来说，由于反演所需的下垫面观测的不足影响到卫星信息的应用，因此，需要从气候系统的观点出发，统一规划，找出存在重复观测和观测空白的区域，研究如何把现有的各圈层观测系统综合成相互关联、内部协调一致、相连成网，且不重复的针对气候系统的一体化观测系统。

气候观测系统由在各种观测平台上的仪器组成，这些观测平台包括地面站、气球、飞机、卫星和取样器等，而人为观测应代替一些观测仪器不能观测的项目，以保证各个圈层各要素观测的完整性及时间、空间的连续性。目前，我国仍缺少自主研发的支持西部地区气候连续遥感监测的卫星系统，造成西部地区连续的区域观测和定点高频次观测缺乏。因此，应完善现有的空 – 天 – 地相互协同、互相弥补的对地观测系统，提升多要素和多目标的自动化观测以及协同观测的能力，以便减小卫星遥感产品反演的不确定性，准确有效、快速及时地提供多种空间分辨率、时间分辨率的对地观测数据产品，为西部关键生态脆弱区、国家重大工程（青藏铁路、青藏公路等）以及山洪、泥石流、冰崩、山体滑坡、湖泊涨溢等高风险区自然灾害的监测提供重要支撑。

第二节　加强西部气候变化应对的基础研究

气候变化是人类的共同挑战，妥善应对气候变化问题，事关我国国家发展战略和政治外交的国际话语权。中国西部地区是冰川、湖泊、湿地、森林、草原等多圈层特征最为集中的区域，有着鲜明的寒区和旱区相伴而生的特点，也是全球气候变化的敏感区域之一。因此，针对西部地区的气候变化影响的研究涉及的时空尺度大、物理过程复杂、驱动因素众多。在全球气候变暖的背景下，为了提高西部地区的气候变化机理及其影响的科学认知，迫切需要国家统筹，设立前瞻性、引领性的西部气候变化应对国家专项，集中优势力量、开展西部地区气候变化应对的基础科学研究，服务于西部气候变化应对方面的国家战略。

一、西部气候变化应对的核心科学问题

（一）西部地区气候大数据综合集成应用

过去几十年中，科研人员在西部地区进行了多次关于大气、水文、生态学等的野外综合观测试验研究，如第一次青藏高原大气科学试验（QXPMEX-1979）、第二次青藏高原大气科学试验（TIPEX-II）、内蒙古半干旱草原土壤–植被–大气相互作用研究（IMGRASS）、全球能量水循环之亚洲季风青藏高原试验（GAME/Tibet）、全球协调加强观测计划亚澳季风之青藏高原试验研究（马耀明等，2006b）、第三次青藏高原大气科学试验（TIPEX-III）（Zhao et al.，2019）、青藏高原综合观测研究平台（TORP）（Ma et al.，2008，2020）及第三极地区地气相互作用过程综合观测研究平台（Third Pole Environment Observation and Research Platform，TPEORP）（Ma et al.，2009；Yao T et al.，2012；Ma et al.，2022）所进行的试验研究等。以上野外试验和观测平台建设所获取的观测数据是西部地区气候和环境变化监测的关键信息，可用来对各种遥感反演算法及其数据产品进行评估验证，也可为西部地区水文、生态、气候模式的验证、发展和改进提供数据支撑。此外，众多学者还利用探空气球、多型地基雷达和飞机观测等，对西部地区的边界层、对流层和平流层过程以及云降水物理过程开展相关研究。但是，西部地区多为生态脆弱区、气象地质灾害高风险区，下垫面复杂，在诸如青藏高原西部及西北部地区仍然存在观测盲区，尤其对冰冻圈的系统观测匮乏。虽然近些年逐步增加了一些积雪和冻土观测站点，但没有统一的观测标准，观测要素也不尽完善。需进一步强化西部地区，特别是冰冻圈综合监测能力建设，补充完善气候系统关键要素观测。

地面站点观测数据受限于空间代表性，难以在区域上推广应用。卫星观测可将地面观测数据从站点尺度扩展到区域尺度，国内外学者结合多源卫星遥感数据，在高原陆气相互作用及气溶胶–云–降水–辐射等方面都取得了诸多具有重要价值的研究成果（Ma et al.，2006；Zhong et al.，2019；Ge et al.，2019；Fu et al.，2020；Ge et al.，2021）。但是，目前卫星观测还有一些局限性，如光学遥感易受云的影响，无法提供全天候的信息，微波遥感虽然可以全天候工作，但是在空间分辨率上有限。数值模式被广泛应用于气候变化领域的研究，气候系统变化不仅与大气圈内部过程有关，还受到下垫面土壤和植被等因素的影响，数值模式所需的输入变量也从最初的大气圈数据拓展到整个气候系统乃至地球系统。同时，由于气候系统多圈层和多尺度非线性相互作用的复杂性，以往研究的很多局地参数化关系并没有有效地转化为适用于西部地区的数值模式的陆面过程参数化方案。目前气候系统模式的结果在西部地区还存在很大的不确定性（吴国雄等，2014；宇如聪，2015；戴永久，2020），所以仍需探索在获得局地参数化关系的基础上，将局地观测与数值模拟相结合的有效方法，并充分利用不断丰富的气候系统观测数据，改进和完善气候系统模式中的关键物理过程，深入评估模式结果，深化对西部地区气候变化预估不确定性问题的理解。

随着现代观测技术的不断进步，新方法不断涌现，已经积累和发布了越来越多的气候系统数据。但现有数据仍然存在时空不连续、同一变量不同数据集之间差异显著的问题，如何联合西部地区多源地面观测数据、卫星数据、再分析数据，采用数据同化及大数据集成技术，形成一套高质量的、长时间序列的数据集，满足西部地区气候变化应对需求，更好地应用于西部地区气候变化研究，仍是一个亟待解决的科学问题。

西部地区是气候变化敏感区和生态脆弱区。对我国西部地区气候变化问题开展系统研究，综合集成应用高质量的气候数据产品，可以有效地监测气候变化的关键过程和要素，准确评价西部地区长期气候系统状况，提高气象预报精度和风险预警的水平，支撑西部地区生态环境监测、生态安全屏障建设以及气候变化预测预估等，进而提高我国在西部地区气候变化研究和应对领域的竞争力和话语权。

（二）气候变暖对西部生态屏障建设的影响

西部地区是我国生态安全战略格局的重点地区，青藏高原江河水源涵养区、黄土高原水土保持区、西北草原荒漠化防治区、西南石漠化防治区等重要生态屏障均在我国西部，直接影响着全国乃至亚洲地区生态环境的可持续发展。而西部地区生态环境脆弱，受气候变化影响极大，厘清当前气候变暖对西部生态屏障建设的实际影响至关重要。

一方面，全球气候变暖为西部生态屏障建设带来一定的有利影响，如升温促进了干旱和半干旱区的降水和农林业发展，使草地生态系统NPP增强等；另一方面，气候暖化也造成诸多不利影响，如加剧干旱气候区的蒸散发从而加重生态干旱，导致多年冻土面积减少、冻土下界上升，使冻融循环中消融作用加强，并造成冰川退缩等。

另一方面，气候变暖对西部生态屏障建设的影响尚有诸多不确定性。首先，气候变化对我国西部生态屏障的双重影响中哪一种占主导？例如，升温有利于提高植被生产力，增加生态系统碳汇，然而植被对气温变化的响应可能存在阈值，当气温高于阈值时植被固碳能力反而降低（李君轶等，2021），而该阈值是否存在及其精确数值目前尚未可知；气候变暖可同时促进降水和蒸散发，二者对于生态干旱的影响完全相反，其综合影响目前也没有定量确定；蒸散发过程的局地降温效应可以对气候变暖构成负反馈，而气候变暖也会导致干旱区湿地面积萎缩，加速湿地泥炭分解，转为碳源，从而加剧温室效应，二者的综合效应仍难以断定。其次，气候变化对西部生态屏障的影响是否可逆？青藏高原冰川自20世纪90年代以来总体呈加速退缩趋势，例如，珠穆朗玛峰国家级自然保护区冰川面积在 1976~2006 年减少了 15.63%，永久性冰川是否存在不可逆地退化为季节性冰川的风险尚未明确；冰川退缩使地表反照率降低，增强了入射太阳辐射，又加速了冰川的消融，形成增强温室效应的正反馈（Zhong et al.，2019），是否存在达到不可逆过程临界点的阈值是尚未解决的难题。此外，气候变暖对青藏铁路、三峡大坝等重大工程的建设和长期安全运营的影响也有待深入研究。

综上所述，气候变暖为本已十分脆弱的西部生态屏障带来了深刻而复杂的影响，加剧了生态系统的不稳定性，以旱灾、沙尘为主的气象灾害，以滑坡、泥石流为主的地质灾害和以虫、毒草为主的生物灾害暴发更趋频繁且不规律，防治难度加大。深入、彻底地研究气候变暖对西部生态屏障的影响是亟待解决的科学问题。

（三）西部地区气候变化的成因及影响

近 50 年来，全球变暖背景下我国西部地区的气候变化引起了社会各界的广泛关注。例如，西北地区气温呈显著的上升趋势，降水变化空间差异突出（张强等，2010；商沙沙等，2018），西南青藏高原地区正经历显著升温，且未来将持续变暖等。深入探究加速西部地区气候变化的成因，了解气候变化实际影响，对我国西部地区的生态环境、社会经济发展及人类的生产生活实践均具有重要意义。

目前，作为对国家"一带一路"倡议等政策的响应，气候变化成因及影响是中国西部气候研究的重点方向，但当前气候变化成因及影响的分析仍具有较大的不确定性。首先，西部地区气候变化受到人类活动和全球气候变化的共同影响，然而对于西部气候变化的主导因素并没有形成统一的观点。部分研究认为西部地区气候变化主要受到近年来全球气候变化的影响（Huang et al.，2015），但同时也有一些研究认为西部地区气候变化的成因中人为因素占主导（王顺德等，2006；同琳静等，

2020），而目前并没有将人为因素和自然因素对西部地区气候变化的影响程度进行定量的区分。其次，西部地区干旱和半干旱气候类型区广布，目前气候变化对西部地区干旱的影响机制尚不明确，一些学者认为气温的明显升高导致蒸散发加剧，进而导致西部地区总体更加干旱（Yang S et al.，2020）；还有一部分学者认为西部地区升温可促进降水，从而缓解西部地区干旱情况，使西部气候向"暖湿化"转变。目前气候变化的成因分析不确定性较大，气候变化对西部生态屏障区影响机制尚需进行全面、系统的研究。

近年来，西部地区加速的气候变化为生态环境带来了极其深远的影响，包括冰川退缩、雪线上升、冻土退化、湿地化、湖泊萎缩、沙漠化加剧、河流流量减少、水资源更趋短缺等。对西部地区气候变化的成因进行定量的分析以及对气候变化所带来的影响进行综合、深入的评估，有利于针对性地制定相关政策应对气候变化所带来的不利影响，因此这也是一个应重点关注的科学问题。

（四）西部地区气候变化预估的不确定性

中国西部地形复杂，既有高原又有盆地，既有沙漠又有山区，且生态环境脆弱，该区生态环境脆弱区面积占全国生态环境脆弱区总面积的82%，主要包括青藏高原生态脆弱区、干旱半干旱区、西南岩溶山区等（秦大河等，2002；陈云，2022）。在全球变暖的大背景下，近十几年来西北大部分地区的气候环境发生了重大变化，出现了降水与径流增加、冰川消融加速、湖泊水位上升、大风与沙尘暴日数减少、植被有所改善、生态脆弱区叶面积指数增长、农牧脆弱区减少等现象（施雅风等，2002；廖小罕和施建成，2014；彭飞和孙国栋，2017；孙康慧，2019）。西部地区气候变化预估不仅关系西部乃至中国的经济发展和环境适应，而且对政府相关部门政策的制定以及西部大开发战略的推进具有十分重要的指导意义。

气候模式是了解气候变化发生发展规律，特别是预估未来气候变化最具潜力的研究工具。当前气候模式对西部地区气候变化预估还存在很大的不确定性，主要包括以下三个方面：①未来温室气体排放情景的不确定性。温室气体的排放情景与未来技术发展和社会经济政策密切相关。但就西部地区而言，这些情景能否全面涵盖西部地区未来可能的排放情况，以及每一种排放情景可能发生的概率都是不确定的。②模式对外强迫响应的不确定性。这与模式中物理过程参数化方案和动力框架的设计有关。当前以 CMIP 为代表的气候模式水平分辨率大多较低，无法反映出地形的影响，在高原存在"冷偏差"和"湿偏差"。气候模式中大气云辐射参数化过程对云辐射特性的表征能力不足，多数模式低估了高原地区年平均大气顶能量收支和云辐射冷却效应的强度。而与地表状况（特别是积雪和地表反照率）有关的陆面过程模拟偏差也是造成高原地表温度"冷偏差"及变暖趋势模拟偏差的重要原因。③气候系统内部自然变率的不确定性。这部分的不确定性主要来源于各圈层之间的复杂非线性相互作用，其不确定性在模式中难以人为控制和量化，使得近期 – 中期的气候变化预估存在相当大的不确定性。周天军等（2021）研究表明青藏高原近期预估受内部变率的影响很大，其超过了模式差异导致的不确定性。排放情景的精细化和气候模式的改进可以人为地减小前两种不确定性，但是内部变率引起的不确定性却难以人为控制，如何量化内部变率的影响仍旧是一个难题。除了以上三个方面外，受限于目前的科学认知和观测水平，人类活动的影响也是西部地区气候变化预估中的不确定因素。研究表明，2015 年中国西部夏季极端气温事件中，人类活动很可能使日最高气温和日最低气温的发生概率分别增加了至少 3 倍和 42 倍。但就目前的认知水平而言，人为和自然因子的辐射强迫的量化依然存在较大不确定性。跨境污染物，尤其是沙尘、黑炭和粉尘也是西部地区气候变化的重要影响因素。研究认为大气沉积的黑炭可以使高原冰川的可见光辐射吸收增加10%～100%，加速冰川的融化。然而，由于其在高海拔地区难以观测且没有系统性的观测网络，污染物排放和跨境传输也是影响西部地区变化预估不确定性的重要因子。

（五）西部地区"双碳"目标的实现与可持续发展国家战略

温室气体排放导致全球变暖是当前科学界的共识，日益严峻的气候变化形势已为人类的生产生活带来严重威胁，为了守住21世纪末2℃的升温红线，减排控温刻不容缓。"双碳"目标的提出增加了将21世纪末全球升温控制在1.5℃的可能性，以最大限度降低气候变化对全球生态系统造成的不可逆影响。基于我国西部地区太阳能（西北）、水能（西南）、风能（内蒙古）等清洁能源开发利用的巨大优势以减少对化石能源的依赖，通过能源转型这一杠杆加速西部地区经济发展，对我国可持续发展国家战略实施具有深远意义。

目前，实现期望的"双碳"目标仍存在诸多尚未解决的难题。第一，作为最大的发展中国家，发展与减排的有效兼顾是我国当前实现期望的"双碳"目标的一大难题。第二，全球能源结构转型需要先后经历分别以煤炭、油气、非化石能源为主的三个阶段，目前大多数发达国家已完成了从煤炭到油气的转型，而我国2023年煤炭消费占比仍高达55.3%（中华人民共和国国务院新闻办公室，2024），能源结构过于偏重煤炭，尚未完成向第二阶段的过渡，要求我国能源结构跨过油气阶段而直接向非化石能源阶段转型，目前鲜有实例作为参照。第三，能源结构的迅速转型势必迫切需要清洁能源的开发和普及，而西部地区，诸如太阳能与水能的季节差异、风速降低等不稳定因素均影响清洁能源的稳定利用。同时，风电、光伏发电等替代化石能源的关键技术尚难以满足大规模、长周期的储能需求。系统储能技术尚存在技术瓶颈，具备灵活调节能力的智慧电网尚需攻克关键技术，而地热能、风力发电、生物质能发电等技术的发展更为薄弱。因此，新能源能否稳定取代传统化石能源也是影响实现"双碳"目标的问题。第四，目前我国已在西部地区建立了包括青藏高原江河水源涵养区、黄土高原水土保持区、西北草原荒漠化防治区和西南石漠化防治区等生态屏障工程，在森林、草地和湿地等不同下垫面进行固碳，通过增加碳汇实现预期的"双碳"目标。然而，西部地区碳汇总量仍远低于全国其他地区，且碳汇估算的不确定性尚待进一步研究。第五，除温室气体减排和增加碳汇的"加减法"外，鉴于我国仍处于工业化阶段，短期内对化石能源的需求仍然是刚性的，碳捕集、利用与封存（carbon capture, utilization and storage，CCUS）技术不可或缺，目前 CCUS 技术在西部地区已实现商业运行，在鄂尔多斯进行的 CO_2 地质封存项目对当地地质环境、土壤、地下水、大气和生态系统均无明显不利影响（王永胜，2018）。但目前我国 CCUS 技术远落后于发达国家，且 CCUS 技术难以实现对 CO_2 的完全封存，潜在泄漏风险较高，需对封存地进行持续观测。因此，CCUS 技术对 CO_2 的封存率和有效封存时间均是亟待研究的科学问题。

为实现西部地区"双碳"目标，应做到温室气体减排、增加碳汇和碳封存相结合，以实现西部地区减排与发展的统一，进而为西部地区气候变化应对做出贡献。其中，如何实现能源结构的跨越式转型、新型能源的生产和储存的稳定性、西部地区碳汇资源的定量评估、碳封存的有效性等均为亟待厘清的科学问题。

二、设立西部气候变化专项，加强气候变化基础研究

近 50 年来，在全球气候变暖的大背景下，我国西部地区的升温速率是全球平均速率的两倍，并且在一定范围内出现了"暖湿化"的趋势。

面对如此剧烈的气候变化及其对西部地区生态环境和人类活动的影响，在科学技术部、国家自然科学基金委员会和中国科学院等相关部门的大力支持下，针对青藏高原江河水源涵养区、黄土高原水土保持区、西北草原荒漠化防治区、西南石漠化防治区的气候变化研究相关科学问题，部署了一些科技专项，如第二次青藏高原综合科学考察研究国家专项、国家自然科学基金"青藏高原地球系统"基础科学中心项目、中国科学院战略性先导科技专项（A类）"泛第三极环境变化与绿色丝绸之路建设"等。这些重大项目的实施在揭示第三极地区"水－土－气－生－冰"多圈层相互作用、区域气候与环境变化过程、生态系统退化机制与重建等方面取得了重要成果，并通过构建中华水塔三维综合观测体系和地球系统模式，阐明了西部地区能量和水分循环等关键过程的变化特征。但是，不同的科技专项之间关注的研究区域，天气、气候变化过程和机理，以及时空尺度不同，导致针对西部地区的环境变化过程与机制及其对全球气候变化的影响和响应规律的研究呈现出时空尺度不统一、研究成果较为零散、研究结论不系统等问题。在日益显著的气候变化背景下，目前专门针对我国西部地区气候变化应对的科研项目非常缺乏。亟须国家层面的统筹规划，集中优势科研力量，设立相关研究专项，产出一批引领性、创新性的科研成果。因此，在"十四五"期间，应当通过整合多个科学团队的核心技术优势和资源优势，在国家科技计划任务布局中统筹考虑西部地区应对气候变化的科技需求，加强全球气候变化对西部关键生态屏障区影响的基础研究，以取得一系列基础性强、影响力高并具有代表性的原创性研究成果，为政府决策、国家"一带一路"倡议和国际气候谈判提供科学支撑。

第三节 建立西部地区多尺度气候预测系统

中国西部地区是世界上受气象灾害影响最大的区域之一，灾害种类繁多，灾害发生频率高、程度重，易造成重大的生命和财产损失。大量研究指出，受全球气候变暖的影响，西部地区干旱和洪涝灾害发生概率都有所增加。因此，开展中国西部地区多时间尺度旱涝等灾害的形成机理和预测方法研究，提高气候异常预测水平，可以减轻旱涝灾害对西部地区工农业生产和国民生命财产安全造成的损失。

一、次季节–季节预测系统

次季节–季节（sub-seasonal to seasonal，S2S）的时间尺度大约为2周至60天。这个时间尺度的气候预测，介于常规天气预报和季节气候预测之间，是天气–气候一体化多尺度预测系统的关键组成部分（Mariotti et al.，2018；Merryfield et al.，2020）。比起天气预报和季节气候预测，S2S尺度的预测发展相对缓慢，被称为"预测荒漠"（Vitart et al.，2012），这是因为更短的中长期天气预报主要取决于大气的初始条件，季节或更长时间尺度的气候预测和预估取决于大气以外缓慢变化的强迫源，而在S2S所对应的时间尺度上，初始条件的约束已经被大幅削弱，而季节尺度的强迫，如海表面温度的大尺度模态还未能发生较大改变，因此需要寻找新的可预报性来源（Vitart，2004）。

目前，S2S时间尺度的可预报性来源可以分为大气系统的内部变率和来自其他系统的强迫源。在大气系统内部，马登–朱利安振荡（Madden-Julian oscillation，MJO）是目前最主要的 S2S 可预报性来源（Woolnough，2019），其不仅影响了局地和其他洋盆的热带气旋等对流活动（Maloney and Hartmann，2000；Klotzbach，2010；Li and Zhou，2013），还通过遥相关影响中高纬的各种天气系统（如东亚季风）（Stan et al.，2017；Chi et al.，2015）。对 MJO 的预测技巧水平已达到 3~5 周（Vitart et al.，2017；Jiang et al.，2020）；涉及平流层－对流层相互作用的物理机制也可以提升 S2S 预测技巧。例如，平流层准两年振荡（quasi-biennial oscillation，QBO）在特定位相时，MJO 的预测技巧会得到提升（Marshall et al.，2017），平流层极涡活动（Mukougawa et al.，2009）和平流层爆发性升温事件（sudden stratospheric warming，SSW）（Domeisen et al.，2020）则增强了赤道外地区的可预报性。陆地和海洋的过程也可以作为边界条件在 S2S 尺度上强迫大气。土壤湿度可以通过影响局地陆气水热交换、调节局地边界层反馈（Dirmeyer et al.，2019）乃至大尺度行星波相位（Koster et al.，2014）等作用影响多尺度的大气过程，其记忆效应可以达到 1~2 月，被认为是对 S2S 预测最重要的陆面变量（Merryfield et al.，2020）。此外，积雪的反照率影响辐射，其消融的水分也会影响土壤湿度，而积雪累积和消融过程所覆盖的时间尺度和 S2S 时间尺度一致（Xu and Dirmeyer，2013）；土壤温度可以保存积雪异常的信息，指示中纬度地区的下游降水预测（Yang Y et al.，2019；Xue et al.，2021a）；植被的蒸散调节陆面水热交换，而农业活动会使植被在 S2S 时间尺度上发生较大改变（Dirmeyer et al.，2019）。这些陆面状态及其相关物理过程都是 S2S 潜在的可预报性来源。海洋大尺度过程通常被认为是季节或更长时间尺度的可预报性来源，但在风暴轴和西边界流附近的关键区域，活跃的海洋中尺度涡通过调节海表通量影响大气过程，其预测技巧水平达到 4~6 周，因此中尺度涡也是提升大气环流 S2S 预测精度的潜在因子（Saravanan and Chang，2019）；海冰也是极地和中纬度地区的潜在大气可预报性来源，海冰密集度的记忆效应所覆盖的时间尺度也和S2S时间尺度一致（Chevallier et al.，2019）。

近十年来动力模式对MJO模拟的能力已有较大提升（齐艳军和容新尧，2014），使得S2S时间尺度的动力模式预测成为可能，考虑上述可预报性来源，以及建立跨时间尺度无缝隙预报系统的需求，越来越多的S2S预测系统已经开始采用海–陆–气–冰耦合的地球系统模式，而模式初始化、不同圈层的耦合同化、模式物理参数化、集合生成策略，以及对多模式结果的后处理等都是其中重要的科学问题。为此，世界天气研究计划（World Weather Research Programme，WWRP）、世界气候研究计划（World Climate Research Programme，WCRP）和全球观测系统研究与可预报性试验（The Observing System Research and Predictability Experiment，THORPEX）自2013年开展S2S预测研究项目，进行了一系列预测和回报试验，并建立了用于评估和比较不同机构预测结果的数据库。目前，已有来自多个国家的12个预测系统参与其中，我国参与的国家气候中心的BCC-CPSv3系统和中国科学院大气物理研究所的CAS FGOALS-f2系统，可对动力模式预报结果进行实时更新。国际S2S计划在发起时涵盖了MJO、遥相关、极端事件、季风预测、非洲地区预测、预报检验等子计划（Vitart et al.，2017），最新的主要科学议题还增加了气溶胶、陆面过程、预报应用等。

对我国气候要素的S2S预测能力评估包括基本气象变量及其中高影响的极端天气事件等，但大部分研究关注的是全国范围或人口更为稠密的东部和南部地区：对近地面气温（Liang and Lin，2018）、降水（He et al.，2020；Li Y et al.，2021；Liu Y et al.，2021）、土壤湿度（Zhu et al.，2019a）、台风密集度等做出系统性评估，对汛期洪涝灾害（庞轶舒等，2021）、华南极端低温事件（Zheng L et al.，2020）等进行个例分析。对我国西部地区的关注则相对较少。

建立西部地区次季节-季节预测系统具有重要意义。从社会应用价值考虑，西部地区大部分处于荒漠化的生态脆弱区，阻塞高压、干旱、寒潮、热浪等极端天气气候事件会对当地生态环境乃至农业产量产生较大影响；西部地区可再生能源资源也十分丰富（赵东等，2009；中国气象局风能太阳能资源评估中心，2011；南士敬等，2023），但风能、太阳能的发电量很大程度上受到气象条件制约，在未来清洁能源转型的愿景下，如果遭遇影响发电量的极端事件，工业用电调度甚至居民生活都可能受到较大影响。尽管很难提前几周准确预报短时间尺度的极端事件，然而，如果能够提前 2~4 周估计区域极端事件发生的概率，社会就有足够的时间提前调度资源，减轻灾害可能造成的影响（Vitart et al.，2019）。为此，需要系统性评估西部地区基本气象要素的 S2S 预测技巧，尤其要关注上述高影响气候事件，对西部地区极端事件的次季节尺度特征和该尺度的其他主要过程建立更好的物理过程和模式表达，开发适用于西部地区的 S2S 预测产品。

1. 研究西部地区可能存在的新的 S2S 可预报性来源

已有许多研究表明青藏高原地区陆面变量，如土壤湿度、积雪，不仅影响高原地区的局地对流活动（Barton et al.，2021；Talib et al.，2021），对我国其他区域的降水预报也具有指示作用（Wu and Qian，2003；Xiao and Duan，2016；Yang and Wang，2019；Talib et al.，2021），这些陆面异常的信息也会储存在表层和次表层的土壤温度中。为此，一些机构已经联合开展高海拔地区地表温度和积雪初始化对 S2S 预测的影响试验（impact of initialized land surface temperature and snowpack on sub-seasonal to seasonal prediction，LS4P)(Xue Y et al.，2021）。

2. 研究西部地区的资料同化系统

从预测系统的发展角度考虑，这一关键区域观测资料仍然稀缺，因而很多 S2S 预测系统用来初始化的主流再分析数据在高原地区有较大的

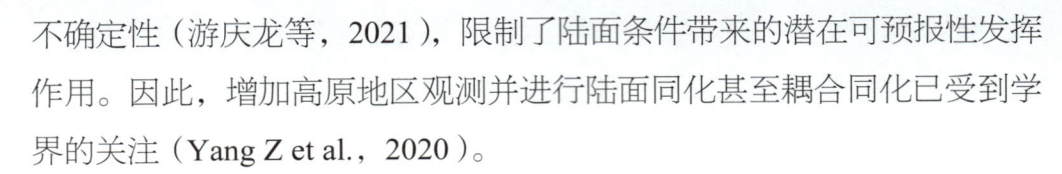

不确定性（游庆龙等，2021），限制了陆面条件带来的潜在可预报性发挥作用。因此，增加高原地区观测并进行陆面同化甚至耦合同化已受到学界的关注（Yang Z et al.，2020）。

3. 改进全球气候模式在西部地区的模拟能力

受限于模式分辨率、参数化方案等因素，S2S预测系统中的全球气候模式在西部地区仍存在许多系统性偏差，如高估高原部分地区的降水（Zhu and Yang，2020）、积雪（Li W et al.，2020）、错误表示高原地区水汽输送路径（Lin et al.，2018）及西部大部分地区的冷偏差（郭彦等，2013），这些误差可能在预测系统中传播和增长。已有研究表明，S2S模式中高原地区积雪偏差会进一步导致该地区近地面气温的冷偏差（Li W et al.，2020）。因此，提升西部地区的S2S预测需要理解这些主要偏差产生的根源，进而实现改进全球气候模式的区域表现。

二、季节气候预测系统

（一）季节气候预测方法

季节气候预测是指超前预测未来一个季节的气候状况。季节气候预测是一个复杂的世界性科学难题，也一直是大气科学前沿的研究领域。目前，季节气候预测方法主要包括动力预测方法、统计方法、动力–统计结合方法以及人工智能方法等。

（1）动力预测方法。Wang和Fan（2009）评估了亚太经济合作组织气候中心（Asia-Pacific Economic Cooperation Climate Center，APCC）收集的14个全球耦合模式在1981~2003年的回报预测结果。结果表明，全球范围内，模式对2米气温的预测技巧显著高于对降水的预测技巧。不仅如此，模式对高空风场、位势高度场等环流变量的预测技巧也高于对降水的预测技巧。季节降水的高预测技巧区域主要集中于热带海洋地区，且从ENSO发生区向四周减弱。这主要与气候模式对ENSO及其遥相关影响预测较为准确有关。目前季节模式在超前1个月的情况下，Niño3.4指数与观测的时间相关系数普遍能达到0.8左右（MacLachlan et al.，2015）。与此相比，由于东亚地区气候变异的复杂性，模式在中国区域的预测准确率非常有限。从预测技巧的全球纬向平均也可以看出，降水预测时间相关系数在5°S附近超过0.6，而在北半球中纬度地区（30°N附近）则小于0.2。

中国气象局国家气候中心提供了近年来国际主流季节气候预测模式的夏季降水空间相关系数（anomaly correlation coefficient，ACC）和趋势异常综合评分（Performance Score，PS，一种预测评分方法）。可以看出，预测评分随预测超前时间的缩短而增加，这说明初始场仍是季节气候预测的重要可预测性来源。但即使是超前1个月时，其预测技巧仍十分有限，ACC评分基本维持在0.2以下。而在超前3~4个月预测时，ACC评分常小于0，即国际主流季节气候预测模式在此条件下对中国夏季降水几乎没有预测技巧。对于PS评分，由于其在准确预测异常降水（距平百分率绝对值大于20%）的情况下额外增加评分，模式的PS评分在60~80分。国家气候中心建立了多圈层耦合气候模式BCC_CSM1.1和BCC_CSM1.1（m），并基于后者研发了第二代短期气候预测模式，投入业务使用（吴统文等，2013）。该模式能够较好地把握全球大气环流的基本特征，但对中国降水的季节气候预测技巧仍十分有限（吴捷等，2017）。该模式对降水的预测技巧低于对气温和环流的预测技巧，且对东亚地区（20°N~50°N，90°E~150°E）冬季降水的预测技巧甚至低于北半球热带外的平均水平，这说明了中国季节降水变化的复杂性。相比于一代模式，预测技巧的提高主要来源于对热带海洋预测的改进。

动力模式的误差主要来源于初值误差和模式误差（Palmer，1996）。为降低这两种误差，通常采用多初值、多模式集合预报的方法，从而使动力模式有能力进行概率预报。同时，通过不同初值预报集合产生的确定性预报能有效缓解初值引起的不确定性问题，而多模式集合平均则能减小模式误差带来的影响（丁一汇等，2004）。目前，国际上运行的季节气候预测系统集合数大多在20个以上（王会军等，2020）。国际上数个多模式集合季节气候预测相关项目也印证了多模式集合能够提升季节气候预测技巧的效果（Palmer et al.，2004；Branković and Palmer，2010；Shukla et al.，2000）。

（2）统计方法。物理统计方法即将具有一定物理意义的影响因子和前兆信号作为季节气候预测的依据，通过总结经验规律或构造统计方法，建立具有清晰物理关系和气候动力学基础的季节气候预测模型。

以中国夏季降水为例，基于其异常相关的物理基础和统计关系，将影响中国夏季降水的物理因素概括为五个方面："东"指海洋热状况异常，如ENSO；"西"指青藏高原热状况异常，包括积雪、位势高度异常等；"南"包括亚洲季风和热带、南半球大气环流异常；"北"反映中高纬大气环流异常；"中"则指西太平洋副热带高压异常。这些异常条件归纳了影响中国夏季降水的主要大气环流异常和下垫面热力异常，共同作用并最终影响中国夏季降水异常的空间分布。

除大气内部运动外，季节降水对持续性外强迫异常的响应也是季节可预测性的重要来源（Lorenz，1975）。通过这些"慢变"过程的前期异常特征，可以建立对季节降水的超前–滞后关系预测模型。ENSO被认为是最强的前期气候信号，其位相变化会引起全球大气环流异常，也会影响东亚大气环流和中国季节降水，尽管这种联系是一种复杂的间接联系（Zhang et al.，1999；Wang et al.，2000）。ENSO对中国夏季降水的影响机制：扰动从中东太平洋向下游传播到东亚，影响中纬度西风带急流；通过海洋性大陆地区的对流活动激发东亚低层经向波列；间接影响西北印度洋向东亚传播的大尺度波列。另外，Zhou和Wu（2010）发现 ENSO 对中国冬季降水的独立影响主要位于华南，而这种影响在近 20 年有明显变弱的趋势（Jia and Ge，2017）。此外，不同研究还揭示了印度洋海温（肖子牛等，2002；Han et al.，2014）、青藏高原积雪（杜银等，2014；Xiao and Duan，2016）、北极海冰（Wu et al.，2009；Li H et al.，2018）与中国季节降水预测的关系。这些信号可能既包括独立影响，又包括相互联系，存在着多因子多尺度相互作用和调制的问题。当这些预测因子的作用相异时往往给季节降水预测带来很大困难（陈丽娟等，2013），且预测因子与季节降水的关系也会随着全球气候变化而变化（李维京等，2016）。

（3）动力–统计结合方法。随着动力模式的不断发展，动力方法在季节气候预测中的重要性逐渐受到重视。但动力预测过程缺乏历史资料的参与，且对特定的时空尺度缺乏针对性。因此，将动力与统计结合，即模式解释应用的方法逐渐成为季节气候预测的主要手段之一。动力–统计方法可大致区分为完全预报（perfect prognostic，PP）和模式输出统计（model output statistics，MOS）两类。

由于降水与次网格尺度过程紧密相关，动力模式对降水的预测技巧明显低于对大气环流的预测技巧。研究表明，建立季节降水与模式高技巧的预测量之间的统计关系，即降水的统计降尺度预测，能够明显改进降水季节气候预测的效果（Ke et al.，2011；孙建奇等，2018）。贾小龙等（2010）结合经验正交函数（empirical orthogonal functions，EOF）和典型相关分析（canonical correlation analysis，CCA）方法，建立了东亚冬季 5 千帕大尺度环流和中国冬季降水的统计关系，基于模式环流输出的降水预测结果优于模式直接输出的降水预测结果。吴捷等（2017）研究证明国家气候中心 BCC 二代模式能够较好地把握全球大气环流对 ENSO 信号的响应特征，从而通过对 ENSO 预测技巧的改进有效地提升了模式整体的预测性能。从概率预报来看，BCC 二代模式对我国冬季气温和夏季降水具备一定的预报能力，特别是对我国东部大部分地区冬季气温正异常和负异常事件预报的可靠性和辨析度相对较高。Chen H 等（2012）和顾伟宗等（2012）将夏季降水分别与再分析环流场和模式输出环流场进行相关性分析，挑选出二者都显著相关的区域，认为这些区域既是影响夏季降水的关键区域，同时又是模式高预测技巧区域。将模式输出的关键区平均环流场作为预测因子，建立中国夏季降水预测的回归模型，改善了模式直接输出的结果。

部分研究（Liu and Fan，2014；刘颖等，2020）进一步将动力模式输出的大气环流变量与前期观测外强迫信号结合，作为季节降水的预测因子，基于奇异值分解（singular value decomposition，SVD）方法，建立了中国站点季节降水降尺度预测回归模型。结果显示，组合两类因子后，预测技巧较模式输出降水预测有较大提高，2015～2018 年夏季平均 PS 评分达到 72.7 分。针对季节降水中存在不同时间尺度变化的问题，郭彦和李建平（2012）应用滤波方法对不同尺度上的降水分别建立组合了前期观测和模式输出两类因子的降尺度模型，改进了模式输出降水年际变率过小的问题。

另外，根据模式回报资料推断模式系统误差，对模式输出降水预测进行订正，也是动力–统计季节气候预测的有效方法。Lang 和 Wang（2010）利用观测的前冬南极涛动、北极涛动和海表温度，结合模式输出的夏季降水，建立回归预测模型，大幅提升了中国夏季降水的预测精度。由于模式在热带有更高的预测技巧，Wang 和 Fan（2009）从热带相似理论出发订正模式输出，即利用模式预测的热带地区降水异常寻找历史相似年，以此订正热带外区域降水异常，其可以显著提升对东亚区域降水异常的预测性能。任宏利和丑纪范（2007）通过简单线性估计算法提出了夏季环流和降水的预报误差校正（forecasting analogue correction of errors，FACE）预测方案，其效果在东亚地区相比单纯系统性误差订正有明显改善。郑志海等（2009）进一步提出可预报分量的相似误差订正方法（forecasting analogue correction of errors by predictable component，FACEPC）方法，先将季节降水异常分解为对初值不敏感的可预测分量和对初值敏感的分量，并只对前者采用基于相似年的订正方法，而对后者仅剔除模式气候系统偏差。在近几年对季节气候预测的研究中，有学者结合 BCC_CSM1.1(m) 动力模式对这些模态的预测结果和最优统计预测模型，构建了基于 SMART 原理的动力-统计结合中国夏季降水预测模型。在 2020 年中国夏季降水的预测试验中，该模型准确预测出了长江中下游地区的偏涝异常倾向。因此，该预测模型能够显著提升 BCC_CSM1.1（m）动力模式对中国夏季降水的预测能力，为我国季节气候预测业务提供了一种有效的解决方案（王昱等，2021）。

（4）人工智能方法。人工智能方法是近年来发展迅速的研究领域。深度学习是人工智能方法的一个新分支，其原理是通过统计方法在已有样例中找出一般性规律，并运用在新的未知数据上，完成数据挖掘、自然语言处理、图像识别、推荐和个性化技术等各方面的任务。深度学习的概念来源于对人工神经网络的研究。人工神经网络是一种非线性信息处理系统，由大量的节点相互串联或并联构成。当多层神经网络串联时，从模型的输入到输出之间会经过多个线性或非线性计算过程，这种机器学习方式被看作是具有一定"深度"的机器学习，从而被称为"深度学习"（LeCun et al.，2015）。与传统的统计学习方法相比，深度学习因为具有多层处理，每层处理都会对信息进行加工，并影响后续的计算，从而具有一项特别的优势，被称为"表示学习"能力（邱锡鹏，2020）。深度学习能够让模型自动捕捉好的特征，减少模型构造过程中的人为干预，最终提高模型的预测准确率。

深度学习在季节气候预测中的作用常与传统统计方法类似，与动力模式相结合以提供最终的预报。目前常用的深度学习方法包括多层感知机（multi-layer perceptron，MLP）、卷积神经网络（convolutional neural networks，CNN）、循环神经网络（recurrent neural network，RNN）、生成式对抗网络（generative adversarial network，GAN）、基于注意力机制的 Transformer 等。主要被应用于海温，特别是 ENSO 的预测（Nooteboom et al.，2018；Zhang and Zhu，2018；Huang et al.，2019）。由于气候数据产生的时间频率更低，因此样本量较小，依赖大样本量的深度学习在此领域的应用潜力和应用形式仍有待探索。其中，通过"迁移学习"的方式，充分利用动力模式资料，是现有较为成功的解决方案之一。迁移学习是指将已有的模型应用在其他不同但相关的问题上。方法之一是将在大量样本上训练的模型迁移到其他类似的小数据集上，并针对新数据集的特性微调（fine-tune）参数。例如，Ham 等（2019）使用前期海表温度和热容量预测 Niño3.4 指数时，先通过大量 CMIP5 模拟资料"预训练" CNN 模型，再将训练后的模型迁移到再分析资料上进一步调整模型参数。结果表明，模型的预测效果优于海洋–大气耦合气候模式，有效预测时间达到 18 个月。

由于深度学习模型过于复杂，其应用于气候预测领域的另一个问题是其难有清晰的物理解释。模型的可解释性本身也是深度学习领域的核心方向之一（Zhang and Zhu，2018），现有大量模型解释方法的发展在一定程度上促进了对深度学习模型原理的理解（Springenberg et al.，2014；Zeiler and Fergus，2014；Zhou et al.，2016；Selvaraju et al.，2020），其中部分方法已被应用到气候领域。例如，Ham 等（2019）通过热力图（heatmap）形式分析了 CNN 模型预测 1997 年/1998 年的厄尔尼诺事件时起关键作用的因子区域，结果表明，热带西太平洋热容量正异常、印度洋偶极子负位相、北大西洋海温偏冷等因素对模型正确预测此次厄尔尼诺事件有正贡献，其背后的预测机制与现有的认识相符。训练神经网络通过海表温度异常预测北美西海岸地表温度，模型解释方法表明模型准确捕捉了赤道中东太平洋海温对该地区地表温度的重要影响。基于现有研究可以看出,深度学习方法有能力提升季节预测的性能,且具有一定可解释性,但目前在季节气候预测领域,特别是季节降水预测领域的应用尚显匮乏,有待挖掘。

(二) 预测方法的改进

综上所述,目前季节气候预测仍处于不断探索改进的阶段(丁一汇,2011;王会军等,2020)。特别是中国西部地区季节降水受中高纬度环流、海洋、青藏高原等诸多复杂因素共同作用,其年际变化成因极其复杂,对季节降水预测增加了难度。为满足国家和社会日益增长的防灾减灾和经济发展的迫切需求,亟须进一步增强对中国西部季节气候影响机制的理解,提高季节气候异常的预测能力。

1. 研究基于动力-统计结合的西部地区季节气候预测方法

动力模式季节降水预测仅在热带及部分热带外海洋地区有较高的预测技巧,而在中高纬度大陆地区,特别是中国西部范围内预测技巧仍然偏低。这可能源于动力模式对中高纬环流系统预测能力较差,且降水与次网格尺度过程密不可分,预测难度较其他变量更大。因此,基于统计的预测方法在西部地区预测业务和机理研究中仍不可或缺,尤其动力-统计结合方法是现阶段甚至未来很长时期内提高西部地区季节降水预测性能的重要途径。

2. 研究人工智能方法在西部地区季节气候预测中的应用

尽管现有研究基于动力模式的有效预测结果和前期观测信号发展了一系列动力-统计结合的预测方法,但目前这类方法往往结构较为简单,采用线性回归、线性降维等形式拟合模式误差或建立预测因子与降水之间的关系,而对多因子与降水的非线性协同关系描述能力较弱。另外,在订正或降尺度预测降水的过程中,往往着眼于少数计算简便、物理机制清晰的因子，因子的计算方法又取决于其本身的特征，而非取决于因子与降水的关系。受限于研究人员对降水影响机制的理解，预测因子的人工设计必然有可提升的空间。因此，此类方法往往只在小范围有效，当所研究的季节、区域有所变化时，模型设计和效果可能有较大变化。

深度学习的非线性拟合能力和特征提取能力有助于解决此类问题。近年来，大量国内外气象观测数据得到长期积累，同时动力模式的发展也为研究者提供了海量、多来源的数据。将充足的数据作为样本，深度学习方法可以建立预测因子与降水之间的深层复杂模型，自动提取有效的预测因子，融合不同因素的影响，在动力模式的基础上建立有别于传统动力–统计方法的新模型。

3. 研究西部地区季节气候异常形成机制与气候预测因子

近几十年来，人们对中国西部季节降水与大气环流背景关系的理解不断加深。大量研究探讨了中高纬槽脊系统、西太平洋副热带高压、西风急流等环流系统与降水的关系。尽管如此，仍然需要加强对中国西部季节降水的形成机制的研究。另外，非线性的复杂动力系统通过基于物理原理的动力模式得以建立，但有关模式误差的讨论常局限于简单的线性统计，导致只能分析其中的线性部分。进一步探讨中国西部降水与大气环流的关系，建立更加准确稳定的非线性预测模型，是提高季节降水预测水平的关键。深度学习模型的拟合，有可能为模式误差的分析方案提供一种新的思路。

三、年代际气候变化预测系统

年代际时间尺度的气候异常变化可能给人类社会经济发展带来持续十几年甚至几十年的气候灾害，未来1~10年或30年的气候预测问题是国际科学前沿，已经成为气候领域的研究热点。WCRP明确把年代际气候预测问题列为七大科学挑战问题之一，专门成立了年代际气候变率和可预报性工作组（International Workshop on Decadal Climate Variability and Predictability，DCVP）。CMIP5 第一次将年代际预测列为核心试验之一，CMIP6 围绕着年代际气候预测问题，也设立了专门的科学计划——年代际气候预测计划（Decadal Climate Prediction Project，DCPP）（Boer et al.，2016）。

在年代际预测研究方面，国际科学研究主要集中在认识和理解年代际可预报性的来源，评估和改进气候模式对年代际变率的模拟能力，理解观测的年代际变化的机理，并定量评估年代际预报的技巧。在改进模式的初始化方案方面，更完善地考虑外强迫在年代际气候预测中的作用，包括太阳辐照度变化、气溶胶和火山活动，减少年代际预报试验中的初始化冲击、模式漂移和模式偏差的影响，发展克服模式漂移和进行误差订正的方法，并针对特定区域需求进行降尺度气候预测。

在年代际气候预测业务发展方面，核心举措是在年代际预测中采用集合预报技术，以提高预测产品的信噪比，并基于集合预报产品来预测极端事件发生风险的概率变化。同时通过与用户以及各国气象、水文业务机构的合作，基于年代际气候预测系统尝试发布未来 1 年和 5 年平均的气候展望产品，在应用中不断提升能力。我国的年代际预测研究尚处于起步阶段。中国科学院大气物理研究所联合中国气象科学研究院、国家气候中心等单位，基于各自的耦合气候系统模式建立起多模式集合的年代际预测系统初始版本，形成具备准业务化运行能力的模式系统，但仍有待通过试验运行不断发展完善和提升系统的预测能力，为未来正式开展年代际气候预测业务奠定科学基础。

年代际气候预测的模式研发与评估。采用耦合气候模式进行数值模拟是开展年代际预测研究的主要方法。陈红（2014）评估了 CMIP5 模式对中国东部夏季降水年代际变化的模拟能力，结果表明 38 个模式中仅有 6 个可以成功复现 20 世纪 70 年代末中国东部夏季降水的年代际突变。Doblas-Reyes 等（2013）基于 CMIP5 多模式集合的年代际试验数据分析指出，与未进行初始化的年代际预测试验相比，经过初始化处理的预测试验回报的全球平均表面温度和大西洋多年代际变率与观测更为接近，能够回报出 AMV 在 20 世纪 60 年代下降、90 年代上升的趋势。GMST 和 AMV 初始化结果与观测的均方根误差明显低于未初始化的结果。

吴波和辛晓歌（2019）对 CMIP6 年代际气候预测计划（DCPP）进行了概况介绍与评述，DCPP 设计了 3 组试验，即年代际回报试验、预报试验以及理解年代际变率机制和可预测性的敏感性试验。目前有 21 个模式拟参与 DCPP，其中包括 5 个来自中国的模式。也有学者利用参加 CMIP6 年代际气候预测计划（DCPP）的加拿大 CanESM5 模式和日本 MIROC6 模式的结果，评估了模式对中国近地面气温的预测能力。结果表明，两个模式均能较好地预测年平均气温的变化；对季节平均气温，模式在秋季的回报技巧最高，在冬季较低（汤秭晨等，2021）。

年代际气候预测的同化系统研究。气候预测依赖于初值和边值条件，耦合模式的初值在气候预测中十分重要。年代际预测依赖于海洋初始条件的精确度及海洋初始条件与海洋模式和大气模式的协调性，提高初始场的质量是提高年代际预测能力的关键环节。在 20 世纪，人们对气候变化的预估忽略了大气和海洋初始信息对气候系统内部自然变率的影响，主要考虑外强迫作用。最早关注初值对近期年代际气候预测重要影响的是 Smith 等（2007）和 Keenlyside 等（2008）。Smith 等（2007）研究表明，年代际预测试验开展过程中对大气和海洋进行的初始化，在一定程度上提高了印度洋和大洋洲等区域的预测技巧，与历史试验进行对比，年代际试验预测技巧的提高主要受海洋热焓量的影响。Keenlyside 等（2008）指出初值包含观测海洋信息后，模式对全球平均表面温度的回报比仅包含外强迫的历史试验更加接近观测，对北大西洋多年代际振荡（AMO）以及相邻大陆区域的地表温度的回报能力有很大提升。已有研究（Boer et al.，2013）开展了初始条件对不同时间尺度气候预测准确率的定量评估，结果表明初始化方法的改进可以提高至少 3 年内的预测准确率。在这样的大背景下，需要开展更多的数值模拟试验，研究初始化在年代际气候预测中所起的作用（Boer et al.，2004；Pohlmann et al.，2009；Branstator and Teng，2010；Mignot et al.，2016）。

CMIP5 年代际预测试验由 16 个国家运用 18 个全球气候模式完成。18 个气候模式采用了不同的初始化方法，这些初始化方法可以分为四类，包括模式部分分量或全部分量的同化方法、观测的大气资料强迫海洋产生初值、全场初始化方法和海洋的异常场初始化方法（Meehl et al.，2014）。模式的海洋部分主要针对温度和盐度做了相应的初始化，所用的初始化方法主要包括：对海表温度进行同化，并依靠海洋传输间接初始化海洋次表层，用大气观测直接强迫海洋模式，或者直接同化或采用海洋同化资料，复杂的完全耦合同化。

在 CMIP5 试验中，我国有三个气候模式开展了年代际气候预测试验，初始化方法各不相同。IAP/LASG 利用 FGOALS-g2 地球系统模式采用简化的 3DVAR 初始化方法开展年代际回报和预测试验（刘咪咪，2012；Wang et al.，2013）。同时，FGOALS-s2 地球系统模式采用分析增量更新（incremental analysis updates，IAU）方案同化分析 EN3_v2a 资料海洋表面和次表面的温度和盐度，开展年代际回报和预测试验（Wu and Zhou，2012；Wu et al.，2015）。国家气候中心利用 BCC_CSM1.1 气候系统模式参与了 CMIP5 试验计划（Xin et al.，2013），采用将模式状态向全球月平均海洋再分析资料（simple ocean data assimilation，SODA）恢复的方法，完成海洋初始化。

年代际气候变率的机制研究。近几十年来，全球和东亚大气发生的诸多年代际气候变化现象都与海洋中的年代际气候变化有关。海洋中最显著的年代际变率信号是太平洋年代际振荡（PDO）和大西洋多年代际振荡（AMO）。

太平洋年代际振荡（PDO）是典型的年代际现象（Mochizuki et al.，2010），具有10～30年的周期。该现象主要涉及北太平洋中部和热带太平洋中东部海表温度。北美沿岸区域海表温度变暖或变冷，可以直接对周围区域的气候造成影响。很多研究表明，北太平洋年代际振荡现象与热带太平洋相关（Latif and Barnett，1994；Park and Latif，2005；Chikamoto et al.，2012），在1925年、1947年和1976年前后发生过年代际转变（Deser and Blackmon，1995；Deser and Phillips，2006；Meehl et al.，2009）。对比分析FGOALS-g快速耦合模式300年积分模拟结果与多种观测资料，研究结果表明北太平洋年代际模态具有10～20年振荡。Meehl等（2010）用耦合模式CCSM3模拟的海表面温度EOF分解，得到在20世纪70年代中期气候变化是气候内部多年变化的结果。顾薇和李崇银（2010）利用1880～1999年中国东部35站观测降水、英国哈得来中心的海温和海平面气压资料以及IPCC AR4中20世纪气候模拟试验（20C3M）的模式输出结果，对PDO变率进行了分析，部分模式可以模拟出PDO的空间模态，20世纪70年代中期之后PDO由负位相转变为正位相的情况。韦销蔚等（2023）利用具有海浪耦合特色的第二代地球系统模式（First Institute of Oceanography-Earth System Model Version 2，FIO-ESM v2.0）145年（1870～2014年）历史气候模拟试验结果，结合再分析资料和另外两个地球系统模式结果分析发现，FIO-ESM v2.0能够再现历史时期PDO的空间模态分布特征，其PDO指数具有10～30年的周期变化特征，同时于1960年以后能刻画出与再分析数据结果相近的PDO位相转变特征。

大西洋多年代际振荡（AMO）是指北大西洋区域几十年时间尺度的海表温度准周期性的变化（Schlesinger and Ramankutty，1994；Keenlyside et al.，2008；Guan and Nigam，2009；李双林等，2009），具有65~80年周期。北大西洋海盆尺度海温具有显著的几十年尺度冷暖位相交替出现的特征，1920~1960年北大西洋海温有逐渐变暖趋势，1960~1980年进入变冷的阶段，AMO对东亚季风年代际变化有一定的影响，暖位相时东亚夏季风增强，冬季风减弱，冷位相则与之相反。AMO的年代际气候预测，对我国气候预测有重要意义；1990年以后逐渐变暖，AMV被认为是评估年代际预测系统的重要指标；北大西洋海温表现出海盆尺度的冷暖位相交替的周期性（60~80年）变化；正位相AMV下北大西洋偏暖（异常大值区主要位于副极地地区），而南大西洋偏冷，形成南北半球反位相变化。关于AMV的不同定义方法，包括去除线性趋势后的北大西洋海温区域平均、北大西洋区域平均海温减去全球平均海温或者除了北大西洋区域之后的全球平均海温、北大西洋海温EOF分解、观测和模式相结合等方法，不同定义方法下的AMV指数也有一定差异（秦旻华等，2022）。

综上所述，年代际预测研究处于起步阶段，年代际气候变化机理还不清楚。提高我国气候模式对西部地区年代际预测能力，对国家应对近期气候变化、极端气候事件、国家防灾减灾，乃至西部生态屏障建设等都具有重要意义。对中国西部地区开展年代际气候预测应重点开展以下研究。

1. 年代际气候预测耦合模式的初始化方案研究

将更加先进或者更为复杂的同化方法应用到模式初始化中。可以考虑采用全场初始化，在同化过程中通过约束模式，使之趋近于观测，从而去除模式固有的海温模拟偏差。但是大量研究表明，在开始预测试验积分之后，模式将很快滑向其本身固有的气候状态，出现模式气候态漂移。第二种方法是异常场初始化。在同化过程中扣除观测的气候平均，只同化观测海温的异常场，这能够让模式在初始化过程中始终保持在自身固有气候态的附近，当开始预测试验积分时，模式不会出现显著的气候态漂移现象。但是，由于某些气候变率模态可能受到气候平均态的调制，采用异常场初始化可能会降低对某些变率模态的模拟技巧。还需要对两种初始化方案进行深入效果检验。

此外，也有研究设计了同时同化大气资料、陆面资料、海冰资料乃至气溶胶资料等的试验方案，但不同来源的不同要素资料，存在着相互协调性问题，如何在耦合同化过程中令大气、海洋、陆面和海冰的变化保持协调，是耦合同化亟待解决的问题。

2. 气候系统内部因子和外强迫在年代际气候预测中的作用

一些气候系统内部因子被认为在调制我国西部地区年代际气候变化方面具有重要作用，其中，热带海温的年代际变率和北极海冰的年代际变动尤为引人关注，如热带东西太平洋对我国西北和西南（Wang L et al.，2018；Shang et al.，2020）、印度洋对青藏高原地区以及热带大西洋对我国西部地区年代际降水存在显著影响（Xu et al.，2015）；而最近几十年北极海冰的退缩不仅影响年代际尺度上东亚气温（Ye and Messori，2020；Li W et al.，2021）和降水（Wu and Li，2022）的变化，而且影响高原积雪（Chen Y et al.，2021）、内陆湖面（Liu Y et al.，2020）和西北沙尘暴发生频率（Shang and Liu，2020）。但已有工作只限于零星探讨，缺乏系统集成，因此未来亟须加强气候系统内部因子在西部地区年代际气候预测中作用的研究。

基于最新的CMIP6子计划之一DCPP专门设计的敏感性试验，研究火山气溶胶对年代际气候预测技巧的影响。从辐射强迫的角度，火山气溶胶喷发的直接气候影响最多持续1~2年，但是通过气候系统的耦合作用和反馈过程，它可能显著触发气候系统固有的年代际变率模态的位相转换，从而显著影响年代际的预测技巧。关于火山气溶胶强迫如何触发气候系统内部变率模态的位相转换，是当前国际科学界研究的热点之一。

3. 年代际气候变率可预测性的理论研究

面向我国西部地区年代际气候变率的研究亟待开展。不同区域的年代际尺度气候变化的可预报性上限到底多长是科学界关注的一个重要话题。Meehl 等（2010）开展了理想预测试验，即让模式在年代际尺度上回报其自身的演变。在这种情况下，模式物理过程与预报对象完全一致，预报误差的唯一来源是初始条件。在全球变暖背景下，太平洋大部分区域的海温具有约 20 年的可预测性，这一可预报时间的理论上限远高于当前基于耦合模式的年代际预报试验的结果，值得深入研究。孟佳佳（2015）利用 NOAA 的扩展重建海表温度（Extended Reconstructed Sea Surface Temperature，ERSST）资料和 GFDL 模式 CM3 工业化革命前试验模拟结果研究 SST 的年际、年代际可预报性和可预报成分，从而寻找海洋中存在年际和年代际可预报性的主要区域。年际可预报性主要集中在热带太平洋，热带太平洋 SST 的可预报性水平为 4 个月，全球 SST 在前置时间为 1 年时，预报技巧为 0.55，SST 的年代际可预报性主要集中在中高纬度。徐怡然等（2024）利用 1981~2020 年美国国家环境预报中心和美国国家大气研究中心再分析数据集的表面风场资料分析了厄尔尼诺–南方涛动（ENSO）组合模态（C-mode）可预测性的季节–年代际变化，由于 C-mode 变率减小、强度减弱、信噪比下降，在 2000 年以后的可预测性明显下降。

第四节　建立西部地区气候变化综合影响评估系统

气候变化对自然生态系统和人类社会产生了深刻影响。气候变化导致的全球降水变化和冰雪消融正在改变全球水文系统，影响水资源量和水质，加剧淡水资源缺乏；气候变化对农作物产量影响有利有弊，但总体以不利影响为主，部分农作物产量减少，品质下降；气候变化改变了部分生物物种的数量、活动范围、习性及迁徙模式等；气候变化还会引起海洋酸化，影响海洋生态，并恶化已经存在的人类健康问题，导致一些地区由炎热引起的人类死亡增加。当全球升温1.5℃时，旱地缺水、野火损失、永冻土退化和粮食供应不稳定将处于高风险水平（IPCC，2019；黄磊等，2020）。与全球升温1.5℃相比，升温2℃时气候变化所造成的影响将更加广泛。

到2020年，全球平均气温较工业化前（1850～1900年）升高1.2℃（中国气候变化蓝皮书，2021），中国西部地区1961～2020年年平均气温显著升高，升温速率约为0.27℃/10年，其中21世纪第一个十年升温速率有所趋缓，但青藏高原却在持续变暖，且升温速率在海拔4000米左右的区间有所增强。我国西部地区自然条件严酷，生态环境脆弱，各类灾害频发，社会经济发展水平较低，更容易受到气候变暖的不利影响。综合定量评估西部地区气候变化对生态安全、粮食安全、能源安全、水资源安全、重大工程和人类健康等的影响及未来气候变化风险，可为国家长期发展战略提供有力科技支撑，以便采取更加有效的气候变化应对措施。

一、气候变化评估指标

（一）气候变化对极端气候事件影响评估指标体系

在全球气候变暖大背景下，高温热浪事件更多、更强且更持久，人为温室气体的排放量越大，极端温度的升幅也越大，大部分地区高温灾害频发，以前20年一遇的高温事件频率已演变为10年一遇，随着温度进一步上升，将来甚至可能会变成一年或两年一遇。陆地地区强降水事件明显增加，极端降水变得更强、更频繁，进而加大洪涝风险，城市内涝日趋严重。高温引发的干旱也越来越严重，旱区越旱，生产、生活和生态用水供需矛盾日益凸显。另外，气候变暖导致中国西部地区的冰冻圈系统稳定性降低，冰川活动性增加，冰川跃动和雪崩、冰湖溃决事件频发。

研究气候变化背景下，西部地区出现的高影响极端高温事件、极端低温事件、极端降水事件以及冰川灾害事件发生的危险性、频次、概率、持续时间（强度）、区域和范围等；建立极端气候事件致灾因子指标体系，评估其长期变化趋势和影响因子，对人类活动在极端降水事件、干旱事件中的作用进行量化分析，揭示人类和自然外强迫在西部地区极端温度和降水等变化中的作用。

（二）气候变化对生态环境影响评估指标体系

气候变化影响植被覆盖、生产力和碳循环，以及物候、物种的分布范围，可能会使碳排放能力增加，湿地系统生境质量下降，生物多样性减少。中国西部地区森林覆盖率低，草地多为高寒草原和荒漠草原，受干旱和生态环境恶化的影响，水土流失和荒漠化非常严重。气候变暖会影响土壤微生物量和微生物的活动，改变土壤中的养分利用和碳氮循环，加快土壤有机质分解和氮的流失，削弱生态系统抵御自然灾害的能力。同时，与气候变暖同步的风速减小、大气稳定度增强等，不利于大气污染物扩散，也容易引发环境灾害。气候变化所导致的大气、温度、降水等方面的变化必然会改变水资源、土地资源和生态资源的容量变化，从而导致生态系统固碳潜力、承载力和生态系统服务功能发生改变。

研究气候变化对植被生产力、植被覆盖、湖泊湿地、碳源汇的影响过程及其反馈的影响，建立评估指标体系；开展极端气候事件对生态系统影响的评估研究。基于代表性、通用性和可行性原则，针对西部生态系统特点，拟构建以下气候变化对生态环境影响评估指标体系，主要包括环境要素指标、生态系统结构指标和生态系统功能指标。通过构建环境要素指标体系，评估气候变化对大气基本要素和质量、土壤物理化学性质和微生物特征、生态系统水循环和水体质量的影响；建立生态系统结构指标体系，评估气候变化对生态系统群落组成和物候的影响；制定生态系统功能指标体系，定量评估气候变化对生态系统生产力、固碳潜力、承载力和生态系统服务功能的影响。在此基础上，系统评估气候变化对西部生态环境的影响，制定应对气候变化的有效对策。

（三）气候变化对西部冰冻圈影响评估指标体系

中国西部 80.8% 的冰川呈退缩状态，冰川面积在过去几十年间整体萎缩了约 18%，面积萎缩率以青藏高原北部为中心，向外围不断增大（Liu et al.，2015；刘时银等，2015；赵华秋等，2021）。中国西部冰冻圈是亚洲众多河流的发源地，长期以来，冰川作为固体水库以"削峰填谷"的形式显著调节着径流丰枯，尤其是干旱区的绿洲区。近几十年，中国冰川融水径流增长高达 53.5%，乌鲁木齐河源区径流增加的 70% 来自冰川加速消融补给；长江源区近 40 年河川径流减少 13.9%，而冰川径流则增加了 15.2%（丁永建，2017；贾玉峰等，2019）。受冰川补给较多的河流径流增加，对地表水资源产生了显著影响。同时，气候变暖导致冰冻圈系统稳定性降低，冰川活动增加，冰川跃动和冰雪崩、冰湖溃决事件频发，冰川融水径流的季节性错配和频发的溃决洪水，已对流域绿洲经济、下游居民生产生活和基础设施造成了严重威胁。

因此，建立"气温升高—冰川（积雪）融化—冰川表面反照率降低—正积温增大—冰体温度升高—冰川破碎—冰川（积雪）消融量增加（冻土活动层增加）进而影响径流"的评估指标；评估气候变化对高原积雪和寒区冻土的影响；定量评估冰川加速融化对江河源径流量的影响，冰川融水拐点出现时间；评估气候变化对湖泊湿地数量、面积的影响；评估不同冰川类型对气候变化的响应；建立跃动冰川和冰崩灾害致灾因子指标体系，评估气候变化对西部冰冻圈灾害的影响是非常有必要的。

（四）气候变化对西部农业生产影响评估指标体系

气候变暖使农业热量增加，作物适宜生长季延长，生产潜力增加，使一些作物种植界限不同程度地北移，并向高海拔地区推移，复种指数增加。同时，气候变暖导致有害生物种类增加，而且影响病虫害地理分布，提高病虫越冬率和夏季存活率，从而加大了农业病虫害影响风险。农药使用量的增加，严重威胁了农产品的质量安全。此外，农业气象灾害及极端天气气候事件发生频率增加，农业受灾面积剧增，加剧了农业生产的波动性。在更小的区域尺度上，降水变化对作物的影响更为明显。随着 CO_2 浓度升高，作物吸收更多碳而减少氮的吸收，这导致蛋白质减少，Fe、Zn 含量和维生素含量降低等，从而削弱农产品品质。同时，气候变化还可导致粮食系统不确定性增加，进一步增加粮食生产成本和供给风险（《第四次气候变化国家评估报告》编写委员会，2022；朴英姬，2023）。

系统分析气候变化背景下，光、热量和水分资源演变趋势及空间分布格局，建立气温（作物有效积温、无霜日）、降水、土热量和水分变化及 CO_2 浓度对西部地区小麦、玉米、棉花、马铃薯、经济作物及牧草等主要农作物产量和营养品质影响的评估指标；分析西部地区农作物气象灾害时空变化特征，定量评估农业热害、持续性干旱、持续性暴雨、低温冷害对农作物种植、长势和产量的影响，对我国西部农业生产有重要作用。

（五）气候变化对人体健康影响评估指标体系

气候变暖可能通过多种途径直接或间接影响人体健康，直接影响途径为风暴、干旱、洪水和热浪等灾害，间接影响途径为水质、空气质量、土地利用、生态环境等，这些影响通过人群的不同社会状况（如年龄、性别、健康状况等）对人体产生不同的健康影响。气候变化引发的温度、降水和湿度的变化会扩大病毒传播媒介的活动范围（刘钊等，2019；何苗，2024）。极端高温可能导致中暑、热痉挛、晕厥或者热射病，当气温升高超过"热阈"时，死亡率会显著增加；低温则会导致心脑血管、呼吸系统等慢性病的发病率和死亡率上升。极端强降水及洪水的增加以及干旱事件，会威胁饮用水安全，导致食物短缺，增加肠道疾病发生率。空气质量不佳，大量粉尘、花粉等过敏原及各种污染物的积累，会增加呼吸系统发病率。媒介传染疾病等其他极端事件，如台风、沙尘暴等，通过污染水源、空气和影响心理健康等方式，在灾后持续对人群健康造成损害。

因此，可以通过医院门诊数量、急诊数量、救护车呼叫等指标搭建气候变化引起的高温、低温、空气质量恶化以及极端天气气候事件与疾病发病率、死亡率、职业健康和劳动生产率的关系（刘钊等，2019；刘起勇，2021），建立评估指标，评估西部不同类型人群对高温、低温、极端天气气候事件的健康风险水平。

（六）气候变化对能源安全影响评估指标体系

气候变化对能源系统（能源开发、输送、供应等）影响广泛，能源需求随气候要素变化而变化。我国西部是全国重要的煤炭、天然气和清洁能源基地。西部和北部地区风能、太阳能资源丰富，西南地区则是我国最集中的水电开发基地，气候变化对西部能源安全的影响不容忽视。气候变化影响了冬季采暖、夏季制冷等的能源消费，同时气象灾害对能源生产和运输都会产生显著影响。研究发现，当日平均气温 >26℃时，温度每升高 1℃，居民用电总量增加 14.5%（Li L et al.，2019；盛云亮等，2023）。随着全球变暖，地面风速和总辐射均呈减小趋势（丁一汇等，

2020；秦大河，2021），对风电光伏等清洁能源开发的影响不容小觑。雪灾、冰冻灾害可能造成电线积冰，甚至压断电线；持续高温、低温天气会造成电力超负荷、光伏组件发电效率下降、太阳能电池寿命缩短；大风、冰雹、雷击等气象灾害会损害电力设施，损坏露天聚光部件、光伏组件等，影响风能、太阳能发电。河川径流影响水电运营安全。

分析气候变化对西部风能、太阳能和水电资源变化趋势的影响，建立风能、太阳能和水电能资源开发对我国气候、生态和环境影响的评估指标；建立极端高温、极端低温对夏季降温耗能和冬季采暖负荷影响的评估指标；研究雨雪冰冻、大风、沙尘暴在不同作业环境和作业方式下对能源生产、运输、供应等的致灾致损阈值，建立影响评估指标，开展基于风险的能源安全评估，有助于能源保护。

（七）气候变化对西部水资源影响评估指标体系

气候变暖背景下，旱涝灾害更加频繁，水资源可利用率减少，水质下降，水资源供给、利用等与淡水资源相关的风险会显著增加。近60年来，中国西北大部地区年降水量总体呈增多趋势，但空间分布差异大，主要表现为西北地区中西部年降水量呈显著增多趋势，西北地区东部（甘肃东部、宁夏、陕西）年降水量呈减少趋势。西北地区气候虽然总体呈现暖湿化趋势，但并没有改变其干旱半干旱的格局。干旱导致区域水资源有效性降低，而气候变化会加剧干旱区的水资源短缺。加之该区域人口的快速增长、灌溉农业规模的扩大以及经济发展，增加了对水资源的需求。随着温度升高、冰川融化，西部依靠冰川存储水资源的地区，冰川融水径流先增后减，最终会出现冰川径流减少逐步加剧，直至冰川完全消失的局面，从而对下游水资源产生重大影响。

结合气候变化对冰冻圈影响的评估，特别是对冰川融水径流量、融水径流时间拐点等的评估，建立冰川、积雪对径流影响的评估指标，评估西部地区重点区域和流域的生产、生活、生态用水供需影响；综合人口、经济等因素，构建气候变化对流域水循环和水资源供需的风险评估指标，开展西部地区水资源风险定量评估，有利于水资源的利用和保护。

（八）气候变化对重大工程影响评估指标体系

气候变化的背景下，西气东输、中俄输油管线、青藏铁路（公路）等重大工程的安全性、稳定性、可靠性和耐久性，以及运行效率和经济效益都受到一定影响。气温升高将造成青藏铁路沿线多年冻土普遍退化，将增大青藏铁路、公路路基工程的失稳风险；大风和沙尘暴容易造成列车脱轨、倾覆，以及行车设备寿命变短；雷电则会通过影响高速铁路的电力设备、电子设备和信号设备威胁行车安全。气候变化带来的西部地区水资源变化、冰川融雪径流增大背景下融雪性洪水等极端事件增加，对西气东输、输油管线重大工程和基础设施的安全运行带来风险。对水利工程而言，气候变化引起流域降水和径流的变化，将影响流域的设计暴雨和设计洪水，进而影响水利工程防洪的设计标准。

分析西部地区冻土热力状态变化和空间分布变化，建立气温、冻土（活动层温度）、雨雪冰冻、大风、雷电、暴雨洪水等对公路铁路和输油管线安全运行影响的评估指标，分析气温、降水、冰川、冻土等的变化和西部重大工程/基础设施建设防洪设计标准、工程建设和维护标准、安全运行标准等之间的关系，开展西部地区重点区域和流域极端天气气候事件对重大工程和基础设施建设风险评估等有助于确保重大工程的安全进行。

二、气候变化评估和预测预估模型

气候变化不仅与排放相关，更与能源、产业结构、消费模式和宏观微观决策相关，并伴随重要的人群健康和社会经济影响。单一影响评估指标不能全面反映气候变化的影响，需要结合不同行业部门应对气候变化的具体需求，综合考虑气候因子（极端气候事件）的直接和间接影响，将人口、经济、农业、生态、水文等模式耦合气候模型，建立气候、社会经济共享路径情景，发展主要承灾体暴露度和脆弱性综合影响评估模型。

（一）极端气候事件预测预估模型

目前，对极端气候事件的预测预估主要基于全球气候系统模式，预测准确性和可靠性不高、不确定性大，全球气候系统模式的空间分辨率相对较低，区域模拟偏差较大，特别是在地形复杂地区，且目前模式中使用的物理参数化方案大多是国外发展的，对于中国地区还存在很大误差。需要发展适合中国地区的高时空分辨率区域气候模式，发展极端气候事件预测预估关键技术，改进物理过程参数化，减小对气候变化影响评估和未来气候变化影响预估的不确定性，实现高分辨率气候变化、极端气候事件预测预估，并将其用于生态、水资源受气候变化影响严重且脆弱性较大的地区，提高气候变化风险应对能力。

（二）气候变化对水资源影响评估模型

目前，主要采用分布式水文模型来定量评估区域水资源、进行洪水预报、规划水利工程等。气候变化对未来水文过程的影响研究基本上采用"气候情景驱动水文模型"的方法，研究热点主要集中在流域地表径流。我国西部地区受到资料、技术等问题的限制，需要重视一些无资料区域和一些重要的水文过程等的影响，如冰川、冻土消融所产生的地下和地上径流，季节性山洪、湿地湖泊、冰碛湖、堰塞湖等形成的水文过程，干旱对内陆流域水文过程的影响以及极端水文事件的影响等。建立气候变化和重大气象水文灾害危险性综合评估方法和评估模型，识别西部地区重大灾害发生的高危地区，结合未来气候与极端事件趋势和社会经济演变格局，评估未来西部气候变化与重大气象水文灾害的综合风险。

（三）气候变化对生态系统影响评估模型

生态模型已经从早期基于统计的静态的经验模型逐渐向动态的基于过程的机理模型发展，并且逐步朝着耦合更多环境因素，综合考虑自然因素和人类活动，并且包括适应性管理策略的影响及反馈在内的方向发展。现有的生态系统过程模型可以较好地模拟气候变化对生态系统主要结构和功能的影响，但生态系统受人类活动的影响较大，现有的生态模型中对土地利用方式变化以及适应性管理策略的影响及反馈考虑不够，导致模拟结果的不确定性较大。需要在现有生态模型的基础上，耦合土地利用和覆盖变化、适应性管理措施、臭氧及氮沉降模块，实现气候要素以及人类活动对生态系统影响的综合模拟。

（四）气候变化对农业影响评估模型

作物模型与全球气候模式输出结果耦合是当前研究气候变化对农业生产可能影响的主要方法。国际上以美国、荷兰、澳大利亚、联合国粮食及农业组织等为代表的国家（组织）开发了各自的系列作物模型，如荷兰瓦赫宁根大学的 ORYZA 模型、WOFOST 模型，美国农业部主导的 DSSAT 模型、EPIC 模型等。这些模型与气候系统模式结合能够评估气候变化对粮食产量的影响、粮食作物的恢复力与脆弱性，以及气候灾害对不同区域作物的影响；与预测模式结合能预测作物产量。

根据西部地区不同区域气候变化和农业生产的特点，结合高分辨率区域气候模式和主要农作物模型，可以开展气候变化，特别是 CO_2 等温室气体对西部主要农作物长势、产量和质量等关键要素的影响评估业务，定量评估主要农作物适应气候变化的潜力；研发在气候变化背景下考虑极端事件影响的粮食产量预测模型和农业气象灾害综合风险评估模型。

（五）气候变化综合影响评估模型

现代的气候政策分析需要更为复杂和精细的综合影响评估模型，这类模型包括美国 GCAM 模型、EPPA 模型，奥地利 MESSAGE 模型、GAINS 模型，日本 AIM 模型等。这些模型不仅为其本国气候政策和可持续发展提供了有效支撑，也为国际气候谈判和 IPCC 历次气候变化评估报告的长期情景分析提供了科学基础。综合评估模型更加大型化和复杂化，模型的参数和结果更复杂。

西部地区气候变化综合影响评估模型，需要在具有区域性和适用性特征的气候变化影响评估指标基础上，研发气候变化综合影响评估技术，连接气候系统和不同经济系统，同时考虑气候变化响应和其对行业部门的影响，在一个综合的框架下对气候变化和能源经济相互影响进行评估。建立和发展耦合农作物模型、生态模型、土地利用模型、空气质量模型、水文模型、人体健康模型、社会经济等的综合影响评估模型，包括排放、影响、适应、损失等，分析气候变化对西部农业、水资源、能源、交通、水利、卫生等部门的影响。随着预期"双碳"目标的提出，要以 1.5℃温升作为温室气体减排路径，评估气候目标约束下行业发展对经济、粮食安全、水资源安全、能源安全和土地利用变化等的影响，分析比较 1.5℃温升和 2℃温升情景下，气候 – 粮食 – 能源 – 水之间的关联以及南北极 – 青藏高原气候与生态安全之间的关联等。

三、西部灾害综合风险区划

未来我国极端高温的出现频率、强度和持续时间都将显著增加；大雨和暴雨的发生频次将分别增加 24.2% 和 57.7%，并且北方地区的增加幅度大于南方地区；干旱范围扩大，出现频率和强度增强；农业病虫灾害发生风险增加，导致农作物单产减少；对人体健康的负面影响也将增加，如相关疾病发病率的增加和死亡率的上升。预计到 2050 年，气候危机所造成的社会经济影响将提高 2~20 倍。我国气候变化敏感区和自然灾害脆弱区高度重合，进一步加剧了气候变化对自然灾害的影响，加大了灾害风险，甚至增加了复杂灾害叠加发生的概率。

通过灾害综合风险区划，全面揭示我国西部地区气候变化背景下气象灾害时空格局与区域分异特征，建立对不同灾种不同承灾体影响的风险图谱，为西部区域发展规划、综合减灾规划、生态文明建设规划等提供支撑服务。

（一）气候变化背景下极端灾害事件时空多维演化特征研究

整合西部地区高时空精度自然环境基础数据、区域社会经济数据和承灾体信息，采用遥感（remote sensing，RS）和地理信息系统（geographic information system，GIS）等空间信息技术，综合考虑地形地貌、土地利用、交通道路、水体分布、遥感灯光指数、城市建筑等数据，建立我国西部地区高空间分辨率和高精度的人口与社会经济数据集。利用时空融合分析和数值模拟等技术，揭示包括西部生态保护区、功能规划区、流域区域等在内的主要气象灾害的致灾强度、影响面积、持续时间等多维特征，以及典型区域气象灾害事件的演化过程及其与社会经济的时空关联特征，分析评估区域异质特征，诊断识别西部不同区域主要气象灾害。

（二）承灾体暴露度水平和脆弱性评估与区划

基于上述气象灾害影响评估指标体系，利用时空模拟、深度学习等技术方法，分析研究不同种类、历时、强度的气象灾害对典型区域社会经济影响的时空分异规律；基于西部地区各区域人口、经济、农业、基础设施等数据及指标，遴选受气象灾害影响较敏感的暴露因子，识别主要暴露因子对各类气象灾害的响应程度，研制精细化气象灾害暴露度评估和区划。基于历史灾情和承灾体暴露评估结果，量化评估西部气象灾害对人口、经济、农业、基础设施的影响水平，并结合经济发展、城镇化水平、灾害防御能力等指标的变化，分析各类承灾体脆弱性演变过程；构建基于灾害设防条件动态变化的气象灾害对人口、经济、农业、基础设施的脆弱性评估模型，揭示气候变化背景下气象灾害对社会经济的影响机制和传导过程，建立脆弱性评估区划。

（三）典型气象灾害农业、生态等风险评估与区划

针对干旱、高温、低温冰冻雨雪等对农作物、经济作物、生态系统等具有高影响的灾害性天气，考虑致灾因子、孕灾环境脆弱性和承灾体暴露度等综合因素，分析农作物、生态系统等气象灾害发生发展规律及其对灾害性天气的响应，研发不同时空精度下气象灾害影响风险评估模型。综合考虑灾害链、灾害遭遇、灾害时空聚集等对灾情的放大效应，构建西部地区综合风险评价指标体系；利用精细化的灾情，模拟气象灾害对农作物、生态的影响，构建基于灾害损失的评估模型，评估西部不同区域不同时空精度下，不同承灾体的风险水平，研制风险图谱并形成图集。

第五节　提出西部地区清洁能源开发利用布局指导方案

一、西部地区清洁能源资源可利用状况调查

西部地区风能、太阳能和水资源十分丰富，是我国清洁能源大规模开发利用的主要区域。建议进一步开展西部地区清洁能源资源可利用状况调查，摸清风能、太阳能和水资源的理论储量和技术开发量，为预期"双碳"目标下非化石能源有效供给提供可靠的技术支撑。

（一）开展 300 米高度风能资源详查与评估

过去 20 年，我国已建风电场的风机轮毂高度以 70 米为主，相应的，全国风能资源详查工作也主要围绕 70 米高度开展（中国气象局，2014；陆鸿彬，2018）。近年来，新建风电场的风机轮毂高度已逐步发展到 100~150 米（朱蓉，2023）。未来，随着大规模风电开发的需要，以及大型风电机组技术的不断进步和成熟，风机轮毂高度将进一步向 200 米乃至 300 米发展。为此，风能资源评估也应随着风电行业发展的步伐，开展 300 米高度的详查，主要包括以下三方面工作。

（1）建设以激光雷达为主的风能资源专业观测网。随着风能资源评估高度越来越高，传统的以测风塔为主的风能资源测量方式在建设、运维方面都将越来越困难。而激光雷达体积小、易安装，能够测量 300 米乃至更高高度的三维风场，将是未来风能资源测量的主要方式。建议在西部风能资源开发利用重点地区、地形或风况复杂的区域，建设 100 个左右的激光雷达测风站，构建风能资源专业观测网。其中，50 个固定站

开展长期观测，50 个流动站开展 1～2 年连续观测，之后根据需要迁移至其他地区继续观测。

（2）开展 300 米高度风能资源精细化数值模拟。以中尺度数值模式为基础，同化多源观测数据和激光雷达专业测风数据，以充足的超算资源为辅助，开展近地层风能资源精细化数值模拟，获得近 30 年逐小时、水平分辨率 1 千米、垂直分辨率 10 米，涵盖 70～300 米高度的风能资源参数。

（3）开展复杂地形下的近地层风特性研究。在风能资源专业观测和精细化数值模拟的基础上，结合计算流体力学（computational fluid dynamics，CFD）地球模型，在地形复杂区域开展微观尺度的近地层风特性研究，掌握局地地形对风能资源时空分布的影响，为风电场设计和风能资源高效利用提供科学依据。

（二）开展多元化太阳能利用的资源详查与评估

太阳能开发利用方式多种多样，每种方式对太阳辐射能量的利用不完全相同。就太阳能发电而言，当前以光伏发电和光热发电为主。其中，光伏发电是通过光伏电池将光子转换为电子，利用从不同方向到达光伏组件表面的短波辐射，包括直接辐射、散射辐射和地表反射辐射，激发半导体材料中的电子跃迁，从而产生电流，实现太阳能向电能的转换；而光热发电则是通过集热器将光能转换为热能，进而转换为电能，该过程需要将光线聚焦到一个点（塔式）或线（槽式）上，只能利用法向直接辐射。为此，对于太阳能资源的评估，应满足多元化太阳能开发利用方式的需要，开展多辐射要素的详查，主要包括以下三方面工作。

（1）建设多要素太阳能资源专业观测网。建议在西部太阳能资源开发利用重点地区、云和气溶胶时空变化剧烈的区域，建设 300 个左右的太阳能资源观测站，构建太阳能资源专业观测网，开展长期连续观测。

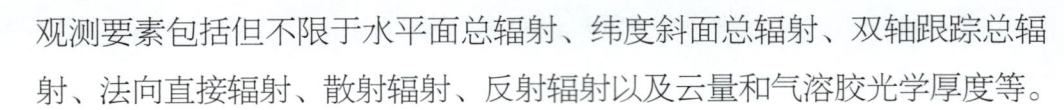

观测要素包括但不限于水平面总辐射、纬度斜面总辐射、双轴跟踪总辐射、法向直接辐射、散射辐射、反射辐射以及云量和气溶胶光学厚度等。

（2）开展太阳能资源精细化卫星遥感反演。以辐射传输理论为基础，综合应用风云气象卫星、国内外其他高精度气象卫星的遥感产品，融合地面太阳辐射观测数据，辅以充足的超算资源，开展太阳能资源精细化卫星遥感反演，以获得近10年以上逐小时、水平分辨率1千米、多要素太阳能资源参数。

（3）开展太阳能发电工程气象参数研究。在太阳能资源专业观测和精细化卫星反演的基础上，结合不同类型太阳能发电工程，研究光伏发电斜面总辐射、双轴跟踪总辐射、光热发电法向直接辐射算法，研究太阳辐射光谱特性、直散特征、辐照度概率分布特征、灰尘、温度等对光伏发电效率的影响，研究近地层大气透射率、环日辐射等对光热发电可利用资源的影响等，为太阳能电站设计和太阳能资源高效利用提供科学依据。

（三）开展精细化水资源调查与评估

我国西南地区水资源丰富，水能开发潜力大；而在西北干旱区，水资源是制约社会经济发展和生态安全的主要因素。西北干旱区的河流几乎全部发源于山区，由高山区的冰川和积雪融水、中山带的森林降水及低山带的基岩裂隙水汇流而成（陈亚宁等，2014）。其中，山区冰川及其融水对西北干旱区水资源有着重要影响。未来研究重点如下。

（1）发展高分辨率网格化气候水文历史观测（或再分析、同化）数据集。针对影响西部地区气候系统的因素复杂、气候变化预估的不确定性大、时空分辨率无法支持水能开发的需求等问题，发展动力与统计相结合的时空降尺度技术，形成基于多模式、多情景精细化气候变化数据集，为西部地区水能资源可利用状况调查和评估提供数据基础。

（2）风、光、水多能互补产能的增量评估。开展风、光、水多能互补发电是西北地区清洁能源利用的途径之一。在西北地区，考虑风能、太阳能的间歇性和波动性特征，水能与风能、太阳能的多时间尺度互补特征，结合风能、太阳能开发可利用状况的调查，开展水资源可利用状况调查，评估风、光、水多能互补产能的增量。

（四）结合国土空间规划，综合测算清洁能源技术开发量

风能和太阳能技术开发量是指在现行技术条件下，剔除制约风能和太阳能开发的自然、社会因素后，某个区域的风能、电能和太阳能发电可装机容量。技术开发量取决于如下两个因素。

（1）装机容量系数，即在当前的风电机组和光伏组件额定功率技术条件下，平坦地形单位面积上的风电和光伏装机容量，该容量还会受到纬度影响。

（2）制约因素，包括耕地、军事和自然保护区等社会因素，以及坡度、坡向等自然因素。

为此，要准确测算西部地区的清洁能源技术开发量，就需在前述风能、太阳能资源精细化详查的基础上，结合最新的土地利用调查数据、国土空间规划和生态保护红线信息等，剔除不可开发区域，明确限制开发区域及相应开发比例，并综合考虑地形因素对装机容量的影响，网格化测算风能、太阳能技术开发量，进而给出各行政区的技术开发总量和优先开发区。

二、西部地区气候变化对大规模风能、太阳能、水能开发的影响及其生态气候效应

风能和太阳能开发利用与气候变化之间存在着相互作用与反馈。一

方面，作为气候资源，风能和太阳能的开发均会受到气候变化的直接影响；另一方面，风能和太阳能大规模开发利用会在较大程度上改变下垫面状况，影响地表粗糙度和反照率，进而改变局地大气环流和能量平衡，影响风速、温度、湿度、降水等气象要素，最终产生显著的气候环境生态效应。

气候条件是影响清洁能源结构、产出效率和能源储运的重要因素，一方面，近地层风速和地表太阳辐射作为风、光资源的基本要素，对气候变化的响应将导致未来风能和太阳能资源的储量和分布存在不确定性；另一方面，在全球气候变暖的大背景下，极端天气事件频发，2021年2月美国得克萨斯州由于暴雪低温袭击导致14个州、400多万人遭遇停电（毕竞悦，2021）的电网故障令人记忆犹新，而我国西部地区大多处于气候变化敏感区，承灾能力脆弱，大规模清洁能源的开发易受到气候变化威胁。另外，按照我国2030年风能太阳能装机目标，70%在西部地区采用大规模集中式的开发方式测算，风电、光伏电站合计需占用12万千米^2，要实现预期"双碳"目标，需要占用的土地面积会更多。如此大规模的清洁能源开发，对西部生态脆弱区的气候生态造成的影响也是亟须回答的问题。

因此，在"双碳"目标紧迫、能源保供压力增大背景下，我国西部地区以风能、太阳能为代表的低碳能源转型发展，对气候变化下的能源气候科技发展提出了以下新的挑战。

1. 明确风能、太阳能资源的演变规律

气象台站观测资料分析显示，近50年中国年平均风速存在逐年减小的变化趋势，大气环流是造成风速减小的可能原因（江滢等，2010；赵宗慈等，2016），中国地面太阳辐射总体呈下降趋势，但西部地区相对东部减小幅度小，以1990年为界，呈现先减后增的趋势（齐月等，2014），气溶胶污染是造成太阳辐射下降的重要原因。

针对未来清洁能源的开发潜力预测主要取决于不同排放情景下的预估结果。全球气候模式和区域模式预估显示，我国西部近地层平均风速和平均风功率密度均有下降趋势，且冬季风速最小（江滢等，2018；张飞民等，2018；Wu et al.，2021）。基于 CMIP5 的多模式集合平均结果，预估 2020~2030 年西部地区仍然是我国风能资源丰富地区，且平均风能有增加趋势，太阳能资源有增加趋势。

采用气象观测资料评估风能、太阳能的历史变化规律，受制于观测高度和地表条件，无法准确表征风机轮毂高度处的风能资源变化特征。由于台站分布不均，西部站点稀少，太阳辐射观测精度较差。采用全球和区域模式预测未来风能、太阳能资源开发潜力时，各气候模式存在模拟性能差异，需通过多模式集合和"观测约束"来减少清洁能源潜力预估结果的不确定性（常蕊等，2021）。

因此，为了更有效地利用和开发西部地区的风能和太阳能资源，未来的策略应当侧重于优化观测站网布局，特别是增强基于先进卫星遥感技术和高精度再分析数据的资源评估体系。充分利用西部风、光资源时空互补性得到最优风光安装比例，通过合理布局减小新能源出力的波动性。

2. 气候变暖背景下的能源气候预测

全球气候变暖使得近地层风速和太阳辐射在中长期时间尺度上的波动性和不稳定性造成对电网的冲击（常蕊等，2021）。针对提升风能和太阳能的精准预报能力，通过降尺度、后处理等技术手段研发预测构建面向清洁能源的延伸期－月－季节尺度的气候预测业务，预测未来风能和太阳能资源的时空变化特征，促进新能源消纳，提高可再生能源利用效率。

3. 提高极端天气气候背景下的新能源气候韧性

在全球气候变暖背景下，极端天气气候事件（暴雨洪涝、台风、雷电、高温干旱、低温冰冻等）频发，对大规模新能源的基础设施、电场运行会产生潜在气候风险。通过建立气候变化风险早期监测预警和风险评估体系，开展重点区域和关键时期气候变化对风电光伏电站的风险评估，建立气候变化风险早期预警体系，及时发布主要极端天气气候事件风险早期预警产品，可以有效管理不同时间尺度气候变化所引起的潜在风险。

4. 明确西部地区大规模风能、太阳能开发对气候生态的反馈效应

现场观测、遥感数据分析和数值模拟的结果显示，风电场在局地尺度上出现夜间地表温度上升，风电场下风方向存在一定的风速衰减，并间接影响降水、蒸发等其他气象要素，但在区域尺度的气候效应有待进一步探索（陈正洪等，2018）。不同运行方式的光伏电站所处下垫面、环境条件、装机规模和能量使用有较大差异，在不同尺度上引起的气候反馈也并没有统一结论，大规模光伏电站运行对荒漠地区往往造成站内向上短波辐射降低、降水减少、风速减小等效应，特别是白天出现"光伏热岛效应"（崔杨和陈正洪，2018）。

尽管现有的数值模拟研究取得了初步进展，但数值模式对风电场、光伏电站运行与大气湍流运动相互作用的数学物理表达尚存在较大不确定性。因此，迫切需要在西部大型能源基地开展外场对比观测实验，认识影响机理，建立更加复杂、精确、完备的评估模型，开展科学评估。根据不同的安装情景和下垫面，进一步评估风电场、光伏电站运行对生态环境产生的影响。

水力发电是全球最大的可再生能源来源，全球超过16%的电力来自水力发电，而且仍在不断增长（IEA，2019）。然而，由于降水减少和温度升高，水库和河流流量减少，阻碍了这种增长。已有的一些研究从宏观角度评估了气候变化对我国整体乃至长江流域水电产量的影响。然而，大规模的宏观研究时空分辨率粗，因为评估时间尺度通常以月或年为单位，极端水文事件对发电的影响可能被低估；采用的通用和简化的水库运行方案（Zhou et al.，2015；Liu et al.，2016），忽略了单个水库的具体重要特征，在估计发电效率时可能会产生较大的误差。此外，对于水能开发对水生态及其周边的生态气候效应评估不足。建议：①开展西部地区精细化气候变化、极端气候水文事件预估。基于CMIP6最新发布的多个全球气候模式在多情景［典型浓度路径－共享社会经济路径（RCPs-SSPs）］下的气候数据，结合降尺度技术得到西部地区高精度气候模拟预估数据集，预估未来西部气候变化和主要极端事件变化。②开展西部地区气候变化的水文效应模拟。开展气候变化对西部大中型水库上游径流量的时空特征和对水库入库流量影响的模拟、评估和预估。结合高寒流域水文过程影响模拟和分析，量化气候变化对冻土水文过程和融雪性径流的影响。开展极端水文事件多维变化特征的定量评估和演变规律的研究。

三、西部地区清洁能源开发布局指导方案研究

针对预期"双碳"目标，研究制定科学合理的西部地区清洁能源开发布局指导方案，具体包括以下四个方面的内容。

（1）西部地区能源供需平衡及能源布局研究。结合RCPs-SSPs的预估结果，评估气候变化导致的工业生产和住宅供暖及制冷的能源需求的变化；评估气候变化对能源供需之间的平衡及其稳定性；结合清洁能源资源调查、评估和预估结果，开展能源布局分析、情景模拟和对策研究。

（2）综合考虑资源、灾害、土地和电网消纳条件，提出科学合理的开发顺序和优先开发区。以风能和太阳能资源精细化评估结果为基础，综合考虑土地和电网消纳条件，科学评估自然灾害的潜在影响，在现有技术条件下，将资源丰富、灾害影响小、土地未利用和便于就地并网消纳的区域设定为清洁能源优先开发区，对于资源条件一般、灾害影响大、

土地利用有限制、就地并网消纳困难的区域，设定为暂缓开发区，留待未来技术进步之后再行开发。

（3）科学规划，促进风能和太阳能协调发展。西部地区的风能和太阳能资源丰富区高度重叠，为此，应在充分测算开发成本、经济效益、减排效益等的基础上，合理规划和布局，使得风能和太阳能协调发展，风电场、光伏电站、光热电站等各有充分的发展空间，又不造成资源浪费。

（4）气候变化条件下水电工程适应性调度模型与对策研究。建立西部重要水库梯级调度模型，建立基于大数据和人工智能的气候变化条件下梯级水库适应性调度模型，建立变化环境下多目标的水库联合调度系统，总结提炼适应气候变化的水电工程运行对策。

第六节　建立西部气候变化应对实体研究机构

一、建立西部气候变化应对国家重点实验室（中心）实体研究机构的必要性和紧迫性

我国西部地区主要涵盖青藏高原与西北干旱区，该地区地形与下垫面条件复杂，影响其气候变化的系统众多。在全球变暖背景下，青藏高原升温较早，且升温速率大于北半球同纬度区域，呈现出放大变暖的特征（Liu and Chen，2000）。青藏高原的持续变暖不仅加速了水循环过程，显著影响着"亚洲水塔"的水量平衡，还使生态系统和地表环境变化的不确定性增大。例如，目前青藏高原生态系统总体趋好，但也出现了积雪期缩短、冰川物质持续亏损、冰川跃动和冰崩加剧、冻

土退化和荒漠化加剧的现象（胡文涛等，2018；车涛等，2019；王宁练等，2019；康世昌等，2020；游庆龙等，2021；Jin et al.，2009；Wang C et al.，2020）。西北地域辽阔，横跨青藏高原、黄土高原和内蒙古高原，约占全国陆地总面积的1/3。由于气候干燥和植被稀少，西北地区气候的自我调节能力较弱，区域气候对全球气候变化的响应更敏感，其变暖幅度更大、速度更快。自1986年以来，西北地区平均气温升高了0.7℃，升温幅度约比全国平均高1倍，气温升高最明显的北疆西北部、准噶尔盆地、吐鲁番盆地、柴达木盆地东部和河西走廊西端等极端干旱区的平均气温甚至升高了1.0～1.3℃。西北干旱区目前经历着一次暖湿化的转变，近30年西北地区正在由变湿向变干转型（Deng et al.，2022）。区域气候模式的预估结果也表明，在RCP4.5和RCP8.5情景下，西北地区未来（2020～2045年）年平均降水量相比1980～2005年平均降水量增加约9.1毫米/10年和13.6毫米/10年。

由于夏季风较难到达西北干旱区，对西北干旱区降水形式的分析表明，该区域降水的增加主要是极端和短时对流降水的增加，且主要发生在西北干旱区的内陆河流域（王澄海等，2021a，2021b；Lu et al.，2021）。导致该地区降水增加，特别是短时对流降水增加的物理机制及其与陆气反馈过程亟须深入研究。由于快速变暖，西北地区气候系统的自然平衡受到了干扰，气候、环境和人类活动之间的耦合关系出现了紊乱：水资源再生能力退化，水循环的某些环节被中断，水资源与生态的自然联系被破坏，并已造成人们熟知的冰川退缩、雪线上升、径流减少及湖泊和绿洲萎缩、沙漠化加剧等一系列水资源和生态环境问题；对农业生产影响也十分广泛。气候变暖使黄土高原土壤储水量减少，土壤干旱加重。与20世纪80年代相比，近20多年土壤储水量减少了40～90毫米；适宜农作物生长的土壤储水时段减少了2～3个月；水分匮乏从浅层向深层扩展，水分匮乏时段有所延长。秋播作物播种期推迟4～13天，春播作物播种期提前3～25天；有限生长习性作物生长期缩短3～32天，无限生长习性作物生长期延长7～30天。作物种植格局逐渐由春小麦转变为玉米、棉花等。农作物种植区域向北纬推进了100～200千米，向高海拔地区推升了100～200米（王鹤龄等，2017）。小麦条锈病发生的海拔高界上升了100～300米，发生时间由3月提前到了2月；小麦白粉病比20世纪80年代提高了1倍以上（蒲金涌等，2005；姚玉璧等，2018）。

　　一般情况下，自然系统和人类社会系统既可通过自我调节，不自觉、无意识地被动适应气候变化，也可通过技术措施和工程手段等自觉、有意识地主动适应气候变化。西北地区自然条件相对较差，经济相对较落后，社会基础相对薄弱，无论是对气候变化的无意识适应能力还是有意识适应能力均较弱，气候变化造成的影响广泛而深远，对自然和社会系统造成的危害巨大。由于不能很好地适应当前的气候变暖，西北地区的部分区域生态环境退化和水循环过程紊乱，给当地居民的生产生活造成困难，这对发挥重要生态功能区作用及推进西部大开发战略带来了重大挑战。由于西北地区对气候变化响应更敏感、生态更脆弱、更易受气候变化影响，气候变化带来的风险也就更巨大。同时，有意识适应气候变化的能力受技术水平、资金投入和决策者认知程度等的限制。西北地区应对气候变化的技术支撑不力、非科学性决策和经费不足等因素，加大了其应对气候变化的风险性。另外，气候变化的未来情景几乎没有任何历史相似性，没有可供我们借鉴的应对措施，目前模拟试验获得的对未来气候变化影响的认识，都是在假设的气候变暖情景下及当前的自然和社会条件背景下获得的，未必符合未来气候变暖趋势及自适应的自然和社会系统的特征，这种认识的偏差往往会进一步增加应对气候变化的风险性。西北地区既是我国生态功能区的重要分布区域，又是我国风能、太阳能和水能等清洁能源的富集区，应对气候变化的区域优势明显，发展潜力巨大。西北地区水电资源占全国的13.2%，风能资源占全国陆上风能资源的 1/3，大部分地方全年日照时数在 3200~3300 小时（郑国光，2019），而且不同类型清洁能源还具有很强的互补性，其开发效益和可行性均具有一定优势。

为了应对气候变化带来的一系列问题，对气候变化影响进行风险管理是十分必要的。西北地区的脆弱性决定了其无意识适应的极限点一般较低，相对落后的社会状况致使其有意识适应能力有待提高。需要通过及时监测气候变化趋势，对气候变化影响进行动态风险评估，并根据气候变化影响的客观指标，开展气候变化风险预警。在上述气候变化的背景下，深入研究西部地区生态环境对气候变化响应的物理机制，提出合理的适应措施，将为我国水资源安全、生态环境保护的相关重大决策与发展战略的制定提供科学依据。

但是，关于西部气候变化应对的科研机构较少，主要有兰州大学半干旱气候变化教育部重点实验室、兰州大学西部环境教育部重点实验室、中国科学院寒旱区陆面过程与气候变化重点实验室、中国气象局兰州干旱气象研究所等，科研力量分散，缺乏凝聚力，迫切需要建立国家级的研究机构——西部气候变化应对国家重点实验室，以便整合相关研究资源和研究人员，真正从理论研究、实践应用等方面推进西部气候变化研究，实现预期"双碳"目标，减缓气候变暖，实现人与自然的和谐发展。

二、实体研究机构的功能和定位

气候变化及影响是当今国际社会关注的重大问题。气候变暖已经对环境、经济和社会可持续发展等方面产生显著影响。应对气候变化已成为当今世界面临的紧迫任务和重大挑战。我国西部地区地形复杂，干旱、半干旱气候变化差异显著，气候变化应对更显得重要和急迫。西部地区的未来发展与气候变化紧密联系，在气候变化问题上面临着巨大的压力和挑战，亟须开展西部气候变化相关基础科学问题研究，加强西部气候变化相关学科交叉融合与协作，支撑气候变化国家可持续发展决策。针对西部气候变化领域的重大科学问题和国家战略决策需求，通过组织和协调西部地区的相关研究队伍，建议成立西部气候变化应对国家重点实验室。

为解决西部地区气候变化前沿科学问题，充分发挥西部地区已有的专业性强、实验条件完备的优势，保持人才资源丰富、专业齐全和学科交叉的特色，应当推动青年学生提前参与研究，实现气象局－科研院所－大学的强强联合，从而大幅提升实验室的研究能力。成立西部气候变化应对国家重点实验室将凝聚我国气候变化方向的一批骨干力量，引导西部地区气候变化领域的不断发展，同时进一步明确实验室的定位和研究方向，并充分利用各个单位的各项装置及观测仪器观测数据，进一步提高实验室的科研能力。实验室将努力在应用基础理论研究、标准研究、高技术创新三个层次上实现重要突破和实质性进展，并争取在将来取得一系列开创性成果，成为气候变化领域的高水平科学研究、学术交流与人才培养的重要基地。同时，实验室致力于气候变化的基础理论与方法的研究，发展气候变化预测预报的核心技术，构建国家级行业重大应用示范系统，建立"数据－模型－软件－系统"一体化的气候变化研究体系，对我国西部气候变化的发展起到学科导向、应用示范及骨干人才培养的作用。实验室实行"开放、流动、联合"的运行机制，以"创新、发展、繁荣"为目标，重点开展短期气候预测理论研究与气候预测技术研发；高分辨率气候系统模式和区域气候模式发展及业务应用；气候变化检测、归因、影响评估及预估研究。实验室将吸引海内外的优秀专家学者共同开展气候系统研究，努力取得一系列突破性研究成果，争取在国内外重大气候研究计划及科学试验活动中发挥重要作用，为西部气象业务现代化建设和国家经济、社会发展及国际环境外交活动提供科技支撑。实验室建成后，将主要承担我国西部地区经济建设和社会发展中与大气科学相关的关键性、基础性科研任务，以寒旱区陆面过程、非均匀下垫面大气边界层物理和高原与干旱气候动力学为主攻方向，在促进大气探测与遥感技术发展及强化大气科学与其他交叉学科的相关基础理论研究的同时，重点开展我国西部干旱气候环境的演化规律、形成原因、预测方法、适应对策，以及青藏高原陆面过程和气候变化及其对我国、东亚乃至全球气候影响的研究。实验室地处半干旱区，具有地域特色和多学科的优势，开展以半干旱气候和环境观测试验、大气遥感和资料同化、气候变化机理以及半干旱气候变化的响应与适应对策等方面的研究，旨在搭建一个有利于系统深入地进行多学科交叉研究的平台，使之成为我国半干旱气候研究的创新园地，为我国西部科学家参与和主持大型国际气候研究计划提供研究基地，推进我国半干旱气候研究进入国际前沿行列。实验室主要研究方向有半干旱气候和环境观测、半干旱区大气遥感和资料同化、半干旱气候变化机理和模拟预测、半干旱气候变化的响应与适应对策。

国家重点实验室定位于西部气候变化的科学基础、影响和适应以及对策的战略性和综合性科学问题研究，推动气候变化领域的重大国际合作，培养气候变化研究的核心人才，为国家相关战略决策提供重要科学支撑。

西部地区观测平台有榆中山地生态系统野外科学观测研究站、兰州城市气候与环境观测研究站等，研究平台有兰州大学西部环境教育部重点实验室、兰州大学半干旱气候变化教育部重点实验室、农业农村部草牧业创新重点实验室等，应用平台有草地农业教育部工程研究中心、甘肃省环境地质与灾害防治工程技术研究中心等，这些平台比较零散，缺乏协调统一，严重影响了西部气候变化研究。为了实现西部气候变化的综合研究，提升西部典型气候区野外观测研究台站和研究平台的统一组

织、协调发展和数据共享，需要建立西部气候变化数据中心。

建设西部气候变化数据中心，开展安全可靠的西部气候环境数据资源发现、收集和服务工作，拯救馆藏主要纸质历史记录数据，建立西部完备的多圈层观测数据质量控制与评估体系，推动西部实况分析和再分析产品质量达到或接近同期国际先进水平，促进西部气候信息资源共享和高效应用，构建新型气候变化服务体系的数据支撑平台。数据中心以满足国家和全社会发展对西部气候变化数据的共享需求为目的，重点围绕标准规范体系建立、数据资源整合、共享平台建设和数据共享服务等四个方面开展工作。数据服务对象为涵盖政府部门、公益性用户、商业性用户在内的各类社会团体和公众用户。

建立西部气候变化研究人才培养中心，培养西部气候变化研究应对的专门人才。加快培养造就一批勇于创新发展、立足于西部的战略科技人才、科技领军人才和创新团队、青年科技人才、卓越工程师。建立完整的硕士、博士研究生培养流程，并建立博士后科研流动站，为西部气候变化研究人才培养打下坚实基础。

参考文献

艾克热木·阿布拉，王月建，凌红波，等. 2019. 塔里木河流域水资源变化趋势及用水效率分析. 石河子大学学报(自然科学版)，37(1): 112-120.

艾雅雯，孙建奇，韩双泽，等. 2020. 1961—2016年中国春季极端低温事件的时空特征分析. 大气科学，44(6): 1305-1319.

安岩，顾佰和，王毅，等. 2021. 基于自然的解决方案：中国应对气候变化领域的政策进展，问题与对策. 气候变化研究进展，17(2): 184-194.

白淑英，史建桥，沈渭寿，等. 2014. 卫星遥感西藏高原积雪时空变化及影响因子分析. 遥感技术与应用，29(6): 954-962.

包刚，包玉龙，阿拉腾图娅，等. 2017. 1982—2011年蒙古高原植被物候时空动态变化. 遥感技术与应用，32(5): 866-874.

包秀霞，易津，刘书润，等. 2010. 不同放牧方式对蒙古高原典型草原土壤种子库的影响. 中国草地学报，32(5): 66-72.

保云涛，游庆龙，谢欣汝. 2018. 青藏高原积雪时空变化特征及异常成因. 高原气象，37(4): 899-910.

毕竞悦. 2021. 让气象服务更精准. 法人，11: 21-23.

毕哲睿，萨楚拉，王牧兰，等. 2020. 蒙古高原雪深时空变化及其对气候变化的响应. 内蒙古师范大学学报（自然科学汉文版），49(3): 256-262.

曹永旺. 2016. 中国西部低温雪灾统计规律及对称性结构. 西安：陕西师范大学.

曹占洲，毛炜峄，陈颖，等. 2013. 近50年气候变化对新疆农业的影响. 农业网络信息，(6): 123-128.

柴立夫，田莉，奥勇，等. 2021. 人类活动干扰对青藏高原植被覆盖变化的影响. 水土保持研究，28(6): 382-388.

常国刚，李林，朱西德，等. 2007. 黄河源区地表水资源变化及其影响因子. 地理学报，62(3): 312-320.

常蕊，肖潺，王阳，等. 2021. 全球变暖背景下风电开发面临的气候服务挑战. 全球能源互联网，4(1): 28-36.

常友治，张杰，李娜，等. 2024. 水汽影响南疆干旱区极端降水的数值试验研究. 大气科学，http://www.iapjournals.ac.cn/dqkx/cn/article/doi/10.3878/j.issn.1006-9895.2305.22242[2024-01-28].

车涛, 郝晓华, 戴礼云, 等. 2019. 青藏高原积雪变化及其影响. 中国科学院院刊, 34(11): 1247-1253.

陈德亮, 徐柏青, 姚檀栋, 等. 2015. 青藏高原环境变化科学评估: 过去、现在与未来. 科学通报, 60(32): 3025-3035, 1-2.

陈发虎, 汪亚峰, 甄晓林, 等. 2021. 全球变化下的青藏高原环境影响及应对策略研究. 中国藏学, (4): 21-28.

陈红. 2014. CMIP5气候模式对中国东部夏季降水年代际变化的模拟性能评估. 气候与环境研究, 19(6): 773-786.

陈活泼, 孙建奇, 陈晓丽. 2012. 我国夏季降水及相关大气环流场未来变化的预估及不确定性分析. 气候与环境研究, 17(2): 171-183.

陈丽娟, 袁媛, 杨明珠, 等. 2013. 海温异常对东亚夏季风影响机理的研究进展. 应用气象学报, 24(5): 521-532.

陈练. 2013. 气候变暖背景下中国风速（能）变化及其影响因子研究. 南京: 南京信息工程大学.

陈晓晨, 徐影, 姚遥. 2015. 不同升温阈值下中国地区极端气候事件变化预估. 大气科学, 39(6): 1123-1135.

陈晓龙, 周天军. 2017. 使用订正的"空间型标度"法预估1.5℃温升阈值下地表气温变化. 地球科学进展, 32(4): 435-445.

陈恒, 王军邦, 何启凡, 等. 2023. 未来气候情景下中国植被净初级生产力稳定性及气候影响. 地理学报, 78(3): 694-713.

陈亚宁, 等. 2014. 中国西北干旱区水资源研究. 北京: 科学出版社.

陈亚宁, 杨青, 罗毅, 等. 2012. 西北干旱区水资源问题研究思考. 干旱区地理, 35(1): 1-9.

陈云, 李玉强, 王旭洋, 等. 2022. 中国生态脆弱区全球变化风险及应对技术途径和主要措施. 中国沙漠, 42(3): 148-158.

陈正洪, 何飞, 崔杨, 等. 2018. 近20年来风电场（群）对气候的影响研究进展. 气候变化研究进展, 14(4): 381-391.

陈重酉, 孙瑾, 胡艳芳, 等. 2011. 水文循环、生态环境和气候变化. 青岛大学学报(工程技术版), 26(2): 57-68.

成平, 干友民, 张文秀, 等. 2009. 川西北草地退化现状、驱动力及对策分析. 湖北农业科学, 48(2): 499-503.

程建忠, 陆志翔, 邹松兵, 等. 2017. 黑河干流上中游径流变化及其原因分析. 冰川冻土, 39(1): 123-129.

程雪蓉, 任立良, 杨肖丽, 等. 2016. CMIP5多模式对中国及各分区气温和降水时空特征的预估. 水文, 36(4): 37-43.

除多, 杨勇, 罗布坚参, 等. 2015. 1981—2010年青藏高原积雪日数时空变化特征分析. 冰川冻土, 37(6): 1461-1472.

崔童, 孙林海, 张驰, 等. 2023. 2022年夏季中国极端高温事件特点及成因初探. 气象与环境科学, 46(3): 1-8.

崔杨, 陈正洪. 2018. 光伏电站对局地气候的影响研究进展. 气候变化研究进展, 14(6): 593-601.

戴琳，张丽，王昆，等．2014．蒙古高原植被变化趋势及其影响因素．水土保持通报，34(5)：218-225．

戴永久．2020．陆面过程模式研发中的问题．大气科学学报，43(1)：33-38．

《第四次气候变化国家评估报告》编写委员会．2022．第四次气候变化国家评估报告．北京：科学出版社．

丁皓，史晓亮，吴梦月．2021．基于GRACE重力数据反演黄河流域陆地水储量变化．水资源与水利工程学报，32(4)：109-115．

丁佳，刘星雨，郭玉超，等．2021．1980–2015年青藏高原植被变化研究．生态环境学报，30(2)：288-296．

丁明军，张镱锂，刘林山，等．2010．青藏高原植被覆盖对水热条件年内变化的响应及其空间特征．地理科学进展，29(4)：507-512．

丁一汇．2011．季节气候预测的进展和前景．气象科技进展，1(3)：14-27．

丁一汇，李清泉，李维京，等．2004．中国业务动力季节预报的进展．气象学报，62(5)：598-612．

丁一汇，李霄，李巧萍．2020．气候变暖背景下中国地面风速变化研究进展．应用气象学报，31(1)：1-12．

丁一汇，柳艳菊，徐影，等．2023．全球气候变化的区域响应：中国西北地区气候"暖湿化"趋势、成因及预估研究进展与展望．地球科学进展，38(6)：551-562．

丁永建．2017．寒区水文导论．北京：科学出版社．

丁永建，赵求东，吴锦奎，等．2020．中国冰冻圈水文未来变化及其对干旱区水安全的影响．冰川冻土，42(1)：23-32．

董昱，闫慧敏，杜文鹏，等．2019．基于供给–消耗关系的蒙古高原草地承载力时空变化分析．自然资源学报，34(5)：1093-1107．

杜军，马鹏飞，杜晓辉，等．2015．气候变化对藏东北牧业生产关键期的影响．冰川冻土，37(5)：1361-1371．

杜军，周刊社，高佳佳，等．2021．未来气候变暖对羌塘自然保护区高寒草地牧草青草期的影响．中国农业气象，42(10)：845-858．

杜一衡，郝振纯，李伟玲，等．2014．黄河源区河道冰凌特征变化及影响因素分析．水资源与水工程学报，25(5)：32-36．

杜银，谢志清，肖卉．2014．中国东部夏季降水异常与青藏高原冬季积雪的关系．气象科学，34(6)：647-655．

杜勇，李建柱，牛凯杰，等．2021．1982—2015年永定河山区植被变化及对天然径流的影响．水利学报，52(11)：1309-1323．

范科科，张强，孙鹏，等．2019．青藏高原地表土壤水变化、影响因子及未来预估．地理学报，74(3)：520-533．

范泽孟．2021．青藏高原植被生态系统垂直分布变化的情景模拟．生态学报，41(20)：8178-8191．

方精云，于贵瑞，任小波，等．2015．中国陆地生态系统固碳效应——中国科学院战略性先导科技专项"应对气候变化的碳收支认证及相关问题"之生态系统固碳任务群研究进展．中国科学院院刊，30(6)：848-857．

方苗，李新．2016．古气候数据同化：缘起、进展与展望．中国科学：地球科学，46(8): 1076-1086．

付蓉．2013．近10年我国荒漠化地区干湿变化分析．林业资源管理，(4): 104-108．

付文卓，陈斌，徐祥德．2024．青藏高原春季区域性极端大风频次下降成因．高原气象，http://www.gyqx.ac.cn/CN/10.7522/j.issn.1000-0534.2024.00010[2024-01-28]．

付雨晴，丑洁明，董文杰．2014．气候变化对我国农作物宜播种面积的影响．气候变化研究进展，10(2): 110-117．

干友民，罗元佳，周家福，等．2009．川西北沙化草地生态恢复工程对沙地植被群落的影响．草业科学，26(6): 51-56．

高彬嫔，李琛，吴映梅，等．2021．川滇生态屏障区景观生态风险评价及影响因素．应用生态学报，32(5): 1603-1613．

高菊霞，李文耀，武麦凤，等．2024．陕西三次强致灾性初夏区域性暴雨动力诊断对比分析．灾害学，39(2): 99-105．

高黎明，张乐乐．2019．青海湖流域植被盖度时空变化研究．地球信息科学学报，21(9): 1318-1329．

葛全胜，曲建升，曾静静，等．2009．国际气候变化适应战略与态势分析．气候变化研究进展，5(6): 369-375．

勾鹏，叶庆华，魏秋方．2015．2000—2013年西藏纳木错湖冰变化及其影响因素．地理科学进展，34(10): 1241-1249．

顾薇，李崇银．2010．IPCC AR4中海气耦合模式对中国东部夏季降水及PDO、NAO年代际变化的模拟能力分析．大气科学学报，33(4): 401-411．

顾伟宗，陈丽娟，李维京，等．2012．降尺度方法在中国不同区域夏季降水预测中的应用．气象学报，70(2): 202-212．

管磊，王华军，王玉宽．2016．基于GIMMS NDVI数据的四川植被覆盖度时空变化特征．科技通报，32(6): 31-36, 41．

郭威威．2021．西部农业现代化发展研究．合作经济与科技，(15): 14-16．

郭彦，董文杰，任福民，等．2013．CMIP5模式对中国年平均气温模拟及其与CMIP3模式的比较．气候变化研究进展，9(3): 181-186．

郭彦，李建平．2012．一种分离时间尺度的统计降尺度模型的建立和应用——以华北汛期降水为例．大气科学，36(2): 385-396．

郭永强．2020．黄土高原植被覆盖变化归因分析及其对水储量的影响．杨凌：西北农林科技大学．

国家发展和改革委员会应对气候变化司．2014．国家信息通报．https://tnc.ccchina.org.cn/list.aspx?clmId=203[2023-09-12]．

国家林业和草原局．2022．2021中国林草资源及生态状况．https://cfern.org/portal/article/index/id/12966/page/1.html[2023-07-09]．

国家统计局．2020．中国统计年鉴2020．北京：中国统计出版社．

国网能源研究院．2019．中国能源电力发展展望．北京：中国电力出版社．

韩炳宏，周秉荣，颜玉倩，等．2019．2000—2018年间青藏高原植被覆盖变化及其与气候因素的关系分析. 草地学报, 27(6): 1651-1658.

韩兰英, 张强, 郭铌, 等. 2012. 中国西北地区沙尘天气的时空位移特征. 中国沙漠, 32(2): 454-457.

韩兰英, 张强, 姚玉璧, 等. 2014. 近60年中国西南地区干旱灾害规律与成因. 地理学报, 69(5): 632-639.

韩双宝, 李甫成, 王赛, 等. 2021. 黄河流域地下水资源状况及其生态环境问题. 中国地质, 48(4): 1001-1019.

韩雪云, 赵丽, 张倩, 等. 2019. 西北干旱区极端高温时空变化特征分析. 沙漠与绿洲气象, 13(4): 17-23.

郝宏蕾, 朱海棠, 李强. 2019. 喀什市热量资源对气候变化的响应特征及对农业的影响. 沙漠与绿洲气象, 13(2): 137-143.

何国兴, 韩天虎, 柳小妮, 等. 2021. 甘肃省草地植被NDVI时空变化特征及驱动因素研究. 草地学报, 29(5): 1004-1013.

何建坤. 2015. 中国能源革命与低碳发展的战略选择. 武汉大学学报（哲学社会科学版）, 68(1): 5-12.

何苗. 2024. 全球气候变化与人群健康. 生态经济, 40(1):1-4.

何思源, 谷延超, 范东明. 2018. 利用GPS垂直位移反演云南省陆地水储量变化. 测绘学报, 47(3): 332-340.

何霄嘉, 王敏, 冯相昭. 2017. 生态系统服务纳入应对气候变化的可行性与途径探讨. 地球科学进展, 32(5): 560-567.

侯蕾, 彭文启, 董飞, 等. 2020. 永定河上游流域水文气象要素的历史演变特征. 中国农村水利水电, (12): 1-8, 14.

胡凡盛, 杨太保, 冀琴, 等. 2018. 近25a布喀达坂峰冰川变化与气候的响应. 干旱区地理, 41(1): 66-73.

胡健, 胡金娇, 吕一河. 2021. 基于黄土高原关键带类型的土地利用与年径流产沙关系空间分异研究. 生态学报, 41(16): 6417-6429.

胡君, 李丽, 杜燕, 等. 2021. 四川植被研究的回顾与展望. 中国科学：生命科学, 51(3): 264-274.

胡芩, 姜大膀, 范广洲. 2015. 青藏高原未来气候变化预估：CMIP5模式结果. 大气科学, 39(2): 260-270.

胡素琴, 希热娜依·铁里瓦尔地, 李娜, 等. 2022. 南疆西部干旱区两次极端暴雨过程对比分析. 大气科学, 46(5): 1177-1197.

胡婷, 孙颖, 张学斌. 2017. 全球1.5和2℃温升时的气温和降水变化预估. 科学通报, 62(26): 3098-3111.

胡文涛, 姚檀栋, 余武生, 等. 2018. 高亚洲地区冰崩灾害的研究进展. 冰川冻土, 40(6): 1141-1152.

胡祖恒, 李永华, 胡跃文, 等. 2020. 西南地区持续性气候事件的未来变化预估. 气象科学, 40(6): 829-837.

黄存瑞, 何依伶, 马锐, 等. 2018. 高温热浪的健康效应：从影响评估到应对策略. 山东大学学报（医学版），56(8): 14-20.

黄建平，张国龙，于海鹏，等 . 2020. 黄河流域近 40 年气候变化的时空特征 . 水利学报，51(9): 1048-1058.

黄磊，王长科，巢清尘，等 . 2020. IPCC《气候变化与土地特别报告》解读 . 气候变化研究进展，16(1): 1-8.

黄麟，刘纪远，邵全琴，等 . 2016. 1990—2030 年中国主要陆地生态系统碳固定服务时空变化 . 生态学报，36(13): 3891-3902.

黄蕊，徐利岗，刘俊民，等 . 2013. 中国西北干旱区气温时空变化特征 . 生态学报，33(13): 4078-4089.

黄鑫 . 2018. 气候变化对旅游业的影响 . 旅游纵览（下半月），22: 30-31.

黄旭，文维全，张健，等 . 2010. 川西高山典型自然植被土壤动物多样性 . 应用生态学报，21(1): 181-190.

黄玉霞，王宝鉴，王研峰，等 . 2017. 东亚夏季风的变化特征及其对甘肃夏季暴雨日数的影响 . 中国沙漠，37(1): 140-147.

冀鸿兰，王晓燕，脱友才，等 . 2017. 万家寨水库建成后上游河段冰情特性研究 . 水力发电学报，36(2): 40-49.

冀鸿兰，杨光，翟涌光，等 . 2020. 黄河万家寨河段河冰冰厚遥感提取及年内变化特征分析 . 水电能源科学，38(1): 24-27.

贾小龙，陈丽娟，李维京，等 . 2010. BP-CCA 方法用于中国冬季温度和降水的可预报性研究和降尺度季节预测 . 气象学报，68(3): 398-410.

贾艳青，张勃 . 2018. 基于日 SPEI 的近 55a 西南地区极端干旱事件时空演变特征 . 地理科学，38(3): 474-483.

贾玉峰，李忠勤，金爽，等 . 2019. 1959—2017 年天山乌鲁木齐河源 1 号冰川流域径流及其组分变化 . 冰川冻土，41(6): 1302-1312.

姜大膀，富元海 . 2012. 2℃全球变暖背景下中国未来气候变化预估 . 大气科学，36(2): 234-246.

姜康，包刚，乌兰图雅，等 . 2019. 2001—2017 年蒙古高原不同植被返青期变化及其对气候变化的响应 . 生态学杂志，38(8): 2490-2499.

姜彤，景丞，王艳君，等 . 2020. SSPs 路径下实现全球可持续发展目标的可能性分析 . 中国科学：地球科学，50(10): 1445-1454.

江洪 . 2014. IBIS 模型模拟全球径流 . 国家地球系统科学共享平台——全球变化模拟科学数据中心 . http://www.geodata.cn/data/[2023-12-20].

江洪 . 2015. 全球能源年度消耗数据集（1971—2011 年）. 国家地球系统科学共享平台——全球变化模拟科学数据中心 . http://www.geodata.cn/data/[2023-12-20].

江滢，罗勇，赵宗慈，等 . 2010. 全球气候模式对未来中国风速变化预估 . 大气科学，34(2): 323-336.

江滢，徐希燕，刘汉武，等 . 2018. CMIP5 和 CMIP3 对未来中国近地层风速变化的预估 . 气象与环境学报，34(6): 56-63.

江泽慧 . 2012. 气候变化背景下干旱生态系统土地退化防治 . 世界林业研究，25(3): 1-5.

康世昌，郭万钦，钟歆玥，等 . 2020. 全球山地冰冻圈变化、影响与适应 . 气候变化研究进展，

16(2): 143-152.

孔锋, 郭君, 王一飞, 等. 2018. 近56年来中国雷暴日数的时空分异特征. 灾害学, 33(3): 87-95.

孔锋, 张钢锋. 2020. 中国不同强度风速日数的时空演变特征(1961—2018年). 干旱区资源与环境, 34(9): 80-88.

蓝永超, 丁永建, 沈永平, 等. 2005. 气候变化对黄河上游水资源系统影响的研究进展. 气候变化研究进展, (3): 122-125.

郎燕, 刘宁, 刘世荣. 2021. 气候和土地利用变化影响下生态屏障带水土流失趋势研究. 生态学报, 41(13): 5106-5117.

李勃, 穆兴民, 高鹏, 等. 2019. 1956—2017年黄河干流径流量时空变化新特征. 水土保持研究, 26(6): 120-126, 132.

李晨昊, 萨楚拉, 刘桂香, 等. 2020. 2000—2017年蒙古高原积雪时空变化及其对气候响应研究. 中国草地学报, 42(2): 95-104.

李东. 2017. 吐鲁番地区旅游气候舒适度与游客量逆变化相关性分析. 新疆财经, (3): 44-52.

李海东, 高吉喜. 2020. 生物多样性保护适应气候变化的管理策略. 生态学报, 40(11): 3844-3850.

李红莲, 吕凯琳, 杨柳. 2018. 气候变化下未来西安几种类型建筑暖通空调负荷分析预测. 西安建筑科技大学学报(自然科学版), 50(4): 549-555.

李红莲, 王赏玉, 侯立强, 等. 2020. 气候变化对中国典型气候区办公建筑能耗的影响研究. 太阳能学报, 41(9): 147-154.

李洪源, 赵求东, 吴锦奎, 等. 2019. 疏勒河上游径流组分及其变化特征定量模拟. 冰川冻土, 41(4): 907-917.

李君轶, 傅伯杰, 孙九林, 等. 2021. 新时期秦岭生态文明建设：存在问题与发展路径. 自然资源学报, 36(10): 2449-2463.

李凯, 任卓钰, 王永强, 等. 2021. 基于极点对称模态分解的三江源径流时空演变规律. 人民长江, 52(8): 84-91.

李克南, 杨晓光, 刘志娟, 等. 2010. 全球气候变化对中国种植制度可能影响分析Ⅲ. 中国北方地区气候资源变化特征及其对种植制度界限的可能影响. 中国农业科学, 43(10): 2088-2097.

李克平, 王元丰. 2010. 气候变化对交通运输的影响及应对策略. 节能与环保, (4): 23-26.

李敏. 2014. 水土保持对黄河输沙量的影响. 中国水土保持科学, 12(6): 23-29.

李明, 葛晨昊, 邓宇莹, 等. 2020. 黄土高原气象干旱和农业干旱特征及其相互关系研究. 地理科学, 40(12): 2105-2114.

李明, 孙洪泉, 苏志诚. 2021. 中国西北气候干湿变化研究进展. 地理研究, 40(4): 1180-1194.

李培先, 林峻, 麦迪·库尔曼, 等. 2017. 气候变化对新疆意大利蝗潜在分布的影响. 植物保护, 43(3): 90-96.

李强, 张翀, 任志远. 2016. 近15年黄土高原植被物候时空变化特征分析. 中国农业科学, 49(22): 4352-4365.

李庆祥. 2018. 基准气候数据及气候变化观测. 北京: 气象出版社.

李秋菊, 李占玲, 王杰. 2019. 黑河流域上游径流变化及归因分析. 南水北调与水利科技,

17(3): 31-39.

李世峰, 朱国云. 2021. "双碳"愿景下的能源转型路径探析. 南京社会科学, (12): 48-56.

李双林, 王彦明, 郜永祺. 2009. 北大西洋年代际振荡（AMO）气候影响的研究评述. 大气科学学报, 32(3): 458-465.

李维京, 张若楠, 孙丞虎, 等. 2016. 中国南方旱涝年际年代际变化及成因研究进展. 应用气象学报, 27(5): 577-591.

李晓婧, 白艳萍, 李萌, 等. 2019. 河西走廊水资源变化与生态环境时空关联分析. 水土保持通报, 39(2): 275-280, 287.

李秀. 2021. 永定河流域径流演变特征及驱动因素分析. 沈阳: 沈阳大学.

李亚云, 成巍, 王宁, 等. 2023. 塔克拉玛干沙漠和戈壁沙漠春季沙尘暴特征及其气象影响因素对比. 中国沙漠, 43(4): 1-9.

李焱, 靳甜甜, 高秉丽, 等. 2022. 1901—2017年藏西南高原气候及其生产潜力时空变化. 自然资源学报, 37(7): 1918-1934.

李振林, 秦翔, 王晶, 等. 2018. 2004—2015年祁连山脉东部冷龙岭冰川遥感监测. 测绘科学, 43(6): 45-51, 57.

李卓敏, 巩远发, 向楠. 2023. 青藏高原和西南地区60年不同等级昼夜降雨日数的变化特征. 气候与环境研究, 28(4): 367-384.

李宗善, 杨磊, 王国梁, 等. 2019. 黄土高原水土流失治理现状、问题及对策. 生态学报, 39(20): 7398-7409.

栗忠飞, 王小莲, 徐钰涛, 等. 2022. 1996—2015年滇西北香格里拉植被净初级生产力变化. 生态学报, 42(1): 266-276.

梁淑琪, 王文圣, 黄伟军. 2020. 1937—2018年岷江上游径流演变特征分析. 西北大学学报（自然科学版）, 50(5): 761-770.

蔺彬彬, 张亚琼, 郭维维. 2021. 基于Budyko假设的汾河上游水源区径流衰减归因分析. 中国农村水利水电, (6): 86-90.

廖小罕, 施建成. 2014. 全球生态环境遥感监测2013年度报告. 北京: 科学出版社.

刘彩红, 李红梅, 张调风. 2015. 气候变暖背景下青南牧区牧业生产关键期变化特征及预估研究. 草业科学, 32(8): 1352-1362.

刘国彬, 上官周平, 姚文艺, 等. 2017. 黄土高原生态工程的生态成效. 中国科学院院刊, 32(1): 11-19.

刘洪兰, 张强, 张俊国, 等. 2014. 1960—2012年河西走廊中部沙尘暴空间分布特征和变化规律. 中国沙漠, 34(4): 1102-1108.

刘慧, 马丁丑. 2021. 气候变化对河西走廊地区农业的影响及措施. 热带农业工程, 45(2): 16-19.

刘建刚, 谭徐明, 万金红, 等. 2011. 2010年西南特大干旱及典型场次旱灾对比分析. 中国水利, (9): 17-20.

刘杰, 汲玉河, 周广胜, 等. 2022. 2000—2020年青藏高原植被净初级生产力时空变化及其气候驱动作用. 应用生态学报, 33(6):1533-1538.

刘俊, 李云云, 刘浩龙, 等. 2016. 气候变化对成都桃花观赏旅游的影响与人类适应行为. 地理研究, 35(3): 504-512.

刘珂, 姜大膀. 2015. RCP4.5 情景下中国未来干湿变化预估. 大气科学, 39(3): 489-502.

刘咪咪. 2012. 基于耦合气候系统模式 FGOALS-g2 的年代际预测及其评估. 北京: 中国科学院研究生院.

刘起勇. 2021. 气候变化对中国媒介生物传染病的影响及应对——重大研究发现及未来研究建议. 中国媒介生物学及控制杂志, 32(1): 1-11.

刘时银, 姚晓军, 郭万钦, 等. 2015. 基于第二次冰川编目的中国冰川现状. 地理学报, 70(1): 3-16.

刘时银, 姚晓军, 郭万钦, 等. 2017. 冰川分布与变化 // 刘时银, 张勇, 刘巧, 等. 气候变化影响与风险. 气候变化对冰川影响与风险研究. 北京: 科学出版社: 45-62.

刘世荣, 温远光, 蔡道雄, 等. 2014. 气候变化对森林的影响与多尺度适应性管理研究进展. 广西科学, 21(5): 419-435.

刘世荣, 杨予静, 王晖. 2018. 中国人工林经营发展战略与对策: 从追求木材产量的单一目标经营转向提升生态系统服务质量和效益的多目标经营. 生态学报, 38(1): 1-10.

刘通, 施红霞, 杨文豪. 2021. 近40a青藏高原冬季极端降雪的变化特征分析. 自然科学, 9: 837-845.

刘维成, 张强, 傅朝. 2017. 近55年来中国西北地区降水变化特征及影响因素分析. 高原气象, 36(6): 1533-1545.

刘霞飞, 曲建升, 刘莉娜, 等. 2017. 我国西部地区气候变化的适应性选择及其主要风险研究. 生态经济, 33(10): 185-189.

刘晓燕, 杨胜天, 李晓宇. 2015. 黄河主要来沙区林草植被变化及对产流产沙的影响机制. 中国科学: 技术科学, 45(10):1052-1059.

刘燕华, 钱凤魁, 王文涛, 等. 2013. 应对气候变化的适应技术框架研究. 中国人口·资源与环境, 23(5): 1-6.

刘毅, 刘德, 黎中菊, 等. 2006. 2006年重庆特大高温伏旱成因分析 // 矫梅燕, 毕宝贵. 2006年灾害性天气预报技术论文集. 北京: 气象出版社: 199-208.

刘颖, 任宏利, 张培群, 等. 2020. 中国夏季降水的组合统计降尺度模型预测研究. 气候与环境研究, 25(2): 163-171.

刘钊, 蔡文佳, 宫鹏. 2019. 气候变化对人群健康的影响及应对策略 // 谢伏瞻, 刘雅鸣. 应对气候变化报告（2019）防范气候风险. 北京: 社会科学文献出版社: 283-297.

龙腾腾, 殷继艳, 欧朝蓉, 等. 2021. 云南省森林火灾风险综合评价及空间格局研究. 中国安全科学学报, 31(9): 167-173.

卢健. 2020-12-11. 首部《柳叶刀倒计时中国报告》发布: 积极应对气候变化能改善国人健康. 中国气象报, 3 版.

陆鸿彬, 张渝杰, 孙俊, 等. 2018. 四川省风能资源详查和评估. 高原山地气象研究, 38(3): 61-65, 79.

陆晴, 吴绍洪, 赵东升. 2017. 1982—2013 年青藏高原高寒草地覆盖变化及与气候之间的关系. 地理科学, 37(2): 292-300.

陆胤昊. 2013. 海拉尔河流域径流变化及影响因素分析. 兰州: 中国科学院寒区旱区环境与工

程研究所.

陆胤昊, 叶柏生, 李翀. 2013. 冻土退化对海拉尔河流域水文过程的影响. 水科学进展, 24(3): 319-325.

陆胤昊, 叶柏生, 李翀. 2014. 近50a来我国东北多年冻土区南缘海拉尔河流域径流变化特征分析. 冰川冻土, 36(2): 394-402.

罗敏, 古丽·加帕尔, 郭浩, 等. 2017. 2000—2013年塔里木河流域生长季NDVI时空变化特征及其影响因素分析. 自然资源学报, 32(1): 52-65.

罗晓玲, 李岩瑛, 严志明, 等. 2021. 近60年河西走廊地区沙尘暴发生演变特征及其气象影响因子. 水土保持研究, 28(5): 254-260, 267.

罗玉, 范广洲, 周定文, 等. 2015. 西南地区极端降水变化趋势. 气象科学, 35(5): 581-586.

吕达仁, 丁仲礼. 2012. 应对气候变化的碳收支认证及相关问题. 中国科学院院刊, 27(3): 395-402.

吕文宝, 徐占军, 郭琦, 等. 2024. 黄土高原陆地生态系统碳储量的时间演进与空间分异特征. 水土保持研究, 31(2): 252-263.

马丽娟, 秦大河. 2012. 1957—2009年中国台站观测的关键积雪参数时空变化特征. 冰川冻土, 34(1): 1-11.

马耀明, 姚檀栋, 胡泽勇, 等. 2009. 青藏高原能量与水循环国际合作研究的进展与展望. 地球科学进展, 24(11): 1280-1284.

马耀明, 姚檀栋, 王介民, 等. 2006a. 青藏高原复杂地表能量通量研究. 地球科学进展, 21(12): 1215-1223.

马耀明, 姚檀栋, 王介民. 2006b. 青藏高原能量和水循环试验研究——GAME/Tibet与CAMP/Tibet研究进展. 高原气象, 25(2): 344-351.

马玉平, 孙琳丽, 俄有浩, 等. 2015. 预测未来40年气候变化对我国玉米产量的影响. 应用生态学报, 26(1): 224-232.

马柱国, 符淙斌, 周天军, 等. 2020. 黄河流域气候与水文变化的现状及思考. 中国科学院院刊, 35(1): 52-60.

蒙彦聪, 李忠勤, 徐春海, 等. 2016. 中国西部冰川小冰期以来的变化——以天山乌鲁木齐河流域为例. 干旱区地理, 39(3): 486-494.

孟佳佳. 2015. 基于统计方法的SST年际和年代际可预报性研究. 青岛: 中国科学院海洋研究所.

孟宪红, 陈昊, 李照国, 等. 2020. 三江源区气候变化及其环境影响研究综述. 高原气象, 39(6): 1133-1143.

孟雅丽, 段克勤, 尚溦, 等. 2021. 基于CMIP6模式数据的1961—2100年青藏高原地表气温时空变化分析. 冰川冻土, 44(1): 24-33.

孟莹, 刘俊国, 王子丰, 等. 2021. 气候变化和人类活动对中国陆地水储量变化的影响研究. 华北水利水电大学学报(自然科学版), 42(4): 47-57.

牟献友, 宝山童, 张宝森, 等. 2022. 基于遥感影像分析1989—2019年黄河内蒙古段河冰时空变化. 冰川冻土, 44(5): 1440-1455.

南士敬, 李方东, 汪金伟, 等. 2023. 中国可再生能源发展水平的区域差异、分布动态与收敛性. 资源科学, 45(7): 1335-1350.

宁怡楠, 杨晓楠, 孙文义, 等. 2021. 黄河中游河龙区间径流量变化趋势及其归因. 自然资源学报, 36(1): 256-269.

潘韬, 刘玉洁, 张九天, 等. 2012. 适应气候变化技术体系的集成创新机制. 中国人口·资源与环境, 22(11): 1-5.

庞艳梅, 陈超, 郭晓艺, 等. 2021. 1961—2015 年西南区域单季稻生长季气候年型及其生产潜力分析. 自然资源学报, 36(2): 476-489.

庞轶舒, 秦宁生, 刘博, 等. 2021. S2S 模式对四川汛期极端降水的预测技巧分析. 气象, 47(5): 586-600.

彭飞, 孙国栋. 2017. 1982—1999 年中国地区叶面积指数变化及其与气候变化的关系. 气候与环境研究, 22(2): 162-176.

彭文甫, 张冬梅, 罗艳玫, 等. 2019. 自然因子对四川植被 NDVI 变化的地理探测. 地理学报, 74(9): 1758-1776.

朴英姬. 2023. 气候变化下的全球粮食安全：传导机制与系统转型. 世界农业, 10: 16-26.

蒲金涌, 姚小英, 贾海源, 等. 2005. 甘肃陇西黄土高原旱作区土壤水分变化规律及有效利用程度研究. 土壤通报, 36(4): 483-486.

普布多吉, 顿珠. 2018. 西藏自治区气候变化及其对农业生产的影响研究. 乡村科技, (10): 102-103.

齐艳军, 容新尧. 2014. 次季节—季节预测的应用前景与展望——"次季节—季节预测 (S2S)" 会议评述. 气象科技进展, 4(3): 74-75.

齐月, 房世波, 周文佐, 等. 2014. 近 50 年来中国地面太阳辐射变化及其空间分布. 生态学报, 34(24): 7444-7453.

祁苗苗, 姚晓军, 李晓锋, 等. 2018. 2000—2016 年青海湖湖冰物候特征变化. 地理学报, 73(5): 932-944.

秦大河. 2021. 气候变化科学概论. 北京：科学出版社.

秦大河, 翟盘茂. 2021. 中国气候与生态环境演变：2021（第一卷 科学基础）. 北京：科学出版社.

秦大河, 丁一汇, 王绍武, 等. 2002. 中国西部生态环境变化与对策建议. 地球科学进展, 17(3): 314-319.

秦大河, 丁永建. 2021. 中国气候与生态环境演变：2021(综合卷). 北京：科学出版社.

秦丽欢, 周敬祥, 李叙勇, 等. 2018. 密云水库上游径流变化趋势及影响因素. 生态学报, 38(6): 1941-1951.

秦旻华, 戴爱国, 张人禾. 2022. 大西洋多年代际变化的研究进展. 地球科学进展, 37(9): 963-978.

邱锡鹏. 2020. 神经网络与深度学习. 中文信息学报, 34(7): 4.

任宏利, 丑纪范. 2007. 动力相似预报的策略和方法研究. 中国科学（D 辑：地球科学）, 37(8): 1101-1109.

商放泽, 王可昳, 黄跃飞, 等. 2020. 基于 Budyko 假设的三江源径流变化特性及量化分离. 同济大学学报 (自然科学版), 48(2): 305-316.

商沙沙，廉丽姝，马婷，等．2018．近54a年中国西北地区气温和降水的时空变化特征．干旱区研究，35(1)：68-76．

邵亚婷，王卷乐，严欣荣．2021．蒙古国植被物候特征及其对地理要素的响应．地理研究，40(11)：3029-3045．

申彦波．2010．近20年卫星遥感资料在我国太阳能资源评估中的应用综述．气象，36(9)：111-115．

申彦波．2015．太阳能光伏资源精细化评估技术研究．中国科技成果，23：47-48，50．

申彦波．2017．我国太阳能资源评估方法研究进展．气象科技进展，7(1)：77-84．

盛云亮，王鹏．2023．气候变化下居民用电行为对建筑能耗的影响研究．建筑节能（中英文），51(9)：120-128．

施雅风，沈永平，胡汝骥，等．2002．西北气候由暖干向暖湿转型的信号、影响和前景初步探讨．冰川冻土，24(3)：219-226．

施雅风，沈永平，李栋梁，等．2003．中国西北气候由暖干向暖湿转型的特征和趋势探讨．第四纪研究，23(2)：152-164．

石建省，张发旺，秦毅苏，等．2000．黄河流域地下水资源、主要环境地质问题及对策建议．地球学报，21(2)：114-120．

史培军，张钢锋，孔锋，等．2015．中国1961—2012年风速变化区划．气候变化研究进展，11(6)：387-394．

司源，尹冬勤，侯胜林，等．2018．气候变化及人类活动对黑河流域径流演变的影响分析．应用基础与工程学学报，26(6)：1177-1188．

苏布达，孙赫敏，李修仓，等．2020．气候变化背景下中国陆地水循环时空演变．大气科学学报，43(6)：1096-1105．

隋月，黄晚华，杨晓光，等．2012．气候变化背景下中国南方地区季节性干旱特征与适应Ⅱ．基于作物水分亏缺指数的越冬粮油作物干旱时空特征．应用生态学报，23(9)：2467-2476．

隋月，黄晚华，杨晓光，等．2013．气候变化背景下中国南方地区季节性干旱特征与适应Ⅳ．基于作物水分亏缺指数的玉米干旱时空特征．应用生态学报，24(9)：2590-2598．

孙栋元，齐广平，马彦麟，等．2020．疏勒河干流径流变化特征研究．干旱区地理，43(3)：557-567．

孙建奇，马洁华，陈活泼，等．2018．降尺度方法在东亚气候预测中的应用．大气科学，42(4)：806-822．

孙俊，吴洪，杨雪，等．2023．2020年"8·11"四川芦山极端强降水特征及成因分析．高原山地气象研究，43(2)：9-18．

孙康慧，曾晓东，李芳．2019．1980—2014年中国生态脆弱区气候变化特征分析．气候与环境研究，24(4)：455-468．

孙昊蔚，马靖涵，王力．2021．未来气候变化情景下基于APSIM模型的黄土高原冬小麦适宜种植区域模拟．麦类作物学报，41(6)：771-782．

孙杨，张雪芹，郑度．2010．气候变暖对西北干旱区农业气候资源的影响．自然资源学报，25(7)：1153-1162．

孙占东, 黄群, 薛滨. 2021. 呼伦湖近年水情变化原因分析. 干旱区地理, 44(2): 299-307.

孙志忠, 马巍, 穆彦虎, 等. 2018. 青藏铁路沿线天然场地多年冻土变化. 地球科学进展, 33(3): 248-256.

邰雪楠, 王宁练, 吴玉伟, 等. 2022. 近20a色林错湖冰物候变化特征及其影响因素. 湖泊科学, 34(1): 334-348.

谭明. 2009. 环流效应：中国季风区石笋氧同位素短尺度变化的气候意义——古气候记录与现代气候研究的一次对话. 第四纪研究, 29(5): 851-862.

汤秋鸿, 兰措, 苏凤阁, 等. 2019. 青藏高原河川径流变化及其影响研究进展. 科学通报, 64(27): 2807-2821.

汤稀晨, 李清泉, 王黎娟, 等. 2021. CMIP6年代际试验对中国气温预测能力的初步评估. 气候变化研究进展, 17(2): 162-174.

陶虹, 陶福平, 刘文波. 2013. 关中城市群50年地下水动态变化及影响因素研究. 水文地质工程地质, 40(6): 37-42, 61.

同琳静, 刘洋洋, 章钊颖, 等. 2020. 定量评估气候变化与人类活动对西北地区草地变化的相对作用. 水土保持研究, 27(6): 202-210.

万华伟, 康峻, 高帅, 等. 2016. 呼伦湖水面动态变化遥感监测及气候因素驱动分析. 中国环境科学, 36(3): 894-898.

汪景彦. 2018. 西北黄土高原等果区晚霜冻危害及灾后恢复措施. 中国果树, (4): 1-3.

王灿, 丛建辉, 王克, 等. 2021. 中国应对气候变化技术清单研究. 中国人口·资源与环境, 31(3): 1-12.

王澄海, 张晟宁, 李课臣, 等. 2021a. 1961—2018年西北地区降水的变化特征. 大气科学, 45(4): 713-724.

王澄海, 张晟宁, 张飞民, 等. 2021b. 论全球变暖背景下中国西北地区降水增加问题. 地球科学进展, 36(9): 980-989.

王鹤龄, 张强, 王润元, 等. 2017. 气候变化对甘肃省农业气候资源和主要作物栽培格局的影响. 生态学报, 37(18): 6099-6110.

王会军, 任宏利, 陈活泼, 等. 2020. 中国气候预测研究与业务发展的回顾. 气象学报, 78(3): 317-331.

王晶, 秦翔, 李振林, 等. 2017. 2004—2015年祁连山西段大雪山地区冰川变化. 遥感技术与应用, 32(3): 490-498.

王俊鸿, 覃光华, 童旭. 2019. 基于EMD的岷江上中游流域流量特性分析. 中国农村水利水电, (5): 38-42.

王恺曦, 姜大膀, 华维. 2020. 中国干湿变化的高分辨率区域气候模式预估. 大气科学, 44(6): 1203-1212.

王丽霞, 史园莉, 张宏伟, 等. 2021. 2000—2020年北方农牧交错区植被生态功能变化及驱动因子分析. 生态环境学报, 30(10): 1990-1998.

王宁练, 姚檀栋, 徐柏青, 等. 2019. 全球变暖背景下青藏高原及周边地区冰川变化的时空格局与趋势及影响. 中国科学院院刊, 34(11): 1220-1232.

王鹏涛. 2018. 西北地区干旱灾害时空统计规律与风险管理研究. 西安: 陕西师范大学.

王瑞泾, 冯琦胜, 金哲人, 等. 2022. 青藏高原退化草地的恢复潜势研究. 草业学报, 31(6):11-22.

王润红, 茹晓雅, 蒋腾聪, 等. 2021. 基于物候模型研究未来气候情景下陕西苹果花期的可能变化. 中国农业气象, 42(9): 729-745.

王世金. 2021. 青藏高原多灾种自然灾害综合风险评估与管控. 北京: 科学出版社.

王顺德, 陈洪伟, 张雄文, 等. 2006. 气候变化和人类活动在塔里木河流域水文要素中的反映. 干旱区研究, 23(2): 195-202.

王晓欣, 姜大膀, 郎咸梅. 2019. CMIP5 多模式预估的 1.5℃升温背景下中国气温和降水变化. 大气科学, 43(5): 1158-1170.

王晓颖. 2020. 基于改进新安江模型的密云水库流域径流变化归因研究. 太原: 太原理工大学.

王旭, 储长江, 牟欢. 2020. 新疆雪灾空间格局和年际变化特征分析. 干旱区研究, 37(6): 1488-1495.

王永胜. 2018. 中国神华煤制油深部咸水层二氧化碳捕集与地质封存项目环境风险后评估研究. 环境工程, 36(2): 21-26.

王昱, 杨修群, 孙旭光, 等. 2021. 一种基于全球动力模式和 SMART 原理结合的统计降尺度区域季节气候预测方法. 气象科学, 41(5):569-583.

王玉洁. 2017. 中国西北干旱区气候变化及典型流域影响适应研究. 南京: 南京大学.

王玉洁, 秦大河. 2017. 气候变化及人类活动对西北干旱区水资源影响研究综述. 气候变化研究进展, 13(5): 483-493.

王政琪, 高学杰, 童尧, 等. 2021. 新疆地区未来气候变化的区域气候模式集合预估. 大气科学, 45(2): 407-423.

魏光辉, 杨鹏, 周海鹰, 等. 2020. 基于 GRACE 陆地水储量降尺度的塔里木河流域干旱特征及驱动因子分析. 中国农村水利水电, (7): 12-19, 25.

魏榕, 刘冀, 张特, 等. 2020. 雅砻江流域中上游径流变化归因分析. 长江流域与资源环境, 29(7): 1643-1652.

魏伟, 任小波, 蔡祖聪, 等. 2015. 中国温室气体排放研究——中国科学院战略性先导科技专项"应对气候变化的碳收支认证及相关问题"之排放清单任务群研究进展. 中国科学院院刊, 30(6): 839-847.

魏一鸣, 廖华, 王科, 等. 2014. 中国能源报告 (2014): 能源贫困研究. 北京: 科学出版社.

韦销蔚, 董昌明, 夏长水, 等. 2023. 地球系统模式 FIO-ESM v2.0 对北太平洋年代际气候变化的模拟评估. 海洋学报, 45(9): 25-44.

吴彬, 杜明亮, 穆振侠, 等. 2021. 1956—2016 年新疆平原区地下水资源量变化及其影响因素分析. 水科学进展, 32(5): 659-660.

吴斌, 王赛, 王文祥, 等. 2019. 基于地表水 – 地下水耦合模型的未来气候变化对西北干旱区水资源影响研究——以黑河中游为例. 中国地质, 46(2): 369-380.

吴波, 辛晓歌. 2019. CMIP6 年代际气候预测计划 (DCPP) 概况与评述. 气候变化研究进展, 15(5): 476-480.

吴国雄, 林海, 邹晓蕾, 等. 2014. 全球气候变化研究与科学数据. 地球科学进展, 29(1): 15-22.

吴佳, 吴婕, 闫宇平. 2022. 1961—2020 年青藏高原地表风速变化及动力降尺度模拟评估. 高原气象, 41(4): 963-976.

吴捷, 任宏利, 张帅, 等. 2017. BCC 二代气候系统模式的季节预测评估和可预报性分析. 大气科学, 41(6): 1300-1315.

吴其慧, 李畅游, 孙标, 等. 2019. 1986—2017 年呼伦湖湖冰物候特征变化. 地理科学进展, 38(12): 1933-1943.

吴青柏, 程国栋, 马巍. 2003. 多年冻土不会对青藏铁路工程的影响. 中国科学（D 辑）, 33: 115-122.

吴青柏, 牛富俊. 2013. 青藏高原多年冻土变化与工程稳定性. 科学通报, 58(2): 115-130.

吴绍洪, 赵东升. 2020. 中国气候变化影响, 风险与适应研究新进展. 中国人口·资源与环境, 30(6): 1-9.

吴胜义, 王飞, 徐干君, 等. 2022. 川西北高山峡谷区森林碳储量及空间分布研究——以四川洛须自然保护区为例. 生态环境学报, 31(9): 1735-1744.

吴统文, 宋连春, 刘向文, 等. 2013. 国家气候中心短期气候预测模式系统业务化进展. 应用气象学报, 24(5): 533-543.

吴小波, 2018. 近 30 年青藏高原多年冻土分布和水热特征的模拟研究. 兰州: 中国科学院西北生态环境资源研究所.

武斌, 赵俊, 康煜姝. 2015. 气候变化对油气长输管道的影响分析. 石油规划设计, 26(3): 1-4, 48.

习近平. 2022. 努力建设人与自然和谐共生的现代化[EB/OL]. https://www.gov.cn/xinwen/2022-05/31/content_5693223.htm[2024-01-28].

夏军, 孙雪涛, 谈戈. 2003. 中国西部流域水循环研究进展与展望. 地球科学进展, 18(1): 58-67.

夏岩, 张姝琪, 高文冰, 等. 2020. 黄土高原变绿对黄河中游延河流域径流演变的影响估算. 地球科学与环境学报, 42(6): 849-860.

肖风劲, 徐雨晴, 黄大鹏, 等. 2021. 气候变化对黄河流域生态安全影响及适应对策. 人民黄河, 43(1): 10-14.

肖子牛, 晏红明, 李崇银. 2002. 印度洋地区异常海温的偶极振荡与中国降水及温度的关系. 热带气象学报, 18(4): 335-344.

谢伏瞻, 刘雅鸣. 2019. 应对气候变化报告 2019: 防范气候风险. 北京: 社会科学文献出版社.

新华社. 2024. 习近平主持召开中央全面深化改革委员会第四次会议强调: 增强土地要素对优势地区高质量发展保障能力 进一步提升基层应急管理能力[EB/OL]. https://www.gov.cn/yaowen/liebiao/202402/content_6932052.htm[2024-04-01].

新疆区域气候变化评估报告编写委员会. 2021. 新疆区域气候变化评估报告: 2020 决策者摘要. 北京: 气象出版社.

熊敏诠. 2015. 近 30 年中国地面风速分区及气候特征. 高原气象, 34(1): 39-49.

徐春海, 王飞腾, 李忠勤, 等. 2016. 1972—2013 年新疆玛纳斯河流域冰川变化. 干旱区研究, 33(3): 628-635.

徐浩杰, 杨太保, 张晓晓. 2014. 近 50 年来疏勒河上游气候变化及其对地表径流的影响. 水土保持通报, 34(4): 39-45, 52.

徐庆, 李亮, 李国明, 等. 2019. 基于遥感的川滇生态屏障区生态环境监测技术研究. 中国资源综合利用, 37(10): 7-10, 13.

徐士博, 张美玲, 宿茂鑫. 2024. 未来气候情景下青藏高原草地净初级生产力时空演变特征.

水土保持研究，31(2): 190-201.

徐新良. 2017. 中国GDP空间分布公里网格数据集. 资源环境科学数据平台，https://www.resdc.cn/DOI/DOI.aspx?DOIID=33[2024-01-28].

徐怡然，郑飞，杨若文. 2024. ENSO组合模态可预测性的季节–年代际变化. 海洋预报，41(2): 83-91.

徐影，周波涛，吴婕，等. 2017. 1.5～4℃升温阈值下亚洲地区气候变化预估. 气候变化研究进展，13(4): 306-315.

徐子君，尹立河，胡伏生，等. 2018. 2002—2015年西北地区陆地水储量时空变化特征. 中国水利水电科学研究院学报，16(4): 314-320.

许婷婷，杨霞，周鸿奎. 2022. 1981—2019年新疆区域性高温天气过程时空特征及其环流分型. 干旱气象，40(2): 212-221.

许吟隆，吴绍洪，吴建国，等. 2013. 气候变化对中国生态和人体健康的影响与适应. 北京：科学出版社.

许吟隆，郑大玮，刘晓英，等. 2014. 中国农业适应气候变化关键问题研究. 北京：气象出版社.

闫夏娇. 2020. 1956—2013年汾河入黄河川径流量演变特性分析. 山西水利，36(6): 17-18.

严中伟，丁一汇，翟盘茂，等. 2020. 近百年中国气候变暖趋势之再评估. 气象学报，78(3): 370-378.

杨晨晨，陈宽，周延林，等. 2021. 放牧对锡林郭勒草甸草原群落特征及生产力的影响. 中国草地学报，43(5): 58-66.

杨春利，蓝永超，王宁练，等. 2017. 1958—2015年疏勒河上游出山径流变化及其气候因素分析. 地理科学，37(12): 1894-1899.

杨婕，赵天良，程叙耕，等. 2021. 2000—2019年中国北方地区沙尘暴时空变化及其相关影响因素. 环境科学学报，41(8): 2966-2975.

杨舒畅，秦富仓，王曼霏. 2023. 1960—2020年内蒙古自治区沙尘天气的时空演变特征及驱动因素. 水土保持通报，43(5): 235-243.

杨小利，王劲松. 2008. 西北地区季节性最大冻土深度的分布和变化特征. 土壤通报，39(2): 238-243.

杨绚，李栋梁，汤绪. 2014. 基于CMIP5多模式集合资料的中国气温和降水预估及概率分析. 中国沙漠，34(3): 795-804.

杨元合，朴世龙. 2006. 青藏高原草地植被覆盖变化及其与气候因子的关系. 植物生态学报，30(1): 1-8.

杨志刚，达娃，除多. 2017. 近15a青藏高原积雪覆盖时空变化分析. 遥感技术与应用，32(1): 27-36.

杨宗英，谢洪. 2020. 阿坝州西北部气候变化特征及其对旅游舒适度的影响. 安徽农学通报，26(22): 160-164.

羊留冬，杨燕，王根绪，等. 2011. 短期增温对贡嘎山峨眉冷杉幼苗生长及其CNP化学计量学特征的影响. 生态学报，31(13): 3668-3676.

姚慧茹，李栋梁. 2019. 青藏高原风季大风集中期、集中度及环流特征. 中国沙漠，39(2): 122-133.

姚檀栋, 王伟财, 安宝晟, 等. 2022. 1949—2017 年青藏高原科学考察研究历程. 地理学报, 77(7): 1586-1602.

姚檀栋, 姚治君. 2010. 青藏高原冰川退缩对河水径流的影响. 自然杂志, 32(1): 4-8.

姚玉璧, 杨金虎, 肖国举, 等. 2018. 气候变暖对西北雨养农业及农业生态影响研究进展. 生态学杂志, 37 (7): 2170-2179.

姚玉璧, 张强, 王劲松, 等. 2014. 中国西南干旱对气候变暖的响应特征. 生态环境学报, 23(9): 1409-1417.

叶仁政, 常娟. 2019. 中国冻土地下水研究现状与进展综述. 冰川冻土, 41(1): 183-196.

易浪, 任志远, 张翀, 等. 2014. 黄土高原植被覆盖变化与气候和人类活动的关系. 资源科学, 36(1):166-174.

易琳, 王柯, 钱金菊, 等. 2020. 基于 GRACE-FO 重力卫星数据反演西南地区的水储量变化. 世界地质, 39(3): 700-705.

易长模. 2004. 我国西北气候变化对人体健康的潜在影响. 矿业科学技术, 4: 36-39.

尹云鹤, 马丹阳, 邓浩宇, 等. 2021. 中国北方干湿过渡区生态系统生产力的气候变化风险评估. 地理学报, 76(7): 1605-1617.

游庆龙, 康世昌, 李剑东, 等. 2021. 青藏高原气候变化若干前沿科学问题. 冰川冻土, 43(3): 885-901.

于恩涛, 孙建奇, 吕光辉, 等. 2015. 西部干旱区未来气候变化高分辨率预估. 干旱区地理, 38(3): 429-437.

余君, 李庆祥, 张同文, 等. 2018. 基于贝叶斯模型的器测、古气候重建与气候模拟数据的融合试验. 气象学报, 76(2): 304-314.

余志康, 孙根年, 冯庆, 等. 2014. 青藏高原旅游气候舒适性与气候风险的时空动态分析. 资源科学, 36(11): 2327-2336.

宇如聪. 2015. 高分辨率气候系统模式的研制与评估. 中国基础科学, 17(2): 27-37.

袁佳双, 张永香. 2022. 气候变化科学与碳中和. 中国人口·资源与环境, 32(9): 47-52.

袁文德, 郑江坤. 2015. 1962—2012 年西南地区极端温度事件时空变化特征. 长江流域资源与环境, 24(7): 1246-1254.

赠瑜皙, 钟林生, 虞虎. 2021. 气候变化背景下青海省三江源地区游憩功能格局演变. 生态学报, 41(3): 886-900.

占明锦. 2018. 全球升温背景下高温对城市能源消耗和人体健康的影响研究. 北京: 中国气象科学研究院.

张宝庆, 邵蕊, 赵西宁, 等. 2020. 大规模植被恢复对黄土高原生态水文过程的影响. 应用基础与工程科学学报, 28(3): 594-606.

张冬峰, 高学杰. 2020. 中国 21 世纪气候变化的 RegCM4 多模拟集合预估. 科学通报, 65(23): 2516-2526.

张飞民, 王澄海, 谢国辉, 等. 2018. 气候变化背景下未来全球陆地风、光资源的预估. 干旱气象, 36(5): 725-732.

张峰, 甄熙, 郑凤杰. 2018. 内蒙古 1960—2015 年积雪时空分布变化研究. 现代农业, (8): 82-85.

张华, 陈蕾. 2019. 基于线性光谱混合模型 (LSMM) 的民勤绿洲荒漠化治理效果评价. 中国沙漠, 39(3):145-154.

张慧, 李忠勤, 牟建新, 等. 2017. 近50年新疆天山奎屯河流域冰川变化及其对水资源的影响. 地理科学, 37(11): 1771-1777.

张佳怡, 伦玉蕊, 刘浏, 等. 2022. CMIP6多模式在青藏高原的适应性评估及未来气候变化预估. 北京师范大学学报(自然科学版), 58(1): 77-89.

张建云, 刘九夫, 金君良, 等. 2019. 青藏高原水资源演变与趋势分析. 中国科学院院刊, 34(11): 1264-1273.

张建云, 王国庆, 贺瑞敏, 等. 2009. 黄河中游水文变化趋势及其对气候变化的响应. 水科学进展, 20(2): 153-158.

张建云, 王国庆, 金君良, 等. 2020. 1956—2018年中国江河径流演变及其变化特征. 水科学进展, 31(2): 153-161.

张江, 袁旻舒, 张婧, 等. 2020. 近30年来青藏高原高寒草地NDVI动态变化对自然及人为因子的响应. 生态学报, 40(18): 6269-6281.

张娇艳, 李扬, 吴战平, 等. 2018. 贵州省未来气候变化（2018—2050年）预估分析. 气象科技, 46(6): 1165-1171.

张娇艳, 王玥彤, 李扬, 等. 2021. 未来气候变化背景下贵州省夏季旅游气候资源的变化预估. 气象科技, 49(3): 399-405.

张凯, 鲁克新, 李鹏, 等. 2020. 近60年汾河中上游水沙变化趋势及其驱动因素. 水土保持研究, 27(4): 54-59.

张岚婷, 王文圣, 刘浅奎, 等. 2021. 大渡河流域年径流变化特征及其归因分析. 水利水运工程学报, (3): 96-102.

张莉, 任国玉. 2003. 中国北方沙尘暴频数演化及其气候成因分析. 气象学报, 61(6): 744-750.

张琪, 李跃清. 2014. 近48年西南地区降水量和雨日的气候变化特征. 高原气象, 33(2): 372-383.

张强, 黄菁, 张良, 等. 2013. 黄土高原区域气候暖干化对地表能量交换特征的影响. 物理学报, 62(13): 561-572.

张强, 杨金虎, 王朋岭, 等. 2023. 西北地区气候暖湿化的研究进展与展望. 科学通报, 68(14): 1814-1828.

张强, 张存杰, 白虎志, 等. 2010. 西北地区气候变化新动态及对干旱环境的影响——总体暖干化, 局部出现暖湿迹象. 干旱气象, 28(1): 1-7.

张强, 朱飙, 杨金虎, 等. 2021. 西北地区气候湿化趋势的新特征. 科学通报, 66(28-29C2): 3757-3771.

张钛仁, 张佳华, 申彦波, 等. 2010. 1981—2001年西北地区植被变化特征分析. 中国农业气象, 31(3): 586-590.

张晓克, 孟宏志. 2021. 1998—2018年藏北申扎县植被NDVI时空变化及其影响因素. 草地学报, 29(11): 2513-2522.

张小峰, 闫昊晨, 岳遥, 等. 2018. 近50年金沙江各区段年径流量变化及分析. 长江流域与资源环境, 27(10): 2283-2292.

张小全, 谢茜, 曾楠. 2020. 基于自然的气候变化解决方案. 气候变化研究进展, 16(3): 336-344.

张岩, 张建军, 张艳得, 等. 2017. 三江源区径流长期变化趋势对降水响应的空间差异. 环境科学研究, 30(1): 40-50.

张镱锂, 祁威, 周才平, 等. 2013. 青藏高原高寒草地净初级生产力（NPP）时空分异. 地理学报, 68(9): 1197-1211.

张韵婕, 桂朝, 刘庆生, 等. 2016. 基于遥感和气象数据的蒙古高原1982—2013年植被动态变化分析. 遥感技术与应用, 31(5): 1022-1030.

张中华, 周华坤, 赵新全, 等. 2018. 青藏高原高寒草地生物多样性与生态系统功能的关系. 生物多样性, 26(2): 111-129.

张仲杰. 2016. 中国西北地区东部降水的气候变化特征及其影响因素. 兰州: 兰州大学.

赵安周, 张安兵, 刘海新, 等. 2017. 退耕还林(草)工程实施前后黄土高原植被覆盖时空变化分析. 自然资源学报, 32(3): 449-460.

赵东, 罗勇, 高歌, 等. 2009. 我国近50年来太阳直接辐射资源基本特征及其变化. 太阳能学报, 30(7): 946-952.

赵东升, 吴绍洪. 2013. 气候变化情景下中国自然生态系统脆弱性研究. 地理学报, 68(5): 602-610.

赵华秋, 王欣, 赵轩茹, 等. 2021. 2008—2018年中国冰川变化分析. 冰川冻土, 43(4): 976-986.

赵林, 盛煜. 2015. 多年冻土调查手册. 北京: 科学出版社.

赵林, 盛煜, 等. 2019. 青藏高原多年冻土及变化. 北京: 科学出版社.

赵平, 李跃清, 郭学良, 等. 2018. 青藏高原地气耦合系统及其天气气候效应: 第三次青藏高原大气科学试验. 气象学报, 76(6): 833-860.

赵求东, 赵传成, 秦艳, 等. 2020. 中国西北干旱区降雪和极端降雪变化特征及未来趋势. 冰川冻土, 42(1): 81-90.

赵瑞, 叶庆华, 宗继彪. 2016. 青藏高原南部佩枯错流域冰川–湖泊变化及其对气候的响应. 干旱区资源与环境, 30(2): 147-152.

赵艳艳, 周华坤, 姚步青, 等. 2015. 长期增温对高寒草甸植物群落和土壤养分的影响. 草地学报, 23(4): 665-671.

赵宗慈, 罗勇, 江滢, 等. 2016. 近50年中国风速减小的可能原因. 气象科技进展, 6(3): 106-109.

郑大玮, 潘志华, 潘学标, 等. 2016. 气候变化适应200问. 北京: 气象出版社.

郑国光. 2019. 中国气候. 北京: 气象出版社.

郑景云, 方修琦, 吴绍洪. 2018. 中国自然地理学中的气候变化研究前沿进展. 地理科学进展, 37(1): 16-27.

郑志海, 任宏利, 黄建平. 2009. 基于季节气候可预报分量的相似误差订正方法和数值实验. 物理学报, 58(10): 7359-7367.

中国气象局. 2014. 全国风能资源详查和评价报告. 北京: 气象出版社.

中国气象局风能太阳能资源评估中心. 2011. 中国风能资源的详查和评估. 风能(8): 26-30.

中国气象局气候变化中心. 2019. 中国气候变化蓝皮书（2019）.

中国气象局气候变化中心. 2021. 中国气候变化蓝皮书（2021）. 北京：科学出版社.
中华人民共和国国务院新闻办公室. 中国的能源转型 [R\OL]. [2024-08-29]. http://www.scio.
　　gov.cn/zfbps/zfbps_2279/202408/t20240829_860395.html
钟海玲, 高荣, 李栋梁. 2009. 地面风速的气候特征及其对沙尘暴的影响研究. 中国沙漠, 29:
　　321-326.
钟镇涛, 黎夏, 许晓聪, 等. 2018. 1992—2010年中国积雪时空变化分析. 科学通报, 63(25):
　　2641-2654.
周波涛, 徐影, 韩振宇, 等. 2020. "一带一路"区域未来气候变化预估. 大气科学学报, 43(1):
　　255-264.
周华坤, 赵新全, 温军, 等. 2012. 黄河源区高寒草原的植被退化与土壤退化特征. 草业学报,
　　21(5): 1-11.
周俊菊, 雷莉, 石培基, 等. 2015. 石羊河流域河川流径流对气候变化与土地利用变化的响
　　应. 生态学报, 35(11): 3788-3796.
周梦子, 周广胜, 吕晓敏, 等. 2019. 1.5和2℃升温阈值下中国温度和降水变化的预估. 气象
　　学报, 77(4): 728-744.
周思儒, 信忠保. 2022. 近20年青藏高原水资源时空变化. 长江科学院院报, 39(6): 31-39.
周天军, 邹立维, 陈晓龙. 2019. 第六次国际耦合模式比较计划（CMIP6）评述. 气候变化研
　　究进展, 15(5): 445-456.
周天军, 陈梓明, 邹立维, 等. 2020b. 中国地球气候系统模式的发展及其模拟和预估. 气象学
　　报, 78(3): 332-350.
周天军, 张文霞, 陈晓龙, 等. 2020a. 青藏高原气温和降水近期、中期与长期变化的预估及其
　　不确定性来源. 气象科学, 40(5): 697-710.
周天军, 陈梓明, 陈晓龙, 等. 2021. IPCC AR6报告解读：未来的全球气候：基于情景的预
　　估和近期信息. 气候变化研究进展, 17(6): 652-663.
周锡饮, 师华定, 王秀茹. 2014. 气候变化和人类活动对蒙古高原植被覆盖变化的影响. 干旱
　　区研究, 31(4): 604-610.
朱槟桐, 赵华荣. 2017. 1966—2015年广西旅游气候舒适度分析与评价. 绿色科技, (22): 85-90.
朱刚, 高会军, 曾光. 2021. 近45a来黄河源区沙质荒漠化土地景观格局变化. 干旱区资源与
　　环境, 35(12): 79-85.
朱钦博. 2015. 气候变化影响下黄河（内蒙古段）河冰特性研究. 呼和浩特：内蒙古农业大学.
朱蓉, 孙朝阳, 闫宇平, 等. 2023. 青藏高原风能资源与开发潜力. 北京：科学出版社.
祝毅然. 2018. 气候变化对交通领域的影响及相关对策. 交通与运输, 34(6): 63-64.
庄园煌, 张井勇, 梁健. 2021. 1.5℃与2℃温升目标下"一带一路"主要陆域气温和降水变化
　　的CMIP6多模式预估. 气候与环境研究, 26(4): 374-390.
邹逸凡, 孙鹏, 张强, 等. 2021. 2001—2019年横断山区积雪时空变化及其影响因素分析. 冰
　　川冻土, 43(6): 1641-1658.
祖力卡尔·海力力, 赵廷宁, 姜群鸥. 2021. 西北干旱荒漠区边界范围及变化分析. 干旱区地
　　理, 44(6): 1635-1643.

218

Bao G, Jin H, Tong S, et al. 2021. Autumn phenology and its covariation with climate, spring phenology and annual peak growth on the Mongolian plateau. Agricultural and Forest Meteorology, 298: 108312.

Bao W, Liu S, Wei J, et al. 2015. Glacier changes during the past 40 years in the West Kunlun Shan. Journal of Mountain Science, 12(2): 344-357.

Bao Z, Zhang J, Wang G, et al. 2019. The impact of climate variability and land use/cover change on the water balance in the Middle Yellow River Basin, China. Journal of Hydrology, 577: 123942.

Barton E, Taylor C, Klein C, et al. 2021. Observed soil moisture impact on strong convection over mountainous Tibetan Plateau. Journal of Hydrometeorology, 22: 561-572.

Bian Q, Xu Z, Zheng H, et al. 2020. Multiscale changes in snow over the Tibetan Plateau during 1980—2018 represented by reanalysis data sets and satellite observations. Journal of Geophysical Research Atmospheres, 125: e2019JD031914.

Boer G. 2004. Long time-scale potential predictability in an ensemble of coupled climate models. Climate Dynamics, 23: 29-44.

Boer G, Kharin V, Merryfield W. 2013. Decadal predictability and forecast skill. Climate Dynamics, 41: 1817-1833.

Boer G, Smith D, Cassou C, et al. 2016. The Decadal Climate Prediction Project (DCPP) contribution to CMIP6. Geoscientific Model Development, 9: 3751-3777.

Bojinski S, Verstraete M, Peterson T C, et al. 2014. The concept of essential climate variables in support of climate research, applications and policy. Bulletin of the American Meteorological Society, 95: 1431-1443.

Bolch T, Duethmann D, Wortmann M, et al. 2022. Declining glaciers endanger sustainable development of the oases along the Aksu-Tarim River (Central Asia). International Journal of Sustainable Development & World Ecology, 29: 209-218.

BP. 2020. Statistical review of world energy. https://www.bp.com/en/global/corporate/energy-economics/statistical-review-of-world-energy.html[2024-01-28].

Brakenridge G R. 2019. Global active archive of large flood events (Darthmouth Flood Observatory). https://data.humdata.org/dataset/global-active-archive-of-large-flood-events-dfo[2024-01-28].

Branković Č, Palmer T. 2000. Seasonal skill and predictability of ECMWF PROVOST ensembles. Quarterly Journal of the Royal Meteorological Society, 126: 2035-2067.

Branstator G, Teng H. 2010. Two limits of initial-value decadal predictability in a CGCM. Journal of Climate, 23: 6292-6311.

Brun F, Berthier E, Wagnon P, et al. 2017. A spatially resolved estimate of High Mountain Asia glacier mass balances from 2000 to 2016. Nature Geoscience, 10(9): 668-680.

Cai B, Liang S, Zhou J, et al. 2018. China high resolution emission database (CHRED) with point emission sources, gridded emission data, and supplementary socioeconomic data. Resources, Conservation and Recycling, 129: 232-239.

Cai Y, Ke C, Li X, et al. 2019. Variations of lake ice phenology on the Tibetan Plateau from 2001 to 2017 based on MODIS data. Journal of Geophysical Research: Atmospheres, 124: 825-843.

Chang Y, Lyu S, Luo S, et al. 2018. Estimation of permafrost on the Tibetan Plateau under current and future climate conditions using the CMIP5 data. International Journal of Climatology, 38: 5659-5676.

Chao N, Chen G, Li J, et al. 2020. Groundwater storage change in the Jinsha River Basin from GRACE, hydrologic models, and in situ data. Groundwater, 58(5): 735-748.

Chen B, Zhang X, Tao J, et al. 2014. The impact of climate change and anthropogenic activities on alpine grassland over the Qinghai-Tibet Plateau. Agricultural and Forest Meteorology, 189-190: 11-18.

Chen G. 2005. A roadbed cooling approach for the construction of Qinghai-Tibet Railway. Cold Regions Science and Technology, 42: 169-176.

Chen H, Sun J, Wang H. 2012. A statistical downscaling model for forecasting summer rainfall in China from DEMETER hindcast datasets. Weather and Forecasting, 27: 608-628.

Chen J, Wu T, Zou D, et al. 2022. Magnitudes and patterns of large-scale permafrost ground deformation revealed by Sentinel-1 InSAR on the central Qinghai-Tibet Plateau. Remote Sensing of Environment, 268: 112778.

Chen L, Chen J, Liao A, et al. 2016. Remote Sensing Mapping of Global Land Cover. Beijing: Science Press.

Chen L, Frauenfeld O. 2014. Surface air temperature changes over the twentieth and twenty-first centuries in China simulated by 20 CMIP5 models. Journal of Climate, 27: 3920-3937.

Chen L, Pryor S, Li D. 2012. Assessing the performance of Intergovernmental Panel on Climate Change AR5 climate models in simulating and projecting wind speeds over China. Journal of Geophysical Research: Atmospheres, 117: D24102.

Chen Q, Chen H, Zhang J, et al. 2020. Impacts of climate change and LULC change on runoff in the Jinsha River Basin. Journal of Geographical Sciences, 3: 85-102.

Chen S, Yuan X. 2021. CMIP6 projects less frequent seasonal soil moisture droughts over China in response to different warming levels. Environmental Research Letters, 16: 044053.

Chen S, Zhang Q, Chen Y, et al. 2023. Vegetation change and eco-environmental quality evaluation in the Loess Plateau of China from 2000 to 2020. Remote Sensing, 15: 424. https://doi.org/10.3390/rs15020424.

Chen Y, Duan A, Li D. 2021. Connection between winter Arctic sea ice and west Tibetan Plateau snow depth through the NAO. International Journal of Climatology, 41: 846-861.

Chen Y, Guo F, Wang J, et al. 2020. Provincial and gridded population projection for China under shared socioeconomic pathways from 2010 to 2100. Scientific Data, 7: 83.

Chen Y, Wang K, Fu B, et al. 2024. 65% cover is the sustainable vegetation threshold on the Loess Plateau. Environmental Science and Ecotechnology, 22: 100442. https://doi.org/10.1016/j.ese.2024.100442.

Chen Y P, Wang K B, Lin Y S. 2015. Balancing green and grain trade. Nature Geoscience, 8(10): 739-741.

Chen Z, Chen Y, Li B. 2013. Quantifying the effects of climate variability and human activities on runoff for Kaidu River Basin in arid region of northwest China. Theoretical and Applied Climatology, 111: 537-545.

Chevallier M, Massonnet F, Goessling H, et al. 2019. The Role of Sea Ice in Sub-seasonal Predictability//Robertson A W, Vitart F. Sub-seasonal to Seasonal Prediction. Leiden: Elsevier.

Chi Y, Zhang F, Li W, et al. 2015. Correlation between the onset of the East Asian subtropical summer monsoon and the eastward propagation of the Madden-Julian Oscillation. Journal of the Atmospheric Sciences, 72: 1200-1214.

Chikamoto Y, Kimoto M, Ishii M, et al. 2012. Predictability of a stepwise shift in Pacific climate during the late 1990s in hindcast experiments using by MIROC. Journal of the Meteorological Society of Japan Ser. II, 90A: 1-21.

Cong Z, Shahid M, Zhang D, et al. 2017. Attribution of runoff change in the alpine basin: A case study of the Heihe Upstream Basin, China. Hydrological Sciences Journal, 62(6): 1013-1028.

CRED. 2012. EM-DAT: The international disaster database. Centre for Research on the Epidemiology of Disasters. https:// www.eea.europa.eu/data-and-maps/data/ external/emergency-events-database-em-dat[2024-01-28].

Cuo L, Zhang Y, Wang Q, et al. 2013. Climate change on the northern Tibetan Plateau during 1957–2009: Spatial patterns and possible mechanisms. Journal of Climate, 26: 85-109.

Deng H, Tang Q, Yun X, et al. 2022. Wetting trend in Northwest China reversed by warmer temperature and drier air. Journal of Hydrology, 613: 128435.

Deng W, Song J, Sun H, et al. 2020. Isolating of climate and land surface contribution to basin runoff variability: A case study from the Weihe River Basin, China. Ecological Engineering, 153: 105904.

Deser C, Blackmon M.1995. On the relationship between tropical and North Pacific sea surface temperature variations. Journal of Climate, 8: 1677-1680.

Deser C, Phillips A. 2006. Simulation of the 1976/77 climate transition over the North Pacific: Sensitivity to tropical forcing. Journal of Climate, 19: 6170-6180.

Dickinson R E, Kennedy P J, Giorgi F, et al. 1989. A regional climate model for the western United States. Climatic Change, 15: 383-422.

Ding Y, Ren G, Zhao Z, et al. 2007. Detection, causes and projection of climate change over China: An overview of recent progress. Advances in Atmospheric Sciences, 24: 954-971.

Dirmeyer P, Gentine P, Ek M, et al. 2019. Land Surface Processes Relevant to Sub-seasonal to Seasonal (S2S) Prediction//Robertson A W, Vitart F. Sub-seasonal to Seasonal Prediction. Leiden：Elsevier.

Doblas-Reyes F, Andreu-Burillo I, Chikamoto Y, et al. 2013. Initialized near-term regional climate change prediction. Nature Communications, 4: 1715.

Domeisen D, Butler A, Charlton-Perez A, et al. 2020. The role of the stratosphere in subseasonal to seasonal prediction: 2. predictability arising from stratosphere-troposphere coupling. Journal of Geophysical Research: Atmospheres, 125: 20.

Dorji T, Totland Ø, Moe S R, et al. 2013. Plant functional traits mediate reproductive phenology and success in response to experimental warming and snow addition in Tibet. Global Change Biology, 19: 459-472.

Economist Intelligence Unit. 2015. The cost of inaction: Recognizing the value at risk from climate change. London: The Business Intelligence Unit. The Economist. https://www.preventionweb.net/publication/cost-inaction-recognising-value-risk-climate-change[2024-01-28].

EIA（US Energy Information Administration）. 2020. https://www.eia.gov/international/data/ [2024-01-28].

Fan C, Song C, Liu K, et al. 2021. Century-scale reconstruction of water storage changes of the largest lake in the Inner Mongolia Plateau using a machine learning approach. Water Resources Research, 57: e2020WR028831.

Fan K, Zhang Q, Li J, et al. 2021. The scenario-based variations and causes of future surface soil moisture across China in the twenty-first century. Environmental Research Letters, 16: 034061.

Feng X M, Fu B J, Lu N, et al. 2013. How ecological restoration alters ecosystem services: An analysis of carbon sequestration in China's Loess Plateau. Scientific Reports, 3: 2846.

Flato G, Marotzke J, Abiodun B, et al. 2013. Evaluation of Climate Models//Stocker T F, Qin D, Plattner G K, et al. Climate Change 2013. The Physical Science Basis. Contribution of Working Group I to the Fifth Assessment Report of the Intergovernmental Panel on Climate Change. Cambridge: Cambridge University Press.

Forster P M, Forster H I, Evans M J, et al. 2020. Current and future global climate impacts resulting from COVID-19. Nature Climate Change, 10:913-919.

Franke J, Fidel G R J, David F, et al. 2011. 200 years of European temperature variability: Insights from and tests of the proxy surrogate reconstruction analog method. Climate Dynamics, 37: 133-150.

Friedlingstein P, Jones M W, O'Sullivan M, et al. 2021. The global carbon budget 2021. Earth System Science Data, 14: 1917-2005.

Fu C, Wu H, Zhu Z, et al. 2021. Exploring the potential factors on the striking water level variation of the two largest semi-arid-region lakes in northeastern Asia. Catena, 198: 105037.

Fu Y, Ma Y, Zhong L, et al. 2020. Land-surface processes and summer-cloud-precipitation characteristics in the Tibetan Plateau and their effects on downstream weather: A review and perspective. National Science Review, 7: 500-515.

Ganjurjav H, Gao Q, Gornish E, et al. 2016. Differential response of alpine steppe and alpine meadow to climate warming in the central Qinghai-Tibetan Plateau. Agricultural and Forest Meteorology, 223: 233-240.

Ganjurjav H, Gao Q, Zhang W, et al. 2015. Effects of warming on CO_2 fluxes in an alpine meadow ecosystem on the central Qinghai-Tibetan Plateau. PLoS One, 10: e0132044.

Ganjurjav H, Gornish E, Hu G, et al. 2020. Warming and precipitation addition interact to affect plant spring phenology in alpine meadows on the central Qinghai-Tibetan Plateau. Agricultural and Forest Meteorology, 287: 107943.

Gao Y, Li X, Leung L, et al. 2015. Aridity changes in the Tibetan Plateau in a warming climate. Environmental Research Letters, 10: 034013.

Gardelle J, Berthier E, Arnaud Y, et al. 2013. Region-wide glacier mass balances over the Pamir-Karakoram-Himalaya during 1999—2011. Cryosphere, 7(4): 1263-1286.

Gardner A, Moholdt G, Cogley J, et al. 2013. A reconciled estimate of glacier contributions to sea level rise: 2003 to 2009. Science, 340(6134): 852-857.

Garmaev E Z, Bolgov M V, Ayurzhanaev A A, et al. 2019. Water resources in Mongolia and their current state. Russian Meteorology and Hydrology, 44(10): 659-666.

Ge N, Zhong L, Ma Y, et al. 2019. Estimation of land surface heat fluxes based on landsat 7 ETM+ data and field measurements over the northern Tibetan Plateau. Remote Sensing, 11: 2899.

Ge N, Zhong L, Ma Y, et al. 2021. Estimations of land surface characteristic parameters and turbulent heat fluxes over the Tibetan Plateau based on FY-4A/AGRI data. Advances in Atmospheric Sciences, 38: 1299-1314.

Ge Q S, Liu H L, Ma X, et al. 2017. Characteristics of temperature change in China over the last 2000 years and spatial patterns of dryness/wetness during cold and warm periods. Advances in Atmospheric Sciences, 34: 941-951.

Gilfillan D, Marland G, Boden T, et al. 2019. Global, regional, and national fossil-fuel CO_2 emissions. Carbon Dioxide Information Analysis Center at Appalachian State University. https://energy.appstate.edu/CDIAC[2024-01-28].

Giorgi F, Bates G T.1989. The climatological skill of a regional model over complex terrain. Monthly Weather Review, 117: 2325-2347.

Gong P, Liu H, Zhang M, et al. 2019. Stable classification with limited sample: Transferring a 30-m resolution sample set collected in 2015 to mapping 10-m resolution global land cover in 2017. Science Bulletin, 64(6): 370-373.

Gong T, Lei H, Yang D, et al. 2017. Monitoring the variations of evapotranspiration due to land use/cover change in a semiarid shrubland. Hydrology and Earth System Sciences, 21: 863-877.

Grimm N, Chapin F, Bierwagen B, et al. 2013. The impacts of climate change on ecosystem structure and function. Frontiers in Ecology and the Environment, 11: 474-482.

Gruber S, Haeberli W. 2007. Permafrost in steep bedrock slopes and its temperature-related destabilization following climate change. Journal of Geophysical Research: Earth Surface, 112: F02S18.

Guan B, Nigam S. 2009. Analysis of Atlantic SST variability factoring interbasin links and the secular trend: Clarified structure of the Atlantic Multidecadal Oscillation. Journal of Climate, 22: 4228-4240.

Guan J, Yao J, Li M, et al. 2022. Historical changes and projected trends of extreme climate events in Xinjiang, China. Climate Dynamics, 59: 1753-1774.

Guo D, Sun J. 2015. Permafrost thaw and associated settlement hazard onset timing over the Qinghai-Tibet engineering corridor. International Journal of Disaster Risk Science, 6: 347-358.

Guo D,Wang H. 2016. CMIP5 permafrost degradation projection: A comparison among different regions. Journal of Geophysical Research: Atmospheres, 121: 4499-4517.

Guo D, Wang H. 2017a. Simulated historical (1901—2010) changes in the permafrost extent and active layer thickness in the Northern Hemisphere: Historical permafrost change. Journal of Geophysical Research: Atmospheres, 122: 12285-12295.

Guo D, Wang H. 2017b. Permafrost degradation and associated ground settlement estimation under 2℃ global warming. Climate Dynamics, 49: 2569-2583.

Guo D, Wang H, Li D. 2012. A projection of permafrost degradation on the Tibetan Plateau during the 21st century. Journal of Geophysical Research: Atmospheres, 117: D05106.

Guo J, Li W, Chang X, et al. 2018. Terrestrial water storage changes over Xinjiang extracted by combining Gaussian filter and multichannel singular spectrum analysis from GRACE. Geophysical Journal International, 213: 397-407.

Guo L, Wu Y, Zheng H, et al. 2018. Uncertainty and variation of remotely sensed lake ice phenology across the Tibetan Plateau. Remote Sensing, 10: 1534.

Guo W Q, Liu S Y, Xu J L, et al. 2015. The second Chinese glacier inventory: Data, methods, and results. Journal of Glaciology, 61(226): 357-372.

Guo Y, Shen Y. 2016. Agricultural water supply/demand changes under projected future climate change in the arid region of northwestern China. Journal of Hydrology, 540: 257-273.

Ham Y, Kim J, Luo J. 2019. Deep learning for multi-year ENSO forecasts. Nature, 573: 568-572.

Han W, Vialard J, McPhaden M, et al. 2014. Indian Ocean decadal variability: A review. Bulletin of the American Meteorological Society, 95: 1679-1703.

Hao L, Sun G, Liu Y, et al. 2014. Effects of precipitation on grassland ecosystem restoration under grazing exclusion in Inner Mongolia, China. Landscape Ecology, 29(10): 1657-1673.

He H, Yao S, Huang A, et al. 2020. Evaluation and error correction of the ECMWF subseasonal precipitation forecast over eastern China during summer. Advances in Meteorology, 2020: 1-20.

Hock R, Marzeion B, Bliss A, et al. 2019. GlacierMIP—A model intercomparison of global-scale glacier mass-balance models and projections. Journal of Glaciology, 65: 453-467.

Holzer N, Vijay S, Yao T, et al. 2015. Four decades of glacier variations at Muztagh Ata (eastern Pamir): A multi-sensor study including Hexagon KH-9 and Pléiades data. The Cryosphere, 9(6): 2071-2088.

Hou L, Peng W, Qu X. 2018. Runoff changes based on dual factors in the upstream area of Yongding River Basin. Polish Journal of Environmental Studies, 28(1): 143-152.

Hou Y, Wu Q, Dong J, et al. 2018. Numerical simulation of efficient cooling by coupled RR and TCPT on railway embankments in permafrost regions. Applied Thermal Engineering, 133: 351-360.

Hou Y, Zhou G, Xu Z, et al. 2013. Interactive effects of warming and increased precipitation on community structure and composition in an annual forb dominated desert steppe. PLoS One, 8: e70114.

Houghton J, Townshend J, Dawson K, et al. 2012. The GCOS at 20 years: The origin, achievement and future development of the Global Climate Observing System. Weather, 67: 227-235.

Hu G, Gao Q, Ganjurjav H, et al. 2021. The divergent impact of phenology change on the productivity of alpine grassland due to different timing of drought on the Tibetan Plateau. Land Degradation & Development, 32: 4033-4041.

Hu J, Wu Y, Sun P, et al. 2022. Predicting long-term hydrological change caused by climate shifting in the 21st century in the headwater area of the Yellow River Basin. Stochastic Environmental Research and Risk Assessment, 36: 1651-1668.

Hu Y, Li J, Zhao S, et al. 2019. Soil respiration response to precipitation reduction in a grassland and a Mongolian pine plantation in semi-arid northeast China. Journal of Forestry Research, 30: 1925-1934.

Huang A, Vega-Westhoff B, Sriver R. 2019. Analyzing El Niño-southern oscillation predictability using long-short-term-memory models. Earth and Space Science, 6: 212-221.

Huang B, Banzon V, Freeman E, et al. 2015. Extended reconstructed sea surface temperature version 4 (ERSST.v4): Part I. Upgrades and intercomparisons. Journal of Climate, 28: 911-930.

Huang J, Zhai J, Jiang T, et al. 2018. Analysis of future drought characteristics in China using the regional climate model CCLM. Climate Dynamics, 50: 507-525.

Huang Z, Liu X, Sun S, et al. 2021. Global assessment of future sectoral water scarcity under adaptive inner-basin water allocation measures. Science of the Total Environment, 783: 146973.

Huffman G J, Adler R F, Arkin P, et al. 1997. The global precipitation climatology project (GPCP) combined precipitation data set. Bulletin of the American Meteorological Society, 78: 5-20.

Huss M, Hock R. 2018. Global-scale hydrological response to future glacier mass loss. Nature Climate Change, 8: 135-140.

IEA. 2019. Global energy & CO_2 status report 2019. https://www.iea.org/reports/global-energy-co$_2$-status-report-2019[2024-01-28].

IEA. 2020. Global energy review 2020. https://www.iea.org/reports/global-energy-review-2020[2024-01-28].

Immerzeel W, van Beek L, Bierkens M. 2010. Climate change will affect the Asian water towers. Science, 328: 1382-1385.

IPCC. 2014. Summary for policymakers Climate Change 2014: Impacts, Adaptation, and Vulnerability. Part A: Global and Sectoral Aspects. Contribution of Working Group II to the Fifth Assessment Report of the Intergovernmental Panel on Climate Change.

IPCC. 2018. Summary for Policymakers// Global Warming of 1.5℃. An IPCC Special Report on the impacts of global warming of 1.5℃ above pre-industrial levels and related global greenhouse gas emission pathways, in the context of strengthening the global response to the threat of climate change, sustainable development, and efforts to eradicate poverty. Geneva: World Meteorological Organization.

IPCC. 2019. Climate Change and Land: an IPCC special report on climate change, desertification, land degradation, sustainable land management, food security, and greenhouse gas fluxes in terrestrial ecosystems.

IPCC. 2021. Climate Change 2021: The physical science basis. Contribution of Working Group I to the Sixth Assessment Report of the Intergovernmental Panel on Climate Change. Cambridge.

Janssens-Maenhout G, Crippa M, Guizzardi D, et al. 2017. EDGAR v4.3.2 Global Atlas of the three major greenhouse gas emissions for the period 1970—2012. Earth System Science Data, 11: 959-1002.

Ji P, Yuan X. 2018. High-resolution land surface modeling of hydrological changes over the Sanjiangyuan region in the eastern Tibetan Plateau: 2. Impact of climate and land cover change. Journal of Advances in Modeling Earth Systems, 10: 2829-2843.

Ji P, Yuan X, Ma F, et al. 2020. Accelerated hydrological cycle over the Sanjiangyuan region induces more streamflow extremes at different global warming levels. Hydrology and Earth System Sciences, 24: 5439-5451.

Jia X, Ge J. 2017. Interdecadal changes in the relationship between ENSO, EAWM, and the wintertime precipitation over China at the end of the twentieth century. Journal of Climate, 30: 1923-1937.

Jiang X, Adames Á, Kim D, et al. 2020. Fifty years of research on the Madden-Julian Oscillation: Recent progress, challenges, and perspectives. Journal of Geophysical Research: Atmospheres, 125: 64.

Jiang X, Shen W, Bai X. 2019. Response of net primary productivity to vegetation restoration in Chinese Loess Plateau during 1986–2015. PLoS One, 14(7): e0219270.

Jiao J, Zhang X, Liu Y, et al. 2015. Increased water storage in the Qaidam Basin, the North Tibet Plateau from GRACE gravity data. PLoS One, 10: e0141442.

Jiao Y, Yuan X. 2019. More severe hydrological drought events emerge at different warming levels over the Wudinghe watershed in northern China. Hydrology and Earth System Sciences, 23: 621-635.

Jin H, He R, Cheng G, et al. 2009. Changes in frozen ground in the Source Area of the Yellow River on the Qinghai-Tibet Plateau, China, and their eco-environmental impacts. Environmental Research Letters, 4: 045206.

Jing W, Yao L, Zhao X, et al. 2019. Understanding terrestrial water storage declining trends in the Yellow River Basin. Journal of Geophysical Research: Atmospheres, 124: 12963-12984.

Johannes G, Louise J, Robert G. 2019. The PRIMAP-hist national historical emissions time series (1850–2016). https://doi.org/10.5880/PIK.2019.001[2024-01-28].

Johansson J, Nilsson J, Jonzén N. 2015. Phenological change and ecological interactions: An introduction. Oikos, 124: 1-3.

Kääb A, Berthier E, Nuth C, et al. 2012. Contrasting patterns of early twenty-first-century glacier mass change in the Himalayas. Nature, 488(7412): 495-498.

Kääb A, Leinss S, Gilbert A, et al. 2018. Massive collapse of two glaciers in western Tibet in 2016 after surge-like instability. Nature Geoscience, 11(2): 114-120.

Ke L, Ding X, Song C. 2015. Heterogeneous changes of glaciers over the western Kunlun Mountains based on ICESat and Landsat-8 derived glacier inventory. Remote Sensing of Environment, 168: 13-23.

Ke Z, Zhang P, Chen L, et al. 2011. An experiment of a statistical downscaling forecast model for summer precipitation over China. Atmospheric and Oceanic Science Letters, 4: 270-275.

Keenlyside N, Latif M, Jungclaus J, et al. 2008. Advancing decadal-scale climate prediction in the North Atlantic sector. Nature, 453: 84-88.

Klein J, Harte J, Zhao X. 2008. Decline in medicinal and forage species with warming is mediated by plant traits on the Tibetan Plateau. Ecosystems, 11: 775-789.

Klotzbach P. 2010. On the Madden-Julian Oscillation-Atlantic hurricane relationship. Journal of Climate, 23: 282-293.

Koster R, Chang Y, Schubert S. 2014. A mechanism for land-atmosphere feedback involving planetary wave structures. Journal of Climate, 27: 9290-9301.

Kraaijenbrink P, Stigter E, Yao T, et al. 2021. Climate change decisive for Asia's snow meltwater supply. Nature Climate Change, 11: 591-597.

Kropáček J, Maussion F, Chen F, et al. 2013. Analysis of ice phenology of lakes on the Tibetan Plateau from MODIS data. The Cryosphere, 7: 287-301.

Kuang X, Jiao J. 2016. Review on climate change on the Tibetan Plateau during the last half century. Joural of Geophysical Research: Atmospheres, 121(8): 3979-4007.

Kurosaki Y, Mikami M. 2003. Recent frequent dust events and their relation to surface wind in East Asia. Geophysical Research Letters, 30(14): 1736.

Lang X, Sui Y. 2013. Changes in mean and extreme climates over China with a 2℃ global warming. Chinese Science Bulletin, 58: 1453-1461.

Lang X, Wang H. 2010. Improving extraseasonal summer rainfall prediction by merging information from GCMs and observations. Weather and forecasting, 25: 1263-1274.

Latif M, Barnett T. 1994. Causes of decadal climate variability over the North Pacific and North America. Science, 266: 634-637.

Lawrence D, Slater A, Romanovsky V, et al. 2008. Sensitivity of a model projection of near-surface permafrost degradation to soil column depth and representation of soil organic matter. Journal of Geophysical Research: Earth Surface, 113: F02011.

Le Quéré C, Jackson C, Jones R B, et al. 2020. Temporary reduction in daily global CO_2 emissions during the COVID-19 forced confinement. Nature Climate Change, 10: 647-653.

LeCun Y, Bengio Y, Hinton G.2015. Deep learning. Nature, 521: 436-444.

Lee J Y, Marotzke J, Bala G, et al. 2021. Climate Change 2021: The Physical Science Basis. Contribution of Working Group I to the Sixth Assessment Report of the Intergovernmental Panel on Climate Change. Cambridge: Cambridge University Press.

Leng G, Tang Q, Huang M, et al. 2015. Projected changes in mean and interannual variability of surface water over continental China. Science China Earth Sciences, 58: 739-754.

Li H, Chen H, Wang H, et al. 2018. Can Barents Sea ice decline in spring enhance summer hot drought events over northeastern China? Journal of Climate, 31: 4705-4725.

Li H, Li H, Wang J, et al. 2020a. Monitoring high-altitude river ice distribution at the basin scale in the northeastern Tibetan Plateau from a Landsat time-series spanning 1999–2018. Remote

Sensing of Environment, 247: 111915.

Li H, Shi C, Zhang Y, et al. 2020b. Using the Budyko hypothesis for detecting and attributing changes in runoff to climate and vegetation change in the soft sandstone area of the middle Yellow River basin, China. Science of the Total Environment, 703: 135588.

Li H, Wang W, Fu J, et al. 2021. Quantifying the relative contribution of climate variability and human activities impacts on baseflow dynamics in the Tarim River Basin, Northwest China. Journal of Hydrology: Regional Studies, 36: 100853.

Li J, Chen Y, Zhang L, et al. 2016. Future changes in floods and water availability across China: Linkage with changing climate and uncertainties. Journal of Hydrometeorology, 17: 1295-1314.

Li J, Huang Y, Xu F, et al. 2018. Responses of growing-season soil respiration to water and nitrogen addition as affected by grazing intensity. Functional Ecology, 32: 1890-1901.

Li L, Fan W, Kang X, et al. 2016. Responses of greenhouse gas fluxes to climate extremes in a semiarid grassland. Atmospheric Environment, 142: 32-42.

Li L, Yang S, Wang Z, et al. 2010. Evidence of warming and wetting climate over the Qinghai-Tibet Plateau. Arctic, Antarctic, and Alpine Research, 42: 449-457.

Li L, Yao N, Li Y, et al. 2019. Future projections of extreme temperature events in different sub-regions of China. Atmospheric Research, 217: 150-164.

Li M, Guo J, He J, et al. 2020. Possible impact of climate change on apple yield in Northwest China. Theoretical and Applied Climatology, 139: 191-203.

Li M, Luo D, Simmonds I, et al. 2021. Anchoring of atmospheric teleconnection patterns by Arctic Sea ice loss and its link to winter cold anomalies in East Asia. International Journal of Climatology, 41: 547-558.

Li P, Furtado K, Zhou T, et al. 2020. The diurnal cycle of East Asian summer monsoon precipitation simulated by the Met Office Unified Model at convection-permitting scales. Climate Dynamics, 55: 131-151.

Li P, He Z, He D, et al. 2020. Fractional vegetation coverage response to climatic factors based on grey relational analysis during the 2000–2017 growing season in Sichuan Province, China. International Journal of Remote Sensing, 41(3): 1170-1190.

Li R, Zhou W. 2013. Modulation of western north Pacific tropical cyclone activity by the ISO. Part I: genesis and intensity. Journal of Climate, 26: 2904-2918.

Li S, Chen J, Xiang J, et al. 2019. Water level changes of Hulun Lake in Inner Mongolia derived from Jason satellite data. Journal of Visual Communication and Image Representation, 58: 565-575.

Li T. 2019. Interdependent dynamics of LAI-ET across roofing landscapes: The Mongolian and Tibetan Plateaus. Journal of Resources and Ecology, 10(3): 296-306.

Li T, Liu F, Abels H A, et al. 2017. Continued obliquity pacing of East Asian summer precipitation after the mid-Pleistocene transition. Earth and Planetary Science Letters, 457: 181-190.

Li W, Hu S, Hsu P, et al. 2020. Systematic bias of Tibetan Plateau snow cover in subseasonal-to-seasonal models. The Cryosphere, 14: 3565-3579.

Li W, Huang F, Shi F, et al. 2021. Human and climatic drivers of land and water use from 1997 to 2019 in Tarim River basin, China. International Soil and Water Conservation Research, 9: 532-543.

Li X, Cheng G. 1999. A GIS aided response model of high altitude permafrost to global change. Science in China Series D: Earth Sciences, 42: 72-79.

Li Y, Chen Y, Wang F, et al. 2020. Evaluation and projection of snowfall changes in High Mountain Asia based on NASA's NEX-GDDP high-resolution daily downscaled dataset. Environmental Research Letters, 15: 104040.

Li Y, Wu Z, He H, et al. 2021. Deterministic and probabilistic evaluation of sub-seasonal precipitation forecasts at various spatiotemporal scales over China during the boreal summer monsoon. Atmosphere, 12: 1049.

Li Y T, William A P, Wu L B. 2019. Climate change and residential electricity consumption in the Yangtze River Delta, China. Proceedings of the National Academy of Sciences of the United States of America, 2(116): 472-477.

Li Z, Chen Y, Li W, et al. 2013. Plausible impact of climate change on water resources in the arid region of Northwest China. Fresenius Environment Bulletin, 22: 2789-2797.

Li Z, Shi X, Tang Q, et al. 2020. Partitioning the contributions of glacier melt and precipitation to the 1971–2010 runoff increases in a headwater basin of the Tarim River. Journal of Hydrology, 583: 124579.

Liang P, Lin H. 2018. Sub-seasonal prediction over East Asia during boreal summer using the ECCC monthly forecasting system. Climate Dynamics, 50: 1007-1022.

Liang W, Yang Y, Fan D, et al. 2015. Analysis of spatial and temporal patterns of net primary production and their climate controls in China from 1982 to 2010. Agricultural and Forest Meteorology, 204: 22-36.

Liang Y, Jiao Y, Tang B, et al. 2020. Response of runoff and soil erosion to erosive rainstorm events and vegetation restoration on abandoned slope farmland in the Loess Plateau region, China. Journal of Hydrology, 584: 124694.

Lin C, Chen D, Yang K, et al. 2018. Impact of model resolution on simulating the water vapor transport through the central Himalayas: Implication for models' wet bias over the Tibetan Plateau. Climate Dynamics, 51: 3195-3207.

Liu G, Zhao L, Li R, et al. 2015. Permafrost warming in the context of step-wise climate change in the Tien Shan Mountains, China. Permafrost and Periglacial Processes, 28(1): 130-139.

Liu J Y, Liu M L, Deng X Z, et al. 2002. The land use and land cover change database and its relative studies in China. Journal of Geographical Sciences, 12: 275-282.

Liu W, Sun F, Lim W, et al. 2018. Global drought and severe drought-affected populations in 1.5℃ and 2℃ warmer worlds. Earth System Dynamics, 9: 267-283.

Liu X, Chen B. 2000. Climatic warming in the Tibetan Plateau during recent decades. International Journal of Climatology, 20: 1729-1742.

Liu X, Tang Q, Voisin N, et al. 2016. Projected impacts of climate change on hydropower potential in China. Hydrology and Earth System Sciences, 20: 3343-3359.

Liu X, Yuan X, Zhu E. 2021. Global warming induces significant changes in the fraction of stored precipitation in the surface soil. Global and Planetary Change, 205: 103616.

Liu Y, Chen H, Zhang G, et al. 2020. Changes in lake area in the Inner Mongolian Plateau under climate change: The role of the Atlantic multidecadal oscillation and Arctic sea ice. Journal of Climate, 33: 1335-1349.

Liu Y, Fan K. 2014. An application of hybrid downscaling model to forecast summer precipitation at stations in China. Atmospheric Research, 143: 17-30.

Liu Y, Hu Z, Wu R, et al. 2021. Subseasonal prediction and predictability of summer rainfall over eastern China in BCC_AGCM2.2. Climate Dynamics, 56: 2057-2069.

Liu Y, Wen X, Zhang Y, et al. 2018. Widespread asymmetric response of soil heterotrophic respiration to warming and cooling. Science of the Total Environment, 635: 423-431.

Liu Z, Ciais P, Deng Z, et al. 2020a. Carbon Monitor, a near-real-time daily dataset of global CO_2 emission from fossil fuel and cement production. Science Data, 7: 392.

Liu Z, Ciais P, Deng Z, et al. 2020b. Near-real-time monitoring of global CO_2 emissions reveals the effects of the COVID-19 pandemic. Nature Communications, 11: 5172.

Lorenz E. 1975. Climate predictability: The physical basis of climate and climate modelling. World Meteorological Organization GARP, 16: 133-136.

Lu B, Lei H, Yang D, et al. 2020. Separating the effects of revegetation and sediment-trapping dams construction on runoff and its application to a semi-arid watershed of the Loess Plateau. Ecological Engineering, 158: 106043.

Lu F, Hu H, Sun W, et al. 2018. Effects of national ecological restoration projects on carbon sequestration in China from 2001 to 2010. Proceedings of the National Academy of Sciences of the United States of America, 115: 4039-4044.

Lu Q, Zhao D, Wu S. 2017. Simulated responses of permafrost distribution to climate change on the Qinghai–Tibet Plateau. Scientific Reports, 7: 3845.

Lu S, Hu Z, Yu H, et al. 2021. Changes of extreme precipitation and its associated mechanisms in Northwest China. Advances in Atmospheric Sciences, 38: 1665-1681.

Lü M, Ma Z, Li M, et al. 2019. Quantitative analysis of terrestrial water storage changes under the grain for green program in the Yellow River Basin. Journal of Geophysical Research: Atmospheres, 124: 1336-1351.

Lü M, Ma Z, Yuan N. 2021. Attributing terrestrial water storage variations across China to changes in groundwater and human water use. Journal of Hydrometeorology, 22: 3-21.

Lü Y H, Zhang L W, Feng X M, et al. 2015. Recent ecological transitions in China: Greening, browning, and influential factors. Scientific Reports, 5: 8732.

Luo W, Zuo X, Griffin-Nolan R, et al. 2022. Chronic and intense droughts differentially influence grassland carbon-nutrient dynamics along a natural aridity gradient. Plant and Soil, 473: 137-148.

Lutz A, Immerzeel W, Shrestha A, et al. 2014. Consistent increase in High Asia's runoff due to increasing glacier melt and precipitation. Nature Climate Change, 4: 587-592.

Ma M, Cui H, Wang W, et al. 2019. Projection of spatiotemporal patterns and possible changes of drought in the Yellow River basin, China. Theoretical and Applied Climatology, 138:1971-1989.

Ma Y, Hu Z, Xie Z, et al. 2020. A long-term (2005–2016) dataset of hourly integrated land-atmosphere interaction observations on the Tibetan Plateau. Earth System Science Data, 12: 2937-2957.

Ma Y, Kang S, Zhu L, et al. 2008. Tibetan observation and research platform atmosphere-land interaction over a heterogeneous landscape. Bulletin of the American Meteorological Society, 89: 1487-1492.

Ma Y, Wang B, Chen X, et al. 2022. Strengthening the three-dimensional comprehensive observation system of multi-layer interaction on the Tibetan Plateau to cope with the warming and wetting trend. Atmospheric and Oceanic Science Letters,15(4): 67-71.

Ma Y, Wang Y, Wu R, et al. 2009. Recent advances on the study of atmosphere-land interaction observations on the Tibetan Plateau. Hydrology and Earth System Sciences, 13: 1103-1111.

Ma Y, Zhong L, Su Z, et al. 2006. Determination of regional distributions and seasonal variations of land surface heat fluxes from Landsat-7 Enhanced Thematic Mapper data over the central Tibetan Plateau area. Journal of Geophysical Research: Atmospheres, 111: D10305.

MacLachlan C, Arribas A, Peterson K, et al. 2015. Global seasonal forecast system version 5 (GloSea5): a high-resolution seasonal forecast system. Quarterly Journal of the Royal Meteorological Society, 141: 1072-1084.

Maloney E, Hartmann D. 2000. Modulation of eastern north Pacific hurricanes by the Madden-Julian Oscillation. Journal of Climate, 13: 1451-1460.

Mariotti A, Ruti P, Rixen M. 2018. Progress in subseasonal to seasonal prediction through a joint weather and climate community effort. Npj Climate and Atmospheric Science, 1: 4.

Marshall A, Hendon H, Son S, et al. 2017. Impact of the quasi-biennial oscillation on predictability of the Madden-Julian oscillation. Climate Dynamics, 49: 1365-1377.

McCluney K, Belnap J, Collins S, et al. 2012. Shifting species interactions in terrestrial dryland ecosystems under altered water availability and climate change. Biological Reviews, 87: 563-582.

Meehl G, Goddard L, Boer G, et al. 2014. Decadal climate prediction: An update from the trenches. Bulletin of the American Meteorological Society, 95: 243-267.

Meehl G, Hu A, Santer B. 2009. The Mid-1970s climate shift in the Pacific and the relative roles of forced versus inherent decadal variability. Journal of Climate, 22: 780-792.

Meehl G, Hu A, Tebaldi C. 2010. Decadal prediction in the Pacific region. Journal of Climate, 23: 2959-2973.

Meng C, Zhang L, Gou P, et al. 2021. Assessments of future climate extremes in China by using high-resolution PRECIS 2.0 simulations. Theoretical and Applied Climatology, 145: 295-311.

Meng M, Huang N, Wu M, et al. 2019. Vegetation change in response to climate factors and human activities on the Mongolian Plateau. PeerJ, 7: e7735.

Merryfield W, Baehr J, Batté L, et al. 2020. Current and emerging developments in subseasonal to decadal prediction. Bulletin of the American Meteorological Society, 101: E869-E896.

Miao L, Sun Z, Ren Y, et al. 2021. Grassland greening on the Mongolian Plateau despite higher grazing intensity. Land Degradation & Development, 32(2): 792-802.

Mignot J, García-Serrano J, Swingedouw D, et al. 2016. Decadal prediction skill in the ocean with surface nudging 23 in the IPSL-CM5A-LR climate model. Climate Dynamics, 47: 1225-1246.

Mochizuki T, Ishii M, Kimoto, et al. 2010. Pacific decadal oscillation hindcasts relevant to near-term climate prediction. Proceedings of the National Academy of Sciences of the United States of America, 107: 1833-1837.

Mu S J, Chen Y Z, Li J L, et al. 2013. Grassland dynamics in response to climate change and human activities in Inner Mongolia, China between 1985 and 2009. The Rangeland Journal, 35(3): 315-329.

Mukougawa H, Hirooka T, Kuroda Y. 2009. Influence of stratospheric circulation on the predictability of the tropospheric Northern Annular Mode. Geophysical Research Letters, 36: L08814.

Nan Z, Li S, Cheng G. 2005. Prediction of permafrost distribution on the Qinghai-Tibet Plateau in the next 50 and 100 years. Science in China Series D: Earth Sciences, 48: 797-804.

Nendel C, Hu Y, Lakes T. 2018. Land-use change and land degradation on the Mongolian Plateau from 1975 to 2015——A case study from Xilingol, China. Land Degradation & Development, 29(6): 1595-1606.

Ni J, Wu T, Zhu X, et al. 2021. Risk assessment of potential thaw settlement hazard in the permafrost regions of Qinghai-Tibet Plateau. Science of the Total Environment, 776: 145855.

Nie Y, Pritchard H, Liu Q, et al. 2021. Glacial change and hydrological implications in the Himalaya and Karakoram. Nature Reviews Earth & Environment, 2: 91-106.

Niu F, Cheng G, Luo J, et al. 2014. Advances in thermokarst lake research in permafrost regions. Sciences in Cold and Arid Regions, 6: 388-397.

Nooteboom P, Feng Q, López C, et al. 2018. Using network theory and machine learning to predict El Niño. Earth System Dynamics, 9: 969-983.

Nordhaus W D, Chen X. 2016. Global gridded geographically based economic data (G-Econ), v 4 (1990, 1995, 2000, 2005). NASA Socioeconomic Data and Applications Center (SEDAC). http://doi.org/10.7927/H42V2D1C[2024-01-28].

OECD. 2021. Air and GHG emissions (indicator). doi: 10.1787/93d10cf7-en[2024-01-28].

Omer A, Zhuguo M, Zheng Z, et al. 2020. Natural and anthropogenic influences on the recent droughts in Yellow River Basin, China. Science of the Total Environment, 704: 135428.

O'Neill B C, Kriegler E, Riahi K, et al. 2014. A new scenario framework for climate change research: The concept of shared socioeconomic pathways. Climatic Change, 122: 363-372.

Palmer T. 1996. Predictability of the Atmosphere and Oceans: From days to decades//Anderson D L T, Willebrand J. Decadal Climate Variability. Berlin: Springer.

Palmer T, Alessandri A, Andersen U, et al. 2004. Development of a european multi-model ensemble system for seasonal to inter-annual prediction (DEMETER). Bulletin of the American Meteorological Society, 85: 853-872.

Pan T, Zou X, Liu Y, et al. 2017. Contributions of climatic and non-climatic drivers to grassland variations on the Tibetan Plateau. Ecological Engineering, 108: 307-317.

Pan X, Zhang L, Huang C. 2020. Future climate projection in Northwest China with RegCM4.6. Earth and Space Science, 7: 1-18.

Park W, Latif M. 2005. Ocean dynamics and the nature of air-sea interactions over the North Atlantic at decadal time scales. Journal of Climate, 18: 982-995.

Peng F, You Q, Xu M, et al. 2014. Effects of warming and clipping on ecosystem carbon fluxes across two hydrologically contrasting years in an alpine meadow of the Qinghai-Tibet Plateau. PLoS One, 9: e109319.

Piao S, Tan J, Chen A, et al. 2015. Leaf onset in the northern hemisphere triggered by daytime temperature. Nature Communications, 236(1): 6911.

Pieczonka T, Bolch T. 2015. Region-wide glacier mass budgets and area changes for the Central Tien Shan between 1975 and 1999 using Hexagon KH-9 imagery. Global and Planetary Change, 128: 1-13.

Pieczonka T, Bolch T, Wei J, et al. 2013. Heterogeneous mass loss of glaciers in the Aksu-Tarim Catchment (Central Tien Shan) revealed by 1976 KH-9 Hexagon and 2009 SPOT-5 stereo imagery. Remote Sensing of Environment, 130: 233-244.

Pohlmann H, Jungclaus J, Köhl A, et al. 2009. Initializing decadal climate predictions with the GECCO oceanic synthesis: Effects on the North Atlantic. Journal of Climate, 22: 3926-3938.

Pokhrel Y, Felfelani F, Satoh Y, et al. 2021. Global terrestrial water storage and drought severity under climate change. Nature Climate Change, 11: 226-233.

Prein A F, Langhans W, Fosser G, et al. 2015. A review on regional convection-permitting climate modeling: Demonstrations, prospects, and challenges. Reviews of Geophysics, 53: 323-361.

Qiao B, Zhu L, Yang R. 2019. Temporal-spatial differences in lake water storage changes and their links to climate change throughout the Tibetan Plateau. Remote Sensing of Environment, 222: 232-243.

Qin J, Ding Y, Zhao Q, et al. 2020. Assessments on surface water resources and their vulnerability and adaptability in China. Advances in Climate Change Research, 11: 381-391.

Qin J, Su B, Tao H, et al. 2021. Projection of temperature and precipitation under SSPs-RCPs Scenarios over northwest China. Frontiers of Earth Science, 15: 23-37.

Quan Q, Tian D, Luo Y, et al. 2019. Water scaling of ecosystem carbon cycle feedback to climate warming. Science Advances, 5: eaav1131.

Ran Y, Li X, Cheng G. 2018. Climate warming over the past half century has led to thermal degradation of permafrost on the Qinghai-Tibet Plateau. The Cryosphere, 12(2): 595-608.

Ran Y, Li X, Cheng G, et al. 2012. Distribution of permafrost in China: An overview of existing permafrost maps. Permafrost and Periglacial Processes, 23(4): 322-333.

Randall D A, Wood R A, Bony S, et al. 2007. Climate Change 2007: The Physical Science Basis.

Contribution of Working Group I to the Fourth Assessment Report of the Intergovernmental Panel on Climate Change. Cambridge: Cambridge University Press.

RGI_Consortium. 2017. Randolph Glacier Inventory—A Dataset of Global Glacier Outlines: Version 6. https://doi.org/10.7265/4m1f-gd79[2024-01-28].

Saravanan Chang P. 2019. Midlatitude Mesoscale Ocean-atmosphere Interaction and its Relevance to S2S Prediction//Robertson A W, Vitart F. Sub-seasonal to Seasonal Prediction. Amsterdam: Elsevier.

Schlesinger M, Ramankutty N. 1994. An oscillation in the global climate system of period 65-70 years. Nature, 367: 723-726.

Selvaraju R, Cogswell M, Das A, et al. 2020. Grad-cam: Visual explanations from deep networks via gradient-based localization. International Conference on Computer Vision: 618-626.

Shang K, Liu X. 2020. Relationship between the sharp decrease in dust storm frequency over East Asia and the abrupt loss of Arctic sea ice in the early 1980s. Geological Magazine, 157: 729-740.

Shang S, Zhu G, Li R, et al. 2020. Decadal change in summer precipitation over the east of Northwest China and its associations with atmospheric circulations and sea surface temperatures. International Journal of Climatology, 40: 3731-3747.

Shan Y, Guan D, Zheng H, et al. 2018. China CO_2 emission accounts 1997–2015. Scientific Data, 5(1): 1-14.

Shen Y, Jia B, Wang C, et al. 2023. Numerical simulation of atmospheric transmittance between heliostats and heat receiver in Tower-Type solar thermal power station. Solar Energy, 265: 112107.

Shi S, Yu J, Wang F, et al. 2021. Quantitative contributions of climate change and human activities to vegetation changes over multiple time scales on the Loess Plateau. Science of the Total Environment, 755: 142419.

Shi Y, Yu M, Erfanian A, et al. 2018. Modeling the dynamic vegetation-climate system over China using a coupled regional model. Journal of Climate, 31: 6027-6049.

Shi Z, Sherry R, Xu X, et al. 2015. Evidence for long-term shift in plant community composition under decadal experimental warming. Journal of Ecology, 103: 1131-1140.

Shukla J, Marx L, Paolino D, et al. 2000. Dynamical seasonal prediction. Bulletin of the American Meteorological Society, 81: 2593-2606.

Sillmann J, Kharin V, Zwiers F, et al. 2013. Climate extremes indices in the CMIP5 multimodel ensemble. Part 1: Model evaluation in the present climate. Journal of Geophysical Research: Atmospheres, 118: 2473-2493.

Smith D, Cusack S, Colman A, et al. 2007. Improved surface temperature prediction for the coming decade from a global climate model. Science, 317: 796-799.

Smith T, Bookhagen B. 2018. Changes in seasonal snow water equivalent distribution in High Mountain Asia (1987 to 2009). Science Advances, 4: e1701550.

Song J, Wan S, Piao S, et al. 2019. Elevated CO_2 does not stimulate carbon sink in a semi-arid grassland. Ecology Letters, 22: 458-468.

Soon W, Connolly R, Connolly M, et al. 2018. Comparing the current and early 20th century warm periods in China. Earth-Sciences Reviews, 185: 80-101.

Springenberg J, Dosovitskiy A, Brox T, et al. 2014. Striving for simplicity: The all convolutional net. https://arxiv.org/abs/1412.6806v2[2024-01-28].

Stan C, Straus D, Frederiksen J, et al. 2017. Review of tropical-extratropical teleconnections on intraseasonal time scales. Reviews of Geophysics, 55: 902-937.

Su B, Huang J, Fischer T, et al. 2018. Drought losses in China might double between the 1.5 ℃ and 2.0℃ warming. Proceedings of the National Academy of Sciences of the Unitecl States of America, 115: 10600-10605.

Su F, Zhang L, Ou T, et al. 2016. Hydrological response to future climate changes for the major upstream river basins in the Tibetan Plateau. Global and Planetary Change, 136: 82-95.

Su F, Wei Y, Wang F, et al. 2019. Sensitivity of plant species to warming and altered precipitation dominates the community productivity in a semiarid grassland on the Loess Plateau. Ecology and Evolution, 9: 7628-7638.

Sun L, Wang B, Ma Y, et al. 2023. Analysis of ice phenology of middle and large lakes on the Tibetan Plateau. Sensors, 23(3): 1661.

Sun S, Yang X, Lin X, et al. 2018. Climate-smart management can further improve winter wheat yield in China. Agricultural Systems, 162: 10-18.

Talib J, Taylor C, Duan A, et al. 2021. Intraseasonal soil moisture-atmosphere feedbacks on the Tibetan Plateau circulation. Journal of Climate, 34: 1789-1807.

Tan M, Li X, Xin L. 2014. Intensity of dust storms in China from 1980 to 2007: A new definition. Atmospheric Environment, 85: 215-222.

Tang Q, Oki T, Kanae S, et al. 2008. Hydrological cycles change in the Yellow River basin during the last half of the twentieth century. Journal of Climate, 21: 1790-1806.

Tao S, Fang J, Zhao X, et al. 2015. Rapid loss of lakes on the Mongolian Plateau. Proceedings of the National Academy of Sciences of the United States of America, 112(7): 2281-2286.

Tao S, Ru M Y, Du W, et al. 2018. Quantifying the rural residential energy transition in China from 1992 to 2012 through a representative national survey. Nature Energy, 3: 567-573.

Tian P, Lu H, Feng W, et al. 2020. Large decrease in streamflow and sediment load of Qinghai-Tibetan Plateau driven by future climate change: A case study in Lhasa River Basin. Catena, 187: 104340.

Tong C, Wu Q. 1996. The effect of climate warming on the Qinghai-Tibet Highway, China. Cold Regions Science and Technology, 24: 101-106.

UNFCCC. 2021. Biennial update report submissions from Non-Annex I Parties. https://unfccc.int/BURs[2024-01-28].

UNFCCC. 2021. National communication submissions from Non-Annex I Parties. https://unfccc.int/non-annex-I-NCs[2024-01-28].

UNFCCC. 2021. National inventory submissions. https://unfccc.int/ghg-inventories-annex-i-parties/2021[2024-01-28].

van Beek L, Hajer M, Pelzer P, et al. 2020. Anticipating futures through models: The rise of integrated assessment modelling in the climate science-policy interface since 1970. Global Environmental Change, 65: 102191.

Vitart F. 2004. Monthly forecasting at ECMWF. Monthly Weather Review, 132: 2761-2779.

Vitart F, Ardilouze C, Bonet A, et al. 2017. The subseasonal to seasonal (S2S) prediction project database. Bulletin of the American Meteorological Society, 98: 163-173.

Vitart F, Cunningham C, DeFlorio M, et al. 2019. Sub-seasonal to Seasonal Prediction of Weather Extremes//Robertson A W, Vitart F. Sub-seasonal to Seasonal Prediction. Leiden: Elsevier.

Vitart F, Robertson A, Anderson D, et al. 2012. Subseasonal to seasonal prediction project: Bridging the gap between weather and climate. WMO Bulletin, 61: 61.

Wan L, Xia J, Hong S, et al. 2015. Decadal climate variability and vulnerability of water resources in arid regions of Northwest China. Environmental Earth Sciences, 73: 6539-6552.

Wang B, Ke R, Yuan X, et al. 2014. China's regional assessment of renewable energy vulnerability to climate change. Renewable and Sustainable Energy Reviews, 40: 185-195.

Wang B, Liu M, Yu Y, et al. 2013. Preliminary evaluations of FGOALS-g2 for decadal predictions. Advances in Atmospheric Sciences, 30: 674-683.

Wang B, Wu R, Fu X. 2000. Pacific-East Asian teleconnection: How does ENSO affect East Asian climate? Journal of Climate, 13: 1517-1536.

Wang C, Zhao W, Cui Y. 2020. Changes in the seasonally frozen ground over the eastern Qinghai-Tibet Plateau in the past 60 years. Frontiers in Earth Science, 8: 270.

Wang F, Wang Z, Yang H, et al. 2020. Comprehensive evaluation of hydrological drought and its relationships with meteorological drought in the Yellow River basin, China. Journal of Hydrology, 584: 124751.

Wang H, Fan K. 2009. A new scheme for improving the seasonal prediction of summer precipitation anomalies. Weather and Forecasting, 24: 548-554.

Wang H, Lu X, Deng Y, et al. 2019. China's CO_2 peak before 2030 implied from characteristics and growth of cities. Nature Sustainability, 2: 748-754.

Wang L, Chen W. 2014. A CMIP5 multimodel projection of future temperature, precipitation, and climatological drought in China. International Journal of Climatology, 34: 2059-2078.

Wang L, Huang G, Chen W, et al. 2018. Wet-to-dry shift over Southwest China in 1994 tied to the warming of tropical warm pool. Climate Dynamics, 51: 3111-3123.

Wang L, Luo Y, Sun L, et al. 2021. Different climate factors contributing for runoff increases in the high glacierized tributaries of Tarim River Basin, China. Journal of Hydrology: Regional Studies, 336: 100845.

Wang M, Du L, Ke Y, et al. 2019. Impact of climate variabilities and human activities on surface water extents in reservoirs of Yongding River Basin, China, from 1985 to 2016 based on landsat observations and time series analysis. Remote Sensing, 11(5): 560.

Wang S, Duan J, Xu G, et al. 2012. Effects of warming and grazing on soil N availability, species composition, and ANPP in an alpine meadow. Ecology, 93: 2365-2376.

Wang S, Fu C, Wei H, et al. 2015. Regional integrated environmental modeling system: Development and application. Climatic Change, 129: 499-510.

Wang S, Gong D. 2000. Enhancement of the warming trend in China. Geophysical Research Letters, 27: 2581-2584.

Wang S, Zhou L, Wei Y. 2019. Integrated risk assessment of snow disaster over the Qinghai-Tibet Plateau. Geomatics Natural Hazards and Risk, 10: 740-757.

Wang T, Yang D, Fang B, et al. 2019. Data-driven mapping of the spatial distribution and potential changes of frozen ground over the Tibetan Plateau. Science of the Total Environment, 649: 515-525.

Wang T, Yang D, Yang Y, et al. 2020. Permafrost thawing puts the frozen carbon at risk over the Tibetan Plateau. Science Advances, 6: eaaz3513.

Wang T M, Wu J G, Kou X J, et al. 2010. Ecologically asynchronous agricultural practice erodes sustainability of the Loess Plateau of China. Ecological Applications, 20(4): 1126-1135.

Wang X, Chen R, Liu G, et al. 2019. Spatial distributions and temporal variations of the near-surface soil freeze state across China under climate change. Global and Planetary Change, 172: 150-158.

Wang X, Song L, Wang G, et al. 2016. Operational climate prediction in the era of big data in China: Reviews and Prospects. Journal of Meteorological Research, 30: 444-456.

Wang X, Wu C, Wang H, et al. 2017. No evidence of widespread decline of snow cover on the Tibetan Plateau over 2000—2015. Scientific Reports, 7: 14645.

Wang X, Yang M, Liang X, et al. 2014. The dramatic climate warming in the Qaidam Basin, northeastern Tibetan Plateau, during 1961—2010. International Journal of Climatology, 34: 1524-1537.

Wang Y, Qin D. 2017. Influence of climate change and human activity on water resources in arid region of Northwest China. An overview. Advances in Climate Change Research, 8: 268-278.

Wang Y, Zhou B, Qin D, et al. 2017. Changes in mean and extreme temperature and precipitation over the arid region of northwestern China: Observation and projection. Advances in Atmospheric Sciences, 34: 289-305.

Wang Z, Ficklin D, Zhang Y, et al. 2011. Impact of climate change on streamflow in the arid Shiyang River Basin of northwest China. Hydrological Processes, 26: 2733-2744.

Wang Z, Wu R, Huang G. 2018. Low-frequency snow changes over the Tibetan Plateau. International Journal of Climatology, 38: 949-963.

WB (The World Bank). 2021. CO_2 emissions (metric tons per capita). https://data.worldbank.org/indicator/EN.ATM.CO2E.PC[2024-01-28].

WMO. 2019. WMO Statement on the State of the Global Climate in 2018.

Woolnough S. 2019. The Madden-Julian Oscillation//Robertson A W, Vitart F. Sub-seasonal to Seasonal Prediction. Leiden: Elsevier.

WRI. 2015. CAIT Country greenhouse gas emissions: Sources & methods. World Resources Institute. http://cait.wri.org/docs/CAIT2.0_CountryGHG_Methods.pdf[2024-01-28].

Wu B, Chen X, Song F, et al. 2015. Initialized decadal predictions by LASG/IAP climate system 12 Model FGOALS-s2: Evaluations of strengths and weaknesses. Advances in Meteorology:904826.

Wu B, Li Z. 2022. Possible impacts of anomalous Arctic sea ice melting on summer atmosphere. International Journal of Climatology, 42: 1818-1827.

Wu B, Zhou T, Li T. 2009. Seasonally evolving dominant interannual variability modes of East Asian climate. Journal of Climate, 22: 2992-3005.

Wu B, Zhou T J. 2012. Decadal evolution of the sea surface temperature predicted by IAP/LASG climate system model FGOALS-gl. Chinese Science Bulletin, 57: 1168-1175.

Wu J, Han Z, Yan Y, et al. 2021. Future changes in wind energy potential over China using RegCM4 under RCP emission scenarios. Advances in Climate Change Research, 12: 596-610.

Wu J, Shi Y, Xu Y. 2020. Evaluation and projection of surface wind speed over China based on CMIP6 GCMs. Journal of Geophysical Research: Atmospheres, 125: e2020JD033611.

Wu K, Liu S, Jiang Z J, et al. 2018. Recent glacier mass balance and area changes in the Kangri Karpo Mountains from DEMs and glacier inventories. The Cryosphere, 12(1): 103-121.

Wu Q, Ma W, Lai Y, et al. 2024. Permafrost degradation threatening the Qinghai−Xizang railway. https://doi.org/10.1016/j.eng.2024.01.023[2024-01-28].

Wu Q, Yu W, Jin H. 2017. No protection of permafrost due to desertification on the Qinghai-Tibet Plateau. Scientific Reports, 7: 1-8.

Wu Q, Zhang T. 2008. Recent permafrost warming on the Qinghai-Tibetan Plateau. Journal of Geophysical Research: Atmospheres, 113: D13108.

Wu Q, Zhang T, Liu Y. 2012. Thermal state of the active layer and permafrost along the Qinghai-Xizang (Tibet) Railway from 2006 to 2010. The Cryosphere, 6(3): 607-612.

Wu T, Qian Z. 2003. The Relation between the Tibetan winter snow and the Asian summer monsoon and rainfall: An observational investigation. Journal of Climate, 16: 2038-2051.

Xia J, Niu S, Wan S. 2009. Response of ecosystem carbon exchange to warming and nitrogen addition during two hydrologically contrasting growing seasons in a temperate steppe. Global Change Biology, 15: 1544-1556.

Xiao C, Wu P, Zhang L, et al. 2018. Increasing flash floods in a drying climate over Southwest China. Advances in Atmospheric Sciences, 35: 1094-1099.

Xiao J, Zhou Y, Zhang L. 2015. Contributions of natural and human factors to increases in vegetation productivity in China. Ecosphere, 6(11): 1-20.

Xiao Z, Duan A. 2016. Impacts of Tibetan Plateau snow cover on the interannual variability of the East Asian summer monsoon. Journal of Climate, 29: 8495-8514.

Xin X, Wu T, Li J, et al. 2013. How well does BCC_CSM1.1 reproduce the 20th century climate change over China? Atmospheric and Oceanic Science Letters, 6(1): 21-26.

Xu J, Liu S, Zhang S, et al. 2013. Recent changes in glacial area and volume on Tuanjiefeng peak region of Qilian Mountains, China. PLoS One, 8(8): e70574.

Xu L, Dirmeyer P. 2013. Snow-atmosphere coupling strength. Part II: Albedo effect versus hydrological effect. Journal of Hydrometeorology, 14: 404-418.

Xu W, Ma L, Ma M, et al. 2017. Spatial-temporal variability of snow cover and depth in the Qinghai-Tibetan Plateau. Journal of Climate, 30: 1521-1533.

Xu W, Zhu M, Zhang Z, et al. 2018. Experimentally simulating warmer and wetter climate additively improves rangeland quality on the Tibetan Plateau. Journal of Applied Ecology, 55: 1486-1497.

Xu X, Wu Q. 2019. Impact of climate change on allowable bearing capacity on the Qinghai-Tibetan Plateau. Advances in Climate Change Research, 2: 99-108.

Xu X, Wu Q. 2021. Active layer thickness variation on the Qinghai-Tibetan Plateau: Historical and projected trends. Journal of Geophysical Research: Atmospheres, 126: e2021JD034841.

Xu Z, Fan K, Wang H. 2015. Decadal variation of summer precipitation over China and associated atmospheric circulation after the Late 1990s. Journal of Climate, 28: 4086-4106.

Xu Z, Yin H, Zhao C, et al. 2017. Responses of soil respiration to warming vary between growing season and non-growing season in a mountain forest of southwestern China. Canadian Journal of Soil Science, 98: 70-76.

Xue D, Zhou J, Zhao X, et al. 2021. Impacts of climate change and human activities on runoff change in a typical arid watershed, NW China. Ecological Indicators, 121: 107013.

Xue Y, Yao T, Boone A, et al. 2021. Impact of initialized land surface temperature and snowpack on subseasonal to seasonal prediction project, Phase I (LS4P-I): Organization and experimental design. Geoscientific Model Development, 14: 4465-4494.

Yamazaki D, Ikeshima D, Sosa J, et al. 2019. MERIT Hydro: A high-resolution global hydrography map based on latest topography dataset. Water Resources Research, 55: 5053-5073.

Yang F, Xue L, Wei G, et al. 2018. Study on the dominant causes of streamflow alteration and effects of the current water division in the Tarim River Basin, China. Hydrological Processes, 32(22): 3391-3401.

Yang H, Wu M, Liu W, et al. 2011. Community structure and composition in response to climate change in a temperate steppe. Global Change Biology, 17: 452-465.

Yang K, Lu H, Yue S, et al. 2018. Quantifying recent precipitation change and predicting lake expansion in the Inner Tibetan Plateau. Climatic Change, 147: 149-163.

Yang K, Wang C. 2019. Seasonal persistence of soil moisture anomalies related to freeze-thaw over the Tibetan Plateau and prediction signal of summer precipitation in eastern China. Climate Dynamics, 53: 2411-2424.

Yang K, Wu H, Qin J, et al. 2014. Recent climate changes over the Tibetan Plateau and their impacts on energy and water cycle: A review. Global and Planetary Change, 112: 79-91.

Yang K, Ye B, Zhou D, et al. 2011. Response of hydrological cycle to recent climate changes in the

Tibetan Plateau. Climatic change, 109: 517-534.

Yang M, Nelson F, Shiklomanov N, et al. 2010. Permafrost degradation and its environmental effects on the Tibetan Plateau: A review of recent research. Earth-Science Reviews, 103: 31-44.

Yang Q, Li M, Zu Z, et al. 2021. Has the stilling of the surface wind speed ended in China? Science China Earth Sciences, 64:1036-1049.

Yang S, Feng J, Dong W, et al. 2014. Analyses of extreme climate events over China based on CMIP5 historical and future simulations. Advances in Atmospheric Sciences, 31: 1209-1220.

Yang S, Kang T, Bu J, et al. 2020. Detection and attribution of runoff reduction of Weihe River over different periods during 1961–2016. Water, 12(5): 1416.

Yang T, Wang C, Chen Y, et al. 2015. Climate change and water storage variability over an arid endorheic region. Journal of Hydrology, 529: 330-339.

Yang Y, Dou Y, An S. 2018b. Testing association between soil bacterial diversity and soil carbon storage on the loess plateau. Science of the Total Environment, 626: 48-58.

Yang Y, Dou Y, Cheng H, et al. 2019. Plant functional diversity drives carbon storage following vegetation restoration in Loess Plateau, China. Journal of Environmental Management, 246: 668-678.

Yang Y, Tang J, Wang S, et al. 2018a. Differential impacts of 1.5℃ and 2℃ warming on extreme events over China using statistically downscaled and bias-corrected CESM low-warming experiment. Geophysical Research Letters, 45: 9852-9860.

Yang Z, Zhang Q, Su F, et al. 2017. Daytime warming lowers community temporal stability by reducing the abundance of dominant, stable species. Global Change Biology, 23: 154-163.

Yang Z, Zhang J, Wu L. 2019. Spring soil temperature as a predictor of summer heatwaves over northwestern China. Atmospheric Science Letters, 20: e887.

Yang Z, Zhao L, He Y, et al. 2020. Perspectives for Tibetan Plateau data assimilation. National Science Review, 7: 495-499.

Yao J, Chen Y, Chen J, et al. 2021. Intensification of extreme precipitation in arid Central Asia. Journal of Hydrology, 598: 125760.

Yao T, Thompson L, Mosbrugger V, et al. 2012. Third pole environment (TPE). Environmental Development, 3: 52-64.

Yao T, Xue Y, Chen D, et al. 2019. Recent third pole's rapid warming accompanies cryospheric melt and water cycle intensification and interactions between monsoon and environment: Multidisciplinary approach with observations, modeling, and analysis. Bulletin of the American Meteorological Society, 100: 423-444.

Yao Y, Luo Y, Huang J. 2012. Evaluation and Projection of Temperature Extremes over China Based on CMIP5 Model. Advances in Climate Change Research, 3: 179-185.

Ye K, Messori G. 2020. Two leading modes of wintertime atmospheric circulation drive the recent warm arctic-cold Eurasia temperature pattern. Journal of Climate, 33: 5565-5587.

Yi S, Wang Q, Chang L, et al. 2016. Changes in mountain glaciers, lake levels, and snow coverage in the Tianshan Monitored by GRACE, ICESat, Altimetry, and MODIS. Remote Sensing, 8(10): 798.

Yin G, Niu F, Lin Z, et al. 2021. Data-driven spatiotemporal projections of shallow permafrost based on CMIP6 across the Qinghai-Tibet Plateau at 1 km2 scale. Advances in Climate Change Research, 12: 814-827.

Yin Y, Ma D, Wu S. 2018. Climate change risk to forests in China associated with warming. Scientific Reports, 8: 1-13.

You Q L, Kang S C, Ren G Y, et al. 2011. Observed changes in snow depth and number of snow days in the eastern and central Tibetan Plateau. Climate Research, 46: 171-183.

You Q L, Chen T, Shen L, et al. 2020. Review of snow cover variation over the Tibetan Plateau and its influence on the broad climate system. Earth-Science Reviews, 201: 103043.

Yu H, Xu Z, Zhou G, et al. 2020. Soil carbon release responses to long-term versus short-term climatic warming in an arid ecosystem. Biogeosciences, 17: 781-792.

Yuan X, Zhang M, Wang L, et al. 2017. Understanding and seasonal forecasting of hydrological drought in the Anthropocene. Hydrology and Earth System Sciences, 21: 5477-5492.

Yuan X, Zhu E. 2018. A first look at decadal hydrological predictability by land surface ensemble simulations. Geophysical Research Letters, 45: 2362-2369.

Zeiler M, Fergus R. 2014. Visualizing and understanding convolutional networks. European Conference on Computer Vision, 16: 818-833.

Zhang C, Wang J, Lei T W. 2018. Spatiotemporal evolution of vegetation cover and surface humidity since implementing the Grain for Green project in the Loess Plateau. Arid Zone Research, 35(6): 1468-1476.

Zhang G, Yao T, Xie H, et al. 2020. Response of Tibetan Plateau lakes to climate change: Trends, patterns, and mechanisms. Earth-Science Reviews, 208: 103269.

Zhang J, Peng C, Zhu Q, et al. 2016. Temperature sensitivity of soil carbon dioxide and nitrous oxide emissions in mountain forest and meadow ecosystems in China. Atmospheric Environment, 142: 340-350.

Zhang L, Xie Z, Zhao R, et al. 2018. Plant, microbial community and soil property responses to an experimental precipitation gradient in a desert grassland. Applied Soil Ecology, 127: 87-95.

Zhang M, Lai Y, Wu Q, et al. 2016. A full-scale field experiment to evaluate the cooling performance of a novel composite embankment in permafrost regions. International Journal of Heat and Mass Transfer, 95: 1047-1056.

Zhang Q, Liu J, Singh V, et al. 2017. Hydrological responses to climatic changes in the Yellow River basin, China: Climatic elasticity and streamflow prediction. Journal of Hydrology, 554: 635-645.

Zhang Q, Zhu S. 2018. Visual interpretability for deep learning: A survey. Frontiers of Information Technology & Electronic Engineering, 19: 27-39.

Zhang R, Rothstein L, Busalacchi A J. 1999. Interannual and decadal variability of the subsurface thermal structure in the Pacific Ocean:1961—90. Climate Dynamics, 15: 703-717.

Zhang W, Zhou T, Zhang L. 2017. Wetting and greening Tibetan Plateau in early summer in recent decades. Journal of Geophysical Research: Atmospheres, 122(11): 5808-5822.

Zhang X, Li H, Zhang Z J, et al. 2018. Recent glacier mass balance and area changes from DEMs and Landsat images in upper reach of Shule River Basin, Northeastern edge of Tibetan Plateau during 2000 to 2015. Water, 10(6): 108-121.

Zhang X, Wang K C, Boehrer B. 2021. Variability in observed snow depth over China from 1960 to 2014. International Journal of Climatology, 41: 374-392.

Zhang Y, Fu G, Sun B, et al. 2015. Simulation and classification of the impacts of projected climate change on flow regimes in the arid Hexi Corridor of Northwest China. Journal of Geophysical Research: Atmospheres, 120: 7429-7453.

Zhang Y, Xie Y, Ma H, et al. 2021. The responses of soil respiration to changed precipitation and increased temperature in desert grassland in northern China. Journal of Arid Environments, 193: 104579.

Zhang Z, Wang M, Wu Z, et al. 2019. Permafrost deformation monitoring along the Qinghai-Tibet Plateau engineering corridor using InSAR observations with multi-sensor SAR datasets from 1997–2018. Sensors, 19: 5306.

Zhang Z, Wu Q. 2012. Thermal hazards zonation and permafrost change over the Qinghai-Tibet Plateau. Natural Hazards, 61: 403-423.

Zhang Z, Wu Q, Jiang G, et al. 2020. Changes in the permafrost temperatures from 2003 to 2015 in the Qinghai-Tibet Plateau. Cold Regions Science and Technology, 169: 102904.

Zhao J ,Yang X. 2018. Distribution of high-yield and high-yield-stability zones for maize yield potential in the main growing regions in China. Agricultural and Forest Meteorology, 248: 511-517.

Zhao L, Wu Q, Marchenko S, et al. 2010. Thermal state of permafrost and active layer in Central Asia during the international polar year. Permafrost and Periglacial Processes, 21(2): 198-207.

Zhao L, Zou D, Hu G, et al. 2020. Changing climate and the permafrost environment on the Qinghai-Tibet (Xizang) plateau. Permafrost and Periglacial Processes, 31(3): 396-405.

Zhao P, Li Y, Guo X, et al. 2019. The Tibetan Plateau surface-atmosphere coupling system and its weather and climate effects: The third Tibetan Plateau atmospheric science experiment. Journal of Meteorological Research, 33: 375-399.

Zhao Q, Ma X, Liang L, et al. 2020. Spatial-temporal variation characteristics of multiple meteorological variables and vegetation over the loess plateau region. Applied Sciences, 10(3): 1000.

Zhao Y M, Dong N P, Wang H. 2021. Quantifying the climate and human impacts on the hydrology of the Yalong River Basin using two approaches. River Research and Applications, 37(4): 591-604.

Zheng B, Tong D, Li M, et al. 2018. Trends in China's anthropogenic emissions since 2010 as the consequence of clean air actions. Atmospheric Chemistry and Physics, 18: 14095-14111.

Zheng H, Miao C, Kong D, et al. 2020. Changes in maximum daily runoff depth and suspended sediment yield on the Loess Plateau, China. Journal of Hydrology, 583: 124611.

Zheng J Y, Liu Y, Hao Z X. 2015. Annual temperature reconstruction by signal decomposition and synthesis from multi-proxies in Xinjiang, China, from 1850 to 2001. PLoS One, 10: e0144210.

Zheng K, Wei J Z, Pei J Y, et al. 2019. Impacts of climate change and human activities on grassland vegetation variation in the Chinese Loess Plateau. Science of the Total Environment, 660: 236-244.

Zheng L, Zhang Y, Huang A. 2020. Sub-seasonal prediction of the 2008 extreme snowstorms over South China. Climate Dynamics, 55: 1979-1994.

Zhong L, Ma Y, Hu Z, et al. 2019. Estimation of hourly land surface heat fluxes over the Tibetan Plateau by the combined use of geostationary and polar-orbiting satellites. Atmospheric Chemistry and Physics, 19: 5529-5541.

Zhou B, Khosla A, Lapedriza A, et al. 2016. Learning deep features for discriminative localization //2016 IEEE Conference on Computer Vision and Pattern Recognition (CVPR). June 27-30, 2016, IEEE: 2921-2929.

Zhou L, Wu R. 2010. Respective impacts of the East Asian winter monsoon and ENSO on winter rainfall in China. Journal of Geophysical Research: Atmospheres, 115: D02107.

Zhou S, Huang C, Xiang Y, et al. 2018. Effects of reduced precipitation on litter decomposition in an evergreen broad-leaved forest in western China. Forest Ecology and Management, 430: 219-227.

Zhou T, Sun N, Zhang W, et al. 2018. When and how will the Millennium Silk Road witness 1.5℃ and 2℃ warmer worlds? Atmospheric and Oceanic Science Letters, 11: 180-188.

Zhou Y, Hejazi M, Smith S, et al. 2015. A comprehensive view of global potential for hydro-generated electricity. Energy & Environmental Science, 8: 2622-2633.

Zhu E, Yuan X, Wood A. 2019. Benchmark decadal forecast skill for terrestrial water storage estimated by an elasticity framework. Nature Communications, 10: 2-9.

Zhu H, Chen H, Zhou Y, et al. 2019. Evaluation of the subseasonal forecast skill of surface soil moisture in the S2S database. Atmospheric and Oceanic Science Letters, 12: 467-474.

Zhu J, Huang G, Wang X, et al. 2018. High-resolution projections of mean and extreme precipitations over China through PRECIS under RCPs. Climate Dynamics, 50: 4037-4060.

Zhu Y, Yang S. 2020. Evaluation of CMIP6 for historical temperature and precipitation over the Tibetan Plateau and its comparison with CMIP5. Advances in Climate Change Research, 11: 239-251.

Zhu Z, Piao S, Myneni R B, et al. 2016. Greening of the Earth and its drivers. Nature Climate Change, 6(8): 791-795.

Zou D, Zhao L, Sheng Y, et al. 2017. A new map of permafrost distribution on the Tibetan Plateau. The Cryosphere, 11(6): 2527-2542.

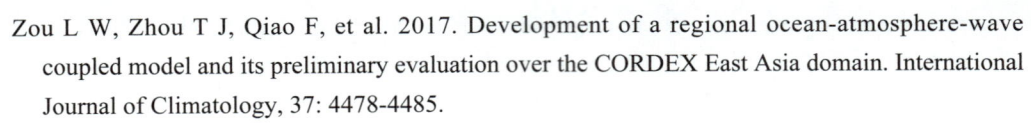

Zou L W, Zhou T J, Qiao F, et al. 2017. Development of a regional ocean-atmosphere-wave coupled model and its preliminary evaluation over the CORDEX East Asia domain. International Journal of Climatology, 37: 4478-4485.

Zuo X, Cheng H, Zhao S, et al. 2020. Observational and experimental evidence for the effect of altered precipitation on desert and steppe communities. Global Ecology and Conservation, 21: e00864.